1st edition

미용개론

전선정 · 천지연 · 권혁미 · 김정희 · 노선옥

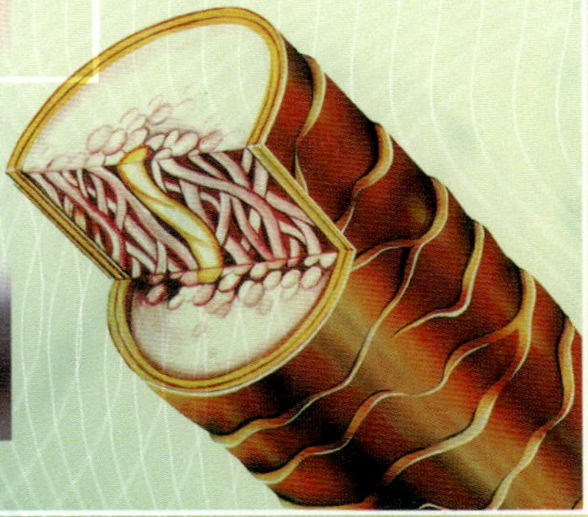

청구문화사

머리말

인류의 역사가 시작된 이래 인간 고유의 미적 본능은 누구나 아름다움을 느끼고 아름다움에 대한 동경과 미를 추구하려는 본성을 지니게 되었다. 특히, 현대사회에서 외모는 2000년 8월 미국 뉴욕타임스의 칼럼니스트인 William Safire가 인종, 성별, 종교, 이념 등에 이어 새롭게 등장한 차별요소로 지목하면서 사회적 이슈로 부각되었다. 이렇듯 현대인의 외모에 중요성이 부각되면서 미적 추구본능이 증대되고 있고 이에 따라 미용학문 및 산업분야의 영역이 점점 확대되어 가면서 그 발전 속도 역시 가속화되고 있다. 따라서 미용학은 이러한 산업 발전에 기본적인 틀을 형성하는 학문의 기초의 필수 과목이라 할 수 있다.

미용학은 건강한 인체를 기본으로 아름다움을 창출하는 학문으로 헤어, 피부 메이크업, 네일 뿐 아니라 공중보건학, 해부생리학, 소독학 및 전염병학, 영양학, 피부과학, 색채학, 화장품학 등 다양한 학문 분야를 바탕으로 하는 광범위한 응용학문이다.

따라서 21세기의 미용분야를 발전적으로 이끌어갈 역량있는 미용전문인을 배출하기 위하여 교육이론서가 필수적으로 요구되고 있는 실정에서 본서는 미용에 관한 전반적인 기본개념과 이론을 과학적이고 체계적으로 습득하는데 도움을 주고자 제 I편은 헤어, 메이크업 및 네일, 피부로 실질적이고 기술적인 토탈 미용의 분야의 이론을 습득하는데 그 목적이 있으며, 제 II편은 향장품학, 제 III장 해부 생리학, 제 IV장 공중보건학, 제 V장 소독학 및 전염병학 등의 미용의 기초이론이 되는 인체건강에 대한 과학적인 이론을 체계적으로 제시하여 건강과 아름다움의 추구를 목표로 하는 미용학의 기본 이론을 구축하였다.

대학에서의 미용과 개설된지 20여년이 되는 즈음, 각 분야별 전공이론 및 실습교재가 활발하게 연구 · 개발되어 현재 미용교육에 공헌한 바 본서는 미용학에 입문하는 전공생들에게 전공분야별 이론개념에 충실을 기할 수 있도록 하는데 목적을 두었다. 개념서로 정리하였으나 아쉽고 부족한 부분들이 많음을 절감하게 된다. 앞으로 이러한 점들을 반드시 수정, 보완해 나갈 것을 다짐하며 산업체 현장에서 기술 경쟁력을 갖춘 미래의 전문 미용인으로서의 준비과정에 이 작은 책자가 학생들에게 도움이 되었으면 하는 바램이다.

끝으로 본서의 출간에 많은 도움을 주신 모든 분들과, 출판을 맡아 수고해 주신 청구문화사 이상태 사장님과 편집부 여러분께 감사드립니다.

2011년 2월

저자일동

목 차

Ⅰ. 미 용

V. 소독학 및 감염병학

I

미 용

Part 1. HAIR
Part 2. MAKE UP
Part 3. AESTHETIC

Part 01

HAIR

제 1장 미용의 의의

1. 미용의 의의

이제 여러분은 미용인이 되기위한 출발선에 서서, 인생을 통하여 미용을 행하기위한 기술연마와 연구에 몰두할 첫발을 내디디려 하고 있다. 이 최초의 시기에 즈음하여 우리들은 우선 미용인이 먼저 알아야 할 미용 이론과 그 기술의 의의를 잘 이해할 필요가 있다.

미용이란 공중위생법 제2조에 "손님의 얼굴, 머리, 피부 등에 손질을 하여 손님의 외모를 아름답게 꾸미는 것"이라 정의내리고 있으며, 미용기술이란 일반적으로 기술을 재주 · 솜씨라는 말 대신 사용하고 있듯이 미용인이 습득한 솜씨를 가리킨 말이다. 그러나, 일반적인 기술이란 뜻을 잘 생각해 보면 단순히 이 정도의 의미를 말하는 것은 아니다. 어떠한 기술이라도 전부 공통되게 말할 수 있는 것은, 인간이 자연을 극복하게 됨에 따라서 생겨난 문화적인 산물이라고 생각할 수 있을 것이다. 예를들면 모든 물체는 지상을 향해서 떨어진다는 간단한 현상을 포착해서 자연의 법칙을 발견하고, 그 법칙을 실제 생활에 응용한 것이 기술의 본질이라고 말할 수 있다. 결국 기술이란, 자연중에 있는 모든 사물에 관한 유용성을 발견하고 연구하여 응용해서 인간의 삶을 쾌적하고 풍요

롭게 하기위한 것이라 할 수 있다. 이처럼 사람의 지혜와 노력의 산물이 기술로써 재주와 솜씨를 완성시키고 있음을 잊어서는 안된다.

그러므로 미용도 자연의 이치와 조화를 이루어 그것을 각 개인의 개성에 맞게 아름다움을 나타내게 하기 위해 미용인은 자신의 재주와 솜씨를 창조적인 능력을 가지고 표현해야 하는 것이다.

1) 미용기술이란?

현재의 미용기술은 과학적인 이론을 응용해서 얻어진다. 과학이란 극히 간단하게 말하면 "하나의 체계하에 정리되어진 학문"이란 의미이다. 이 과학의 의미를 미용기술에 적용시켜 생각해 보면 미용기술은 갖가지 발달한 화장재료, 약제 또는 기구, 기계를 이용해 사람의 얼굴과 몸매를 아름답게 하는 기술을 가리키며, 그 기술은 과학적 이론에 기초를 둔 학문적 뒷받침에 따른다. 요컨대 "하나의 체계하에 정리된 학문"으로서 진행되어야 비로서 결과가 얻어진다고 할 수 있다.

미용기술이란 자연상태의 모발이나 피부에 대해서 기구, 기계, 화장품 등을 활용하여 보건위생에 적합한 기술을 행하여 사람의 머리모양과 얼굴, 몸매 등을 보다 아름답게 변화 시켜주는 것을 말하며, 더 한층 그 방법이 합리적이고, 능률적으로 되도록, 과학적 체계하에 정리되어진 총괄적인 학문이다.

2) 미용이론이란?

이론이라는 단어의 올바른 의미는 "각각 흩어진 사항을 모아서 정리하고 순서를 세워 설명할 수 있도록 다시 짜 맞추는 것"이라 한다. 몇년전 까지 미용기술습득의 길은 이른바 보고 흉내냄으로서 익히는 방법 밖에는 없었고, 미용기술에는 순서 뿐만아니라 체계도 찾아볼 수 없었다. 미용이 직업으로서 자리잡은 것은 이미 수백년의 세월이 흘렀지만, 최근까지 이 방법이 되풀이 되어져 왔었다. 미용 직업에 종사했던 많은 선인의 노력에 의해서 오늘날의 미용문화의 결실을 보는데 이르렀지만, 현대의 미용은 그 기술에 과학성을 받아들이지 않으면 안될 정도로 다양화 되었고, 여기에 이론적 체계가 갖추어져서 기술의 근대성이 확립되어지기까지에 이르렀다.

미용이론을 학습하는 목적으로는 기술습득을 용이하게 하는 것이다. 그러나 미용기술을 행하는 경우의 실제방법은 지도하는 사람에 따라 각각 약간의 차이를 보이고 있으나, 미용기술에는 그 기술순서와 방법이 합리적이라면 어느 방법이 가장 올바르냐는 중요시되지 않다고 본다. 그러므로 이 교과서에서 기술한 미용이론 기술 순서 등의 설명은 어디까지나 한 예에 불과하다고 말할 수 있다.

또한 기술은 원래 사람의 동작을 동반하는 것이기 때문에 교과서에서 나열된 각각의 기법에 관한 문장 설명은 실습에서 지도 되어진 실제 기술의 학습과 병행해서 구체적인 방법을 통하여 납득할 수 있도록 이수하는 것이 효과적인 것은 말할 필요도 없다. 기술의 순서는 미용이론과 기술방법을 숙달(master)함에 따라서 자연적으로 생기는 것이다.

또한, 이 교과서에서 다루고 있는 이론은 모두 기초적 이론이고 응용한 기법에 관해서는 그다지 많이 언급하지 않았다. 기술내용은 기초기술 습득에 필요한 최저한도의 범위에 대한 설명이다. 미용기술이 만들어낸 미적 가치관은 언제나 유동적이었고, 고정되어 있지 않았다. 그러나 고도로 발달된 미용기술도 기초적인 미용기술로부터 생겨난 것을 염두에 두고서 학습할 수 있도록 하고 싶다.

미용기술도 사회기술의 진보에 따라, 내용과 체계가 변화되어가기 때문에 적극적으로 미용이론을 학습하여, 미용문화의 수준을 높일 수 있도록 노력해야 한다.

3) 미용의 특수성

미용은 그림, 조각과 같은 일반예술과 비교할 때 시각적인 예술이란 점에서 유사하지만, 반면 시술자 자신의 표현이나, 소재, 시간적인 제한을 받는다는 점이 다르다. 이 다른점을 미용의 특수성이라 하며 다음과 같은 것을 예로 들 수 있다.

구 분	그림이나 조각	미 용
작자의 사상	100% 자유롭게 표현	모델(model)의 의사나 요구를 존중하면서 기술을 표현해야 하는 제한을 받는다.
소 재	작자의 자유의지대로 소재 선정이 가능	사람의 신체 일부로 제한되어 있다.
제작시간	시간적 제한을 받지 않는다.	정해진 시간내에 해야하는 시간적 제한을 받는다.
표 현	작자의 사상을 자유롭게 표현할 수 있는 자유예술	모델의 취향이나 모습 등의 제한을 받는 부용예술이며, 조형예술과 같은 정적인 예술이다.

4) 미용의 과정

미용의 과정이란 하나의 미용작품을 완성시키기 까지의 경로를 말하며 소재, 구상, 제작, 보정의 순서에 따른 과정을 밟게 된다. 그러므로 시술자는 그 하나하나의 과정에 익숙해져야 한다.

그러면 각 과정에 대한 특징을 살펴 보도록 하자.

(1) 소재

미용이란 예술의 소재는 사람 신체의 일부로 제한되어 있으며 개개인마다 생김새와 생각이 다른 것처럼 다양한 모양을 요구하므로 충분히 관찰해야 한다. 각 개인에게 맞는 개성미를 아름답고 보기좋게 나타내려면 얼굴모양, 머리모양, 표정, 의상은 물론 직업, 연령, 분위기까지 빠르고 정확하게 파악해야 한다.

(2) 구상

소재를 파악한 다음 어떠한 특징을 나타내어 개성미를 살려줄 것인가에 대한 계획을 구상이라 한다. 이때 중요한 것은 개인의 의견을 참조해야 하므로 시술자의 구상과 고객의 생각이 다르면 서로 의견을 교환하여 절충해서 결정해야 한다. 또한 짧은 시간내에 시술을 해야 하므로 신속히 판단하고 구상하기 위해서는 평상시에 판단력과 예술적인 감각을 연마하여야 한다.

(3) 제작

소재의 정확한 파악과 개성미를 살린 멋진 구상을 했어도 예술적인 기교가 부족하다면 표현을 제대로 못하게 되므로 개성미를 충분히 발휘할 수 없다. 구상의 구체적인 표현과정이 제작이다. 따라서 제작과정은 미용의 과정중 가장 중요하며 미용예술의 생명이라고 할 수 있다.

(4) 보정

제작을 마친 다음 종합적인 관찰단계 즉, 끝마무리 단계를 보정이라고 한다. 전체적으로 조화를 이루는가, 부족한 곳이 없는가를 관찰하여 어색한 곳을 정리해 주고 모델에게 거울을 보게하여 마무리 하는 단계이다.

이와같이 각 개인의 연령이나 기타 직업, 장소, 의상 등을 파악하여 그 사람에게 어울리는 헤어 스타일 및 화장 등을 구상하여 시술한 후 마무리 하는 것이 미용의 과정이라 할 수 있다. 그러므로 순발력 있고 창의력 있는 작품을 연출하기 위해서는 많은 노력을 기울여야 할 것이다.

5) 미용인의 태도

"인간은 사회적 동물이다."라고 말하고 있듯이 인간은 사회로부터 떠나서는 생활 할 수 없다. 어떠한 형태로든 사회에 속하고, 사회를 위해 기여하며, 사회의 혜택을 받아 생활하고 있는 것이다. 그러므로 미용기술자도 미용이란 직업을 통해서 사회발전에 공헌할 각오를 가지고 미용업에 종사하는 것이 중요하다.

미용기술의 목적은 이미 앞에서 언급했듯이, 많은 사람의 얼굴모양과 몸매를 아름답게 하는것, 보건위생의 유지 · 증진을 도모하는 것 두가지로 좁힐 수 있지만, 사회에 대한 미용업의 공헌이란 것을 생각할 때, 그 목적의식을 강하게 갖는 것이 마음의 준비로써 무엇보다도 중요하다. 즉, 미용은 한시대의 문화를 나타내주기 때문에 올바른 사회 · 문화 의식을 갖고 참여해야 한다. 그위에 기술의 의미를 잘 파악하고 미용기술이 외견상으로는 기계적인 동작의 반복처럼 보여도, 그 기술의 표현은 고객과의 성공적 상호관계 속에 미용에 필요한 과학을 이해하고, 이것을 몸에 익힌다음 행해지는 것이라 이해되어야 한다.

그 밖에, 자신이 창조한 기술을 사회에서 학습한 조형예술의 요소를 채용한 미적감각이 가득 넘치도록 하는 것도 각오로써 가지지 않으면 안된다. 더 나아가 국가적인 차원에까지 미칠 수 있는 영향을 생각하여 사명감을 갖도록 노력하는 것이 필요하다.

무엇보다도 먼저 다음과 같은 사항에 유념해야 겠다.

(1) 고객을 만족시키며 개성미를 충분히 살려야 한다.

시술자 자신의 생각만을 주장하는 것이 아니라 상호 대화를 통해 고객의 상황, 즉 연령, 직업, 얼굴모양 등을 살펴 표현해 주는 것이 중요하다.

(2) 시대의 풍습을 건전하게 지도하여야 한다.

미용은 시대의 풍습을 형성하는 중요한 요소가 되므로 건전한 흐름, 또는 유행으로 발전해야 한다. 너무 고객의 요구에 맞추기 급급하여 불건전한 머리모양이나 화장을 하는 것은 삼가는 것이 좋다. 즉, 고유한 민족전통을 살리면서 시대적 유행감각에 조화시키고 경제적인 여건도 고려해야 한다.

(3) 공중위생을 철저히 지켜야 한다.

작업위생을 위해 채광, 조명, 환기 등이 위생적이어야 한다. 또 직접 고객의 인체와 접촉하게 되므로 청결히 소독해야 하는데, 고객 1인에 대한 시술후마다 소독하도록 한다. 기술이 우수해도 고객에게 불결하다는 인상을 주면 바람직하지 못하므로 쾌적한 분위기를 만들고 위생에 만전을 기해야 한다.

6) 미용기술에서의 작업자세

미용이론은 실습과 병행해서 학습하는 것이 이해를 쉽게 하는 것임은 앞에서 기술한 그대로이다. 이 경우 실습작업을 통해서 발생되는 문제가 기술자세이다. 미용기술을 행할때의 작업자세는 시술자의 피로와 능률과 깊은 관계가 있다. 미용기술에서의 작업자세는 미용의자에 앉은 고객을 향해서 서서 행하는 기술이다. 이런 조건하에서 행하는 미용기술의 작업자세를 올바르게 하기위한 일반적인 조건으로써 다음과 같은 작업자세가 필요하다.

(1) 안정된 자세

서서하는 자세를 행하는 경우에, 안정된 자세를 얻기 위해서는 시술자의 중심에서 낮춘 수직의 자세로써 양발에 에워싼 영역내에 있는 것이 필요하다. 허리를 숙이는 자세는 몸 전체의 균형은 일단 잡힌 것처럼 보이지만, 부분적으로는 불안정해 보인다. 예를들면, 머리부분의 위치가 부자연스럽기 때문에 이 부분을 지탱하는 목과 어깨 근육에 부담이 되어 피로를 쉽게 느끼게 된다.

불균형적인 자세를 오랫동안 지속할 경우 피로가 쉽게 누적되어 근육에 부담을 준다. 그러므로 근육에 부담을 줄이고, 몸의 각 부분의 균형을 잘 유지하도록 배려해서 기술을 행하는 것이 필요하다. 또, 미용업은 서서하는 작업이기 때문에 피로를 느낄때에는 하체를 마사지(massage)하여 혈액순환을 좋게 해줘야 한다.

(2) 작업위치와 자세

기술을 행할때 몸을 올바르게하고 작업하는 것이 올바른 자세의 기본이다. 이때 작업의 높이는 심장의 높이에서 기술을 행하는 것이 바람직하다. 심장보다 높은 위치에서 행하면 혈액의 흐름이 감소하고, 지나치게 낮으면 한곳에 혈액이 몰리게 되기쉽다. 예를들면 permanent wave 기술 중 로드(rod)로 와인딩(winding)을 할때 고객의 머리부분이 시술자의 심장높이가 될수 있도록 의자를 올렸다 내렸다 조정하고, 고객을 정면으로 해서 작업을 하는 것이 바람직하다. 의자가 너무 높거나 너무 낮으면 작업 능률이 저하되고 기술도 올바르게 행할 수 없다.

(3) 힘의 분배와 자세

작은 힘으로 충분히 행할수 있는 것을 커다란 힘을 이용하는 것은 에너지 소모를 초래하기 때문에 낭비이다. 작업시의 경우 합리적인 힘의 분배는 올바른 자세로부터 생긴다. 예를들면, 어깨관절을 고정시키고 손을 움직이면서 작업을 할 때는 팔꿈치를 펴서 작업하는 경우 보다도 팔꿈치를 굽혀서 손끝을 움직이게 하는 쪽이 힘이 덜들고 작업도 용이하다. 미용 기술은 손가락의 기능을 통해서 행하는 작업이 많으므로 이 자세의 응용이 중요하다. 훈련에 의한 적정한 힘의 분배를 알고 기술을 행하는 것이 미용인의 과학적인 태도의 하나라 말 할 수 있다.

(4) 명시거리와 자세

명시거리란 사물을 분명하게 볼수 있는 거리를 말하는데 정상적인 시력을 가진 사람의 경우 눈에서 대개 25cm의 거리이다. 따라서 시술자의 눈과 기술을 행하는 부분이 명시거리에 있는 것이 바람직하다. 또한 실내조명을 밝게하거나 미용의자의 높이를 조절하는 등의 고안이 필요하다.

제2장 미용의 발달사

인간은 예로부터 자라는 머리카락을 미용·위생상의 이유로 묶든지 자르든지 할 수밖에 없었다. 이러한 것을 머리모양이라고 하는데, 세계 각국의 민족은 각각 특징있는 머리모양을 갖추고 있었다. 이것은 고금을 통하여 남성보다 여성에게 있어서 더욱 복잡하였고 장식법도 다양하였음을 알 수 있을 것이다. 우리나라의 머리모양은 유물이나 고분 출토분 또는 벽화를 통해서 알아 볼 수 있다.

1. 한국의 미용

1) 시대별 머리모양

(1) 고대

한국의 고대사회의 머리모양은 고구려 고분벽화에 잘 나타나 있다. 무용총(舞踊塚) 현실(玄室) 왼쪽벽의 밥상을 나르는 두 여인을 보면, 뒷여인은 얹은 머리를 하고 있고, 앞의 여인은 짧게 묶은 중발머리를 하고 있다. 그리고 오른쪽벽에서는 얹은 머리와 쪽머리를 한 여인을 볼 수 있다.

평안남도 중화군 제4호분 연도 동쪽벽의 여인은 머리 위 좌우에 2개의 상투를 튼 쌍상투를 하고 있다. 또 평안남도 안악군 제3호분 벽화의 여주인공의 머리 모양은 매우 특이하여 마치 조선시대의 왕비의 큰머리(일명 떠구지머리)와 비슷하다.

삼실총(三室塚) 제1실 남쪽벽 여인도에서는 한 다발의 머리채는 뒤로 늘어뜨리고 두 다발의 머리채는 양쪽 볼에 늘어뜨린 푼기명머리를 볼 수 있다.

(2) 삼국시대

백제나 신라는 벽화고분의 발견이 드물어 부득이 옛 기록에 의거하여 머리모양을 추정할 수밖에 없다. 중국의 〈주서(周書)〉 '열전' 이역백제조(異域百濟條)에 의하면 "백제여인은 출가하기전에는 머리털을 한 가닥으로 땋아 등 뒤에 늘이고 출가하면 두 가닥으로 나눈다"라고 하였고, 〈북사(北史)〉 '열전' 백제조에서는 "미혼녀는 머리털을 땋아 늘이고 출가하면 두가닥으로 나누어 머리 뒤에 얹는다"라고 하였다. 이것들은 최근에까지 있었던 처녀들의 땋은머리 및 부인들의 얹은머리와 연결된 것으로 볼 수 있다.

신라는 〈수서(隋書)〉 신라조에 "부인은 머리카락을 땋아 머리에 둘렀다"고 하였고, 〈동경지(東京志)〉 풍속조에는 "신라 여인은 머리 뒤쪽에 북계(北髻)를 틀었다"고 하였다. 이것은 얹은머리와 쪽머리를 의미한다. 남성의 머리는 경주 금령총 출토 기마인물(騎馬人物)이 보여주듯이 상투를 틀었음을 알 수 있다.

(3) 고려시대

고려시대는 〈고려도경〉에 의하면 출가 전의 여성은 홍라(紅羅)로 묶거나 작은 비녀를 꽂아 나머지를 뒤에 늘어 뜨렸다고 하였다. 전자는 새앙머리와 같은 모양이고, 후자는 쪽을 찌되 머리 뒤에 붙인 것이 아니라 어깨 근처까지 내려서 쪽을 찐 것을 의미하는 듯하다. 특기할 것은, 이 시대에 가체(가발)의 몽고풍습이 귀부녀 사이에 유행하였고, 일부계층의 남성이 몽고풍의 개체변발(開剃辨髮)을 했던 점이다. 그러나 개체변발은 몽고의 패망과 더불어 상투머리로 되돌아 갔다.

(4) 조선시대

조선시대에는 미혼인 경우 남녀가 다같이 묶은 중발머리, 땋은머리를 하였고 기혼인 경우 에는 남성은 상투, 여성은 쪽머리, 얹은머리를 하였는데, 특히 여성의 머리모양에 색다른 것이 많았다. 중기 무렵부터 나라의 기틀이 잡히기 시작하자 기혼녀의 머리모양이 사치해져 다리를 넣어 높이 1자나 되게 틀어올린 고계(高髻)가 신분의 귀천없이 애호되었다. 이로인해 경제적인 부담은 물론이고 머리의 무게를 이기지 못하여 목뼈를 다치는 등의 불상사가 일어나기도 하였다.

정조(正祖)는 이러한 폐단을 없애기 위해 체계금지령을 공포하여 머리모양을 규제하였다. 모든 부인은 체머리(다리머리) 대신 쪽머리를 틀게 하고 어여머리, 큰머리는 명부(命婦)와 민간인으로서는 혼례시의 여성에게만 허용하였으며, 미천한 여성은 본인머리를 이용한 얹은머리를 하게 하였다.

(5) 근대

개화기에는 갑오경장의 일환으로 단발령(斷髮令)을 내려 상투를 깎게 함으로써 남성은 현재와 같은 하이칼라 머리로 바꾸기 시작했고, 여성은 쪽머리, 땋은머리와 함께 퐁파두르(pompadour : 가리마 없이 머리꼭지에 치켜 올린 프랑스형 트레머리)를 병용하였다.

(6) 현대

현대에 들어와서는 급격히 머리모양이 변하여 각 개인의 개성을 강조하는 스타일로 바뀌었다. 특히 주목할 만한 변화로는 화학약품의 개발로 인해 머리에 웨이브를 주는 퍼머넨트 웨이브(permanent wave)와 의상과 메이크업 등과 조화를 이루는 머리 색깔의 변화, 즉 헤어 컬러링(hair coloring)이 등장하였다.

2) 머리장식

머리를 아름답게 꾸미기 위하여 사용되는 장식물을 두식(頭飾)이라 하고 머리 모양에서부터 이를 예쁘게 꾸미는 수식(首飾)과 쓰개(闕)까지를 총칭한다.

(1) 고대시대

계(髻)는 머리를 맺는 양식으로 자연모발의 상태에서 발달되었고 남자보다 여자에게 있어 더욱 복잡다단하였다. 고구려 고분벽화에 나타난 머리모양을 보면 얹은머리, 쪽머리, 푼기명머리, 묶은 중발머리, 쌍상투, 상투 등이 있고 백제시대에 있어 재실자(在室者)는 머리 뒤에 편발(編髮)하여 반(盤)하고 한 갈래로 늘어뜨렸으며, 출가한 사람은 두 갈래로 나누었다는 기록이 〈주서〉 "열전"에 있다. 이것은 고구려 고분벽화에서 보이는 쪽머리와 같은 형상으로, 신라시대에도 이 북계의 존재가 〈동경지〉 "풍속조"에 기록되어 있어 삼국에 모두 존재하였던 것으로 보인다. 한편 〈북사〉 "열전백제조"에 백제의 미혼녀는 변발하여 뒤로 늘어뜨리고, 출가한 여자는 머리를 두갈래로 나누어 머리 위에 반(盤)한다고 하여, 〈주서〉의 기록보다 훨씬 타당성이 있어 보인다. 〈북사〉 "동이전"의 기록을 보면, 신라 발제(髮制)는 변(辮)하여 머리에 둘렀다 하였으니 이것 또한 백제 출가한 여인의 모양과 비슷하고 고구려의 얹은머리와 흡사하다. 따라서 이러한 것들은 삼국 공통의 머리모양일 뿐 아니라 고금이 일관된 전형적인 머리모양으로 추측한다. 또한 〈구당서〉 "동이전 신라조"에서 신라시대 부인의 머리가 길고 검으며 아름답다는 기록이 있고, 〈당서〉 "동이전신라조"에도 아름다운 머리를 갖고 있으며 주채(珠綵)로 장식하였다는 기록이 있어 신라의 부인은 수발(修髮)과 계식((飾)하기를 즐겨 하였음을 알 수 있다. 따라서 체(髢 : 다리)가 생겨나게 되었을 것이다. 〈삼국사기〉 "신라 성덕왕 22년조"에 미체(美髢)라는 말이 나오고, "경문왕 9년조"에는 4자5치의 두발, 3자5치의 두발이라는 기록이 있으며, 이 당시 체는 이미 신라의 명물로 외국으로 수출까지 하였다고 한다.

(2) 고려시대

출가한 여자는 홍라(紅羅)로 머리를 묶고 여분의 모발은 뒤에 내리며, 부녀자의 머리모양은 머리를 틀어서 붉은 비단으로 묶어 여기에 작은 비녀를 꽂고 여분의 모발은 뒤에 늘어 뜨렸는데 이는 귀천이 없이 동일하였다. 이러한 모습은 쪽머리와 비슷하나 쪽을 머리 뒤에 붙인 것이 아니라 어깨까지 늘어뜨리게 한 것으로 보인다. 이 외에 새앙머리와 얹은머리도 있었을 것으로 보이며, 여기에 가체(加髢)를 하였다. 이는 이미 신라시대에 있었던 것으로 〈북학의〉 "여복조"에 몽고 풍속에서 온 것이라고 기록되어 있는 것은 잘못된 것이다. 머리장식으로는 쓰개인 몽수(蒙首)와 입(笠)이 있고 화관(花冠)과 족두리 등이 있었다.

(3) 조선시대

머리모양은 계와 변발로 대별되며, 머리장식에는 여러가지 형태의 비녀, 뒤꽂이, 댕기, 상류계급에서만 이용되던 떨잠과 첩지 등이 있었고, 쓰개에는 왕비의 적관(翟冠)을 비롯하여 화관, 족두리, 외출시에 쓰는 너울, 입모(笠帽), 쓰개치마, 장옷(長衣), 천의(薦衣) 등이 있었다. 머리모양은 고대시대와 별 차이가 없어 조선시대에도 출가한 여자는 얹은머리나 쪽머리, 결혼하지 않은 여자는 땋은머리나 묶은 중발머리 등의 형상을 하고 있었다. 조선중기에는 출가한 여자는 얹은머리가 대유행을 하여 가체가 성행하였고, 이를 수식하기 위하여 밀화석황(蜜花石黃)과 금옥주패(金玉珠貝), 칠보 등을 사용하였다. 이러한 장식은 지나친 사치를 유발하여 영조 32년에는 가체금지령을 내리고 족두리로 대신하게 하였으나 여러가지 폐단이 계속 이어져 8년만에 폐기하고 말았다. 그후 정조때 다시 금지령을 내려 실효를 보게 되었다. 이때에는 체계를 대신하게 한 후계(後髻), 즉 족두리제를 도입하였던 것이다.

조선시대의 가체(머리모양)의 종류로는 큰머리, 어여머리, 얹은머리, 첩지머리, 조짐머리, 새앙머리, 쪽머리(낭자머리), 땋은머리 등이 있었다. 머리를 장식하였던 수식으로는 비녀, 뒤꽂이, 떨잠, 댕기, 첩지, 떠구지, 다리(다래) 등이 있는데, 노리개, 가락지, 귀걸이 등의 장신구와 더불어 여인들의 장식품으로서 중요한 역할을 하였다.

2. 외국의 미용

1) 여성의 헤어 스타일

(1) 이집트

기후가 몹시 무덥기 때문에 통풍이라는 위생상의 견지에서 햇빛가리개, 열가리개로서의 가발이 사용되기 시작하였다. 대부분의 여성은 머리를 중앙에서 나누고 보브(bob : 단발)스타일의 가발을 사용하였다. 재료는 마, 양모, 종려나무 잎에서 채취한 섬유와 말의 갈기 등이었으며, 부유 층은 인모(人毛)를 사용하였다.

가발은 그물로 된 모자에다 가발재료를 땋거나 간추려서 남자는 완전히 머리카락을 밀어낸 후, 여자는 짧게 깎은 머리위에 얹었다. 머리와 모자 사이에 공간이 있어서 머리에서 생기는 열이 발산되고 통풍이 되어서 오히려 시원한 효과를 주었다.

이집트인은 두껍고 빳빳한 헝겊으로 된 피라밋 모양의 머리수건을 썼는데 이를 커어취프(kerchief)라 한다. 또한 이들은 향료 바르는 것을 좋아하여 향료병을 머리의 장식으로 사용하기도 하였다.

(2) 그리스 · 로마

그리스 시대에는 후두부에 포인트를 둔 묶은머리였는데, 리본이나 망으로 악센트를 준 매우 자연스러운 형으로 후세의 머리형에 매우 큰 영향을 끼쳤다. 로마 시대에는 그리스가 속령이 되었으나 생활양식이나 머리형은 오히려 그리스를 모방하는데 급급했다. 여성들은 그리스나 고대 이집트에서 사용하였던 컬(curl)용 헤어아이론을 사용하여 그리스형을 한층 더 복잡하게 한 헤어스타일을 만들어냈다. 1세기 이후의 로마 여성들은 이마 위에 컬을 규칙적으로 쌓아 올린 머리형을 상류층의 권위의 상징으로서 유행시켰다.

또한 이들은 머리를 잿물로 표백하고 노란꽃을 으깬 물에 머리를 헹구어 황금색으로 착색하는 것이 유행이었다. 여기에 오일이나 향수로 윤기를 주었는데 머리뿐 아니라 몸 전체에도 사용하였다.

(3) 비잔틴시대~중세

395년 로마제국이 동서로 분열되면서 동로마 제국은 현재의 이스탄불에 도성을 정하고 동양의 영향을 받는 한편 그리스도교를 굳게 지켜 화려한 컬이나 웨이브가 없는 시뇽(chignon) 스타일로 머리를 느슨하게 틀어올린 후 망이나 실크캡을 씌웠다. 한편 게

르만 민족의 대이동으로 교란되었던 서유럽도 10세기에 이르러 차차 안정되면서 묶은 머리형을 보이기 시작했다. 그 전까지는 자연스럽게 늘어뜨린 머리형이 많았는데, 각 지역에서 안정된 국가가 확립됨에 따라 인간의 몸은 신으로부터 주어진 것이니 소중히 싸서 보호해야 한다는 종교적인 사상이 팽배하여 마치 쓰개의 시대가 온듯한 인상을 주었다.

(4) 르네상스~14~16세기

이탈리아를 중심으로 한 문예부흥기에는 머리형도 과장된 스타일은 자취를 감추고 그리스 회귀의 자연스러운 머리와 두갈래로 머리를 곱게 땋아 양쪽 귀언저리에 고정시키거나, 또는 보석을 박은 헤어밴드를 사용하여 머리를 돋보이게 하였다.

(5) 16세기말~17세기

대 항해시대를 거쳐 영국, 프랑스의 절대왕제가 확립되기 직전인 16세기말에는 이미 파리가 패션의 중심지로 발돋음하기 시작하였다. 프랑스에서 부르봉 왕조가 세운 화려한 궁정문화가 꽃피었을 때 귀족계급이 악다투어 만들어낸 화려한 패션은 상인 및 하급관리 계층으로까지 파급되어 갔다. 루이 13세 시대에는 곱슬곱슬한 양털 같은 머리가 얼굴 주위를 둘러싼 오 무통(au mouton : 고수머리)이 유행하였고, 루이 14세때 그의 애인 퐁탕주(Fontnage) 부인이 순간적인 기지로 양말대님을 머리에 감아 묶은 머리형이 왕의 마음에 들자 그와 같은 스타일이 약 30년간 계속 인기를 끌었다.

(6) 18세기

로코코 시대에 이르자 궁정문화는 퇴폐의 극에 달했다. 루이 15세의 애인 퐁파두르 부인은 후세에 허영심과 낭비의 화신이란 혹평까지 받기도 했으나 살롱을 일으켜 문예의 비호자가 되었고, 머리형에 있어서도 오늘날 퐁파두르형이라는 악머리를 차양처럼 돌출시킨 높은 트레머리를 남겼다. 루이 16세의 왕비 마리 앙투아네트도 후세에 이 시대를 대변하는 모델이 된 거대한 헤어스타일을 탄생시켰다. 그녀의 타고난 호기심, 허영심과 천재라는 평이 있던 결발사 레오나르의 재능이 어우러져 머리는 하늘로 솟아오를 듯이 빗겨 올려지고 그 위에 생화, 깃털, 레이스, 리본, 보석, 때로는 모형선까지 얹는 광기의 시대를 탄생시켰다.

(7) 프랑스혁명~20세기 초

1789년의 프랑스 대혁명으로 구(舊)정치체제가 완전히 사라지면서 머리형도 변화하여 검소한 모습으로 바뀌었다. 자연회귀의 풍조가 높아지면서 다시금 그리스적인 머리형과 복장이 유행하였다.

19세기에는 미용사 크로와사의 아폴로노트, 나폴레옹 3세의 제2제정기에는 왕비 유제니가 패션의 기수로서 모범을 보여 퐁파두르풍의 악머리에 앙글레즈(anglaise : 길게 말아서 늘어뜨린 머리)를 어깨에 여러가닥 늘어뜨린 머리형을 영국에서 역수입하는 등 머리형이 빠르게 변화하였다. 프랑스의 처참한 패배로 끝난 1870년의 프로이센_프랑스 전쟁 후의 안정기를 거쳐 1914년의 제1차 세계대전까지 파리는 이른바 멋진 시대를 맞는다. 1870년대는 폭포가 떨어지는 듯한 머리형인 워터 폴(water fall)이 유행하였고, 제2차 세계대전까지는 미용계에 혁명적인 영향을 준 마셀 크라토의 마셀 웨이브가 개발되어 널리 보급되었다. 동양에서는 그랑 퐁파두르형 등이 유행하였으며, 이것은 오늘날의 업 스타일의 기초가 되었다.

(8) 1920~30년대

제1차 세계대전은 오히려 여성의 사회진출의 계기가 되어 간편성과 여성의 권리주장을 담은 더치보브나 뒷머리를 짧게 한 싱글보브, 그리고 가르송(남자같은 머리형)이나 이튼 크롭(올려 깎은 단말머리)과 같은 짧은 머리형이 여성의 마음을 사로잡았다. 이에는 반발도 따랐지만 여성이 본격적으로 머리를 짧게 한 첫 발걸음이라고 할 수 있다. 불화의 30년대에 안쪽으로 말아넣은 페이지보이(pageboy) 스타일은 어두운 세상에서 유달리 광채를 발휘했다.

(9) 1940년 이후

제2차 세계대전 이후 여성의 사회진출과 지위향상은 촉진 되었다. 그리고 세계대전 후에는 영화의 세계적 호황으로 헤번 컷, 포니 테일, 세실 컷 등이 유행하였다. 그리고 60년대 후반 에는 비달 삿슨의 컷 앤드 부로우 드라이라는 기술이 등장하여 대유행을 불러 일으켰다.

2) 남성의 헤어스타일

헤어 스타일의 역사는 인류 탄생과 함께 시작되었다고 할 수 있는데 어느나라를 막론하고 그 민족성을 채색하는 여러가지 변천을 겪어 왔다. 종교와 정치, 주술과 성인의식 등과 같은 관계가 있으며, 그 나라의 원수 · 황제 등이 헤어스타일의 유행에 큰 영향력을 가지고 있었으며, 현대에는 스타(배우나 가수)의 헤어 스타일을 흉내내는 경향이 많다. 그 대표적인 것으로 1964년경에 유행한 비틀즈의 장발 스타일을 들 수 있다.

역사적으로는 머리를 묶거나 자르거나 미는 방법으로 스타일을 형성해 왔는데 그 중에는 중국 청(淸)의 변발이나 몽고인, 아메리칸 인디언, 오세아니아 원주민 등과 같이 머리카락을 거의 다 밀어 버리는 예도 있다. 서유럽에서는 고대 그리스 시대부터 현재의 헤어 스타일에 가까운 형으로 유행하여 머리의 길이에 의한 다소의 차이는 있어도 기본적으로는 머리결에 따른 간소한 컬이 유일한 디자인적 요소였다. 18세기부터 19세기에 걸쳐서는 큰 컬이 있는 가발과 금분을 부린 장식적인 헤어 스타일이 출현하였는데 이는 계급제도에 의한 권위의 상징으로서 제한과 규제가 가해진적도 있었다.

한국의 고유한 헤어스타일은 상투, 쌍상투, 땋은머리 등이 주류를 이루었다. 이러한 헤어 스타일은 개화기에 단발령이 내려질때까지 계속되었으며, 일제치하에서는 일본을 통해 들어온 영국풍의 스타일이 유행하였다. 그후 영화의 보급으로 아메리칸 스타일로 옮겨 갔고, 1930년 대에는 리전트 스타일(머리를 비교적 길게 기른후 포마드를 발라 양옆에 찰싹 붙여서 뒤로 빗어 넘긴 머리형)이 발표되어 우리나라에서도 유행을 보였으며, 이것은 제2차 세계대전 후에도 한동안 계속되었다. 70년대 이후로는 구미 및 일본과의 교류가 활발해지면서 새로운 헤어 스타일이 계속해서 탄생하였다. 그리고 현재는 다른 패션과 마찬가지로 구미와 다름없이 다양화 · 개성화가 되어 있다.

제3장
미용기술과 용구

1. 미용 용구와 기기

미용인은 고객의 희망에 부응하기 위해서 자기가 닦은 풍부한 감각과 손기술로 미(beauty)를 창조하는 예술가이다. 미용은 이처럼 미용인이 행하는 미용기술에 의해서 창조된 것이지만, 그 과정에는 많은 용구류를 이용하여 기술효과를 높이고 있다. 이런 용구류는 미용기술의 모든 분야에 있어서 기술상 가장 유효한 기능을 가지고 있다. 미용인의 기술과 미용 용구의 기능에 의해서 미용기술의 효과를 얻을 수 있다.

1) 미용 도구

도구를 만들어 내고 이것을 사용하는 능력을 가진 것이 인간과 동물을 구별하는 하나의 커다란 기준이 되었다고 말할 수 있다. 원시시대에 만들어졌던 도구는 지극히 원시적인 것이었지만 도구에 의해서 인간은 물건을 생산하고 노력하여 훌륭한 업적을 쌓아 올릴 수 있었던 것이다.

도구란 말의 어원을 더듬어 찾아보면 도구의 도(道)는 "이끌다, 지도하다"란 의미이다. 이것으로부터 생각하면 도구는 인간의 손과 손가락기능을 이끌어가는 것이 가능하다. 인간의 손과 손가락에는 물건을 찝거나, 잡거나, 누르거나 하는 기능이 있다. 미용도구와 손가락의 기능을 대조해보면 찝는기능을 보충한 것으로서는 클립(clip), 핀(pin)이 이용된다. 이처럼 미용에서의 도구는 미용인의 기능을 실제적이며 구체적으로 돕는 기능을 가진 것이다.

현재 미용기술에 이용되어지는 용구중에는 빗(comb), 브러시(brush), 가위(scissors), 면도칼 (razor), 롤러(roller), 로드(rod), 클립(clip), 핀(pin) 등이 있다.

2) 미용 기구

미용 기구도 넓은 의미의 도구라 할 수 있다. 기구의 기(器)는 그릇, 용기, 요컨대 그릇의 의미다. 따라서 넣어두고, 담아두고, 정리해두는 것을 말한다. 미용 기구로써 나열할 수 있는 것은 소독기, 어플리케이터(applicator : 약바르는기구), 샴푸보올(shampoo bowl), 화장대, 미용의자, 장식장, 정리장 등이다.

3) 미용 기계

기계는 도구와 기구보다도 구조가 복잡하고, 또 기능이 다양하며 동력에 의해서 움직이는 장치를 가진 도구로 생각하면 좋다. 기계도 넓은 의미의 도구이지만 기계의 기능은 도구처럼 단순하지 않고 고도의 기능을 발휘한다. 미용용구 중에서 기계로써 열거할 수 있는 것은 헤어드라이어(hair dryer), 헤어클립퍼(hair clipper), 헤어스티머(hair steamer), 전기셋팅기, 종합미안기 등이다.

2. 미용 용구의 취급법

미용직업을 충실히 하는 중요한 책임의 하나로써 공중위생의 유지 · 증진이 있다. 이 때문에 미용사가 되기 위해서는 필수의 교과과정으로써 전염병학, 소독법, 공중보건학, 위생법규 등을 차례대로 배워서 공중위생을 계속 유지하는데 필요한 지식을 몸에 익히지 않으면 안된다. 미용 용구의 사용에 즈음해서는 특히 이것들의 지식을 기초로 해서 그 취급에 주의하는 것이 중요하다. 개개의 용구의 취급요령은 각각의 항목에서 설명하겠지만, 일반적인 취급상의 주의로써는 다음 항목을 열거할 수 있다.

1) 미용에 이용되는 모든 용구는 항상 청결을 유지하고, 고객에게 접촉된 용구가 전염성질환의 매개가 되는 일이 없도록 소독에 주의할 것
2) 용구에 부착된 수분, 혹은 약제, 향장품 등은 사용할 때마다 주의깊고 신중하게 닦고, 재질의 변질을 방지하도록 충분히 손질할 것
3) 용구의 보관은 반드시 청결하고 안전한 상자(case)에 넣어서 정리해 둔다.

3. 미용용구와 기기의 종류

1) 빗(Comb)

(1) 빗의 종류

빗은 머리카락을 정리하는 것으로써 우리들의 일상생활에서 빼놓을 수 없는 생활 필수품의 하나라고 말할 수 있다. 우리나라 유적지에서 발굴되는 것 중에 빗들도 많이 발견되는 것으로 보아 그 역사가 수천년전이라고 짐작된다. 근대에 와서는 빗의 용도나 모양도 다양해지고 재질 또한 우수해지고 있다.

재질로서는 뼈, 뿔, 나무, 대모갑(자라의 등껍데기), 합성수지, 스테인레스(stainless steel) 등이 이용되어지고 있으며, 두꺼운 빗, 얇은 빗, 짧은 빗, 끝이 긴 빗 등 모양도 다양하다.

또 형태나 사용목적으로 분류하면 꼬리빗(rat tail comb), 커트빗, 대빗 등이 있으며 이 외에도 종류가 다양해지고 있다. 빗의 꼬리가 꼬챙이처럼 길게 생긴 빗들은 볼륨을 주는 머리에 주로 사용하며 머리를 빼내는데 용이하게 쓰인다.

빗의 종류

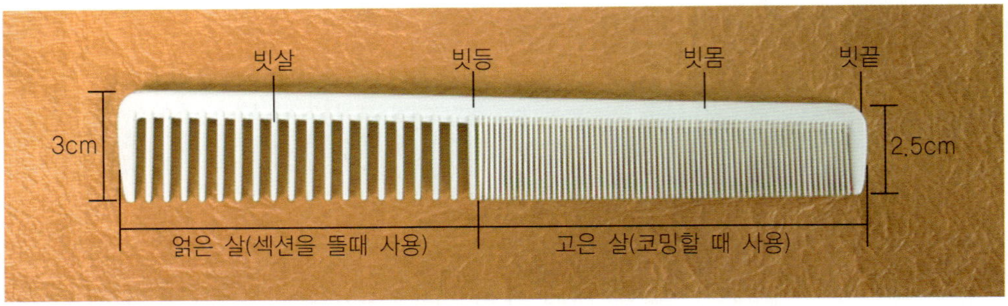

빗의 각 부의 명칭

(2) 빗의 선정법

빗(comb)은 용도에 따라서 재질 등의 종류를 선정하지 않으면 안되지만, 일반적으로는 다음과 같은 조건을 갖추는 것이 좋다.

- 빗 허리가 전체의 중심역할을 하므로 안정성이 있고 너무 매끄럽지 않아야 한다.
- 빗살은 끝이 가늘면서 간격이 균등하여야 하며, 직접 피부에 접촉하는 것이므로 너무 뾰족하거나 너무 둥글지 않아야 한다.
- 빗살이 비틀리거나 구부러지지 않아야 한다.
- 내수성, 내유성, 내열성인 것이라야 한다.
- 약품에 의해 변질되지 않는 것이어야 한다.

(3) 빗 손질법

빗(comb)은 머리카락을 빗을때 동시에 비듬이나 먼지 등을 제거하므로 매우 더러워지기 쉽다. 사용후의 빗은 항상 다음과 같은 방법으로 손질을 하고, 또한 법규에 따라서 한명의 고객 마다 소독하는 것이 중요하다.

- 빗살과 빗살사이는 가장 더러움이 쌓이기 쉬우므로 솔(brush)로 더러움을 제거하든지, 심한 경우는 비눗물에 담근 후 솔로 닦아준다. 단, 얇은 빗의 경우는 빗살을 상하게 할 우려가 있으므로 평평한 곳에 올려놓고 행하는 것이 좋다. 먼지나 더러움을 제거한 후 소독을 한다.
- 소독용액에 너무 오랫동안 담가두면 빗이 휘어지는 경우가 있으므로 주의해야 한다.
- 소독용액에서 끄집어낸 후 물로 헹구고 물기를 닦아 준다.
- 재질상 증기소독과 자비소독 등 열에 의한 소독과 알콜소독은 빗이 녹을 염려가 있기 때문에 피한다.
- 빗의 소독에는 크레졸수(kresol), 역성비누액 등이 이용되며, 세정이 바람직하지 않은 재질은 자외선을 이용하여 소독한다.

2) 브러시(Brush)

브러시(brush)는 미용기술상에서 헤어세팅(hair setting), 모발염색(hair coloring), 화장(make up), 매니큐어(manicure) 등의 분야에 넓게 이용되고 있다. 미용기술에 사용되는 브러시에는 다음과 같은 것이 있다.

(1) 브러시의 종류

① 헤어 브러시(hair brush)

모발에 대한 각종기술에 사용하는 브러시를 가리킨다. 종류는 매우 다양하나 일반적으로 동물의 털, 나일론(nylon), 또는 비닐재질의 비교적 경질인 것과 쿠션 브러시(cushion brush)는 머리카락을 빗거나 비듬을 제거하는데 이용되고, 롤 브러시(roll brush), 반원 브러시(half round brush)는 브로우 드라이(blow dry)용으로 이용된다. 이외에도 염색 및 탈색용 브러시가 있다.

② 털제거용 브러시

의복에 부착된 털이나 비듬을 제거하는데 이용된다. 동물의 털과 나일론제의 부드럽고 털이 긴 브러시이다.

③ 메이크업용 브러시(make-up brush)

화장기술에 사용하는 브러시이며 얼굴에 묻은 털이나 백분류를 제거하는데 사용되는 훼이스 브러시(face brush), 물분을 바를때 사용되는 브러시, 마스카라용 브러시(mascara brush), 아이브로우 브러시(eyebrow brush) 등이 있으며, 대부분 동물의 털로 되어 있다.

④ 네일 브러시(nail brush)

매니큐어(manicure), 페디큐어(pedicure) 브러시는 손 · 발톱 손질에 사용한다.

⑤ 염색용 브러시

모발에 색의 변화를 주기 위해 염색이나 탈색을 하는 경우 약제를 브러시에 묻혀 모발에 발라준다.

(2) 브러시 선정법과 손질법

헤어 브러싱(hair brushing)에 사용되는 브러시는 털이 너무 지나치게 부드러우면 두피까지 들어가지 않으므로 어느정도 딱딱하고 탄력있는 동물의 털(돼지털, 고래수염)로 되어 있는 것을 사용한다. 브러싱 할때는 솔 자체가 두피까지 닿도록 하여 반원을 그리듯 브러시를 넣어 여러각도에서 빗질하는 것이 효과적이다.

브러시(brush)는 구조상 빗(comb)보다도 더러움이 쉽게 묻기 때문에 빗 이상으로 정성을 들여서 손질하여, 청결하게 계속 유지하도록 노력해야 한다. 브러시의 손질은 다음과 같이 행하는 것이 좋다.

- 브러시는 보통 세제에 담구고, 부드러운 털인 경우 손가락 끝으로 가볍게 지문으로 더러움을 떨어 뜨리고, 경질의 브러시는 세정 브러시 등으로 더러움을 닦아 낸다. 그러나 나무 제품일 경우 털이 심어진곳에 물이 침투되지 않도록 털이 아래로 향하도록 하여 씻어낸다.
- 씻는 것이 끝나면 물로 헹구고, 소독액에 담근다.
- 소독액에서 끄집어내면 물로 헹구고, 털을 밑으로 향하게 말린다. 털을 위로 해서 두면 털을 심은 부리에 물이 침투해서 브러시의 사용기간이 짧아진다.

결국 브러시도 빗과 같은 종류로 고객 한사람마다 소독해야 하며, 브러시의 소독에는 크레졸수, 자외선, 석탄산수, 포르말린수, 알콜, 역성비누물 등이 이용되어진다.

브러쉬의 종류

3) 가위(Scissors)

가위(scissors)는 2개의 칼날이 교차해서 머리카락을 자르는 기능을 하는 것으로 역학적으로는 지레의 원리를 응용한 간단한 구조라 말할 수 있으나 미용에서는 모발을 잘라서 형태를 만드는 도구로서 소홀히 할 수 없는 용구이다. "머리카락을 커트(cut : 자른다)한다."란 말은 옛날에는 상상할 수 없는 말이였지만, 현대의 헤어 스타일(hair style)에서는 일상어로써 사용되고 있다.

가위는 사용목적에 의해 커팅 가위(cutting scissors)와 틴닝 가위(thinning scissors)로 나눌 수 있다. 커팅 가위는 모발을 자르는데 이용하고, 틴닝 가위는 모발의 분량을 알맞게 정리하는데 사용된다.

크기에 따라서 대형, 중형, 소형으로 나눌 수 있지만, 현재 미용에서는 커팅용으로 소형과 중형 가위가 자주 이용된다. 소형 가위는 일반적으로 미니 시저스(mini scissors)라 불리고, 정확하고 날카로운 커팅라인을 나타내는데 효과적이다. 또 칼날이 활과 같이 굽은 형상으로 휘어져 있는 가위를 R 시저스(R scissors)라 부른다. 휜 형태를 이용해서 탑(top), 사이드(side), 목덜미(nape) 등의 미세한 부분의 수정과 모발 끝의 이어짐을 연관시키는데도 효과적이다.

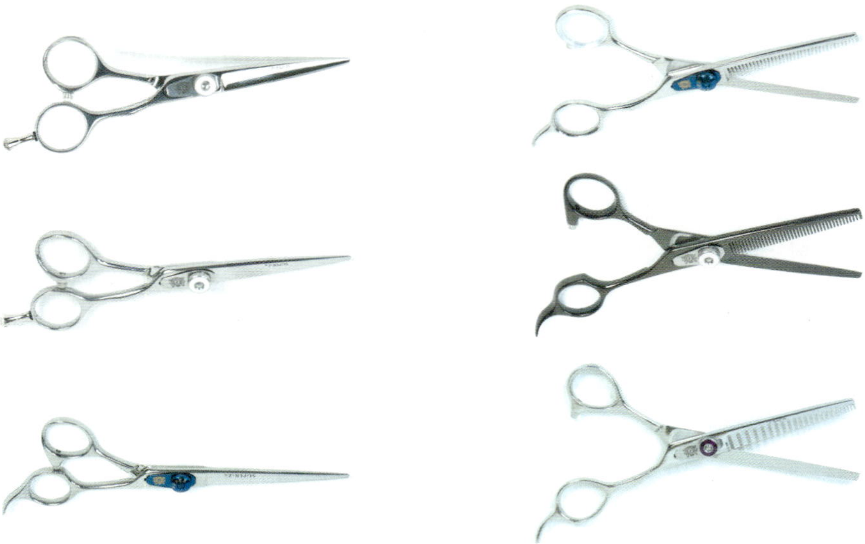

일반 커팅가위 / 틴닝가위

가위의 종류

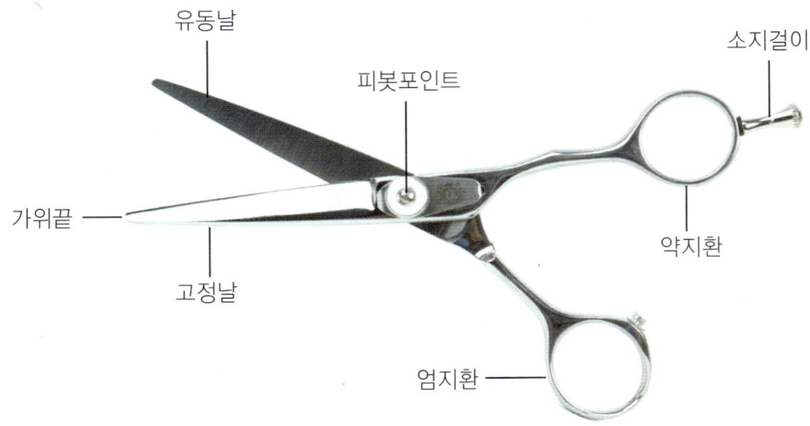

가위의 각부 명칭

(1) 가위의 각부 명칭

이중 고정날(still blade), 움직임날(moving blade)이 있는 것은 미용기술에 있어서는 가위를 조작할 때 네째손가락구멍이 있는 가위몸을 안정시켜서 엄지손가락쪽을 움직이게 하기 때문이다. 이때 엄지손가락으로 조작하는 쪽의 칼날이 움직임날(moving blade)이 된다.

(2) 가위의 선정법과 손질법

① 가위를 선정하는 방법으로는 다음과 같이 열거할 수 있다.

- 일반적으로 가위 몸이 가위등에서 자르는 칼날 쪽으로 감에 따라 자연스럽게 조금 안쪽으로 활과 같이 굽은 것이 좋다.
- 활과 같이 굽은것이 너무 지나치게 큰 칼날은 마멸(磨滅 : 닳아서 없어짐)이 빠르고, 또 요철(凹凸 : 오목, 볼록)인 것은 잘라진 느낌이 나쁘다.
- 칼날은 얇고 중간 허리부분의 회전점이 강한 것이 좋다. 칼날이 얇으면 가위를 조작하기 쉽기 때문에 기술도 쉽게 발휘할 수 있다.
- 양날의 굳기가 동일한 것이 원칙이다. 칼날의 굳기가 다르면 부드러운 쪽의 마멸이 빠르고, 잘라지는 정도가 나쁘게 된다. 이것을 점검하는 방법은 가위를 보통상태에서 한쪽면의 손끝으로 양날끝을 위에서 눌러 맞추어 보면 좋다. 굳기가 다를 경우는 부드러운 쪽의 칼날에 상처가 남는다.
- 손가락 끼우는 구멍이 기술자의 손가락에 적당하게 조작하기 쉬운 것을 선택한다.
- 피보트(pivot : 주축)의 잠금나사가 너무 지나치게 꽉 죄이지도 않고, 헐겁지도 않게 칼날을 순조롭게 운행가능한것을 선택한다.

② 가위의 손질법으로는 다음과 같은 것이 있다.

- 소독 후 마른 청결한 헝겊으로 물기를 잘 닦아 둔다.
- 녹슬지 않도록하기 위해서는 기름칠을 해서 닦아서 보관한다.
- 가위의 소독에는 크레졸수, 역성비누용액, 양성계면활성제, 자외선 등이 이용된다.
- 또한 소독용 에탄올도 효과가 있고, 면 또는 가아제(gaze)에 묻혀서 도구 표면을 닦는다.

4) 레이저(Razor)

레이저는 면도날을 사용한 도구로 예전에는 이용업소에서나 주로 사용하는 것으로 알았으나 최근에는 커트의 기법이 다양화되고 여성의 헤어 스타일(hair style)이 남성화되어 대담성을 띠게 됨에 따라 미용기술에서도 빼놓을 수 없는 도구의 하나가 되었다. 가위 못지 않게 역할도 다양하며 모발 커트 이외에도 화장전 얼굴의 솜털이나 눈썹털을 정리하는데 중요한 역할을 한다.

헤어 커트에서 레이저의 역할은 전체적으로 자르는데도 중요하지만 가위로 완성된 커트작품에 2차적으로 머리 끝을 가늘게 한다거나 중간에 숱을 쳐낼 때 사용된다.

레이저를 비스듬하게 눕히는 정도에 따라서 머리끝을 부드럽게 하여 들뜨지않게 한다거나 머리의 양감을 내기 위해 모발과 레이저가 직각이 되게 자르는 방법이 있다.

레이저의 종류로는 일상용 레이저(ordinary razor : 오디너리 레이저)와 세이핑 레이저(shaping razor)가 있는데 세이핑 레이저에는 한쪽 날과 양쪽 날의 것이 있다. 레이저의 장 · 단점을 비교 한다면 일상용 레이저는 시간상 능률적이고 세밀한 곳까지 작업이 용이한 반면에 각도의 실수로 인해 지나치게 자를 우려가 있어 초보자에게는 적당하지 않고, 세이핑 레이저는 날에 닿는 부분만 머리카락이 잘리므로 실수를 해도 일상용 레이저보다는 보완이 용이하여 초보자에게는 적당하나 조금씩 잘린다는 점이 결점이라 할 수 있다.

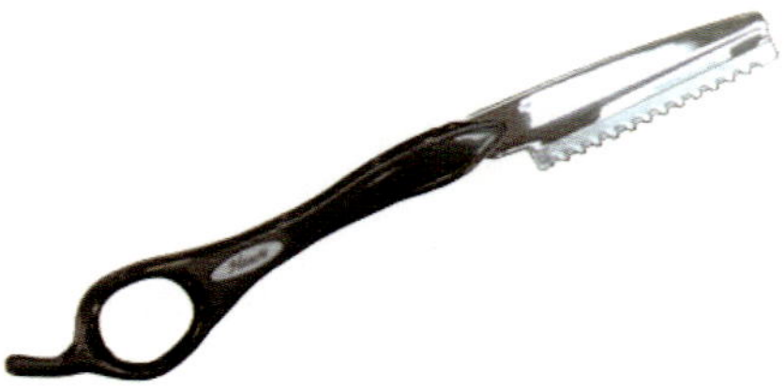

일자형 레이져

접이형 레이져

레이져의 종류

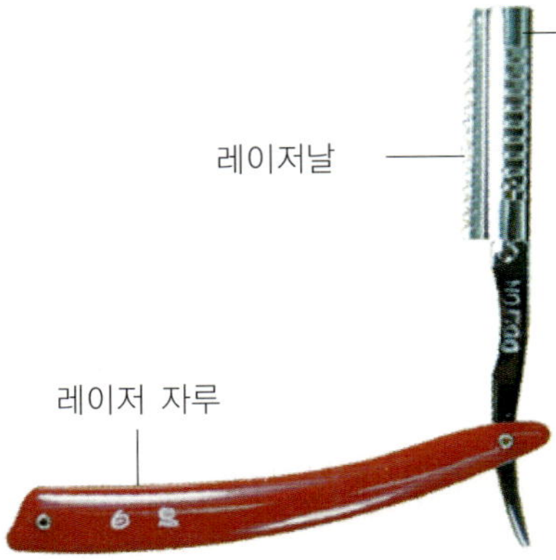

레이저 각부 명칭

(1) 레이저 각부의 명칭

레이저의 각부의 명칭은 그림과 같으며, 일상용 레이저의 경우는 머리(head)의 형상에 따라서 분류하는 것도 가능하지만, 여기서는 레이저에서의 칼날 선의 형태와 그 기능에 관해서 생각해 보겠다.

레이저의 칼날선에 의한 힘의 분배는 칼날선의 형태를 직선상 같은 방향이 되어야 한다. 내곡선상으로 되어 있으면 머리카락을 자를때 힘의 배분이 균등하게 되지 않으면 조작이 올바르게 되지 않는다. 따라서 일상용 레이저의 칼날은 직선상이거나 외곡선상으로 만들어져 있고, 갈아끼우는 날의 레이저의 칼날은 직선상이다. 특히 솜털 등을 깎을때에는 외곡선상의 것이 가장 좋다.

(2) 레이저 선정법과 손질법

① 레이저는 다음과 같은 기준으로 선택하는 것이 좋다.

- 칼등과 칼끝이 평행으로 되어 있고 양면의 날끝이 균일한 곡선상으로 콘케이브되어 있으면서 두께가 일정한 것을 택한다.
- 날의 양면을 내곡선상으로 깎은 면을 콘케이브라 하는데 날을 보호하기 위해서는 콘케이브가 큰 것일수록 좋다.
- 어깨(shoulder)의 두께가 일정하게 되어 있는 것을 선택한다. 어깨의 두께가 고르지 못하면 레이저를 갈때 숫돌에 날끝이 균등하게 닿을 수 없기 때문에 날끝이 고르지 못 할 수 있다.

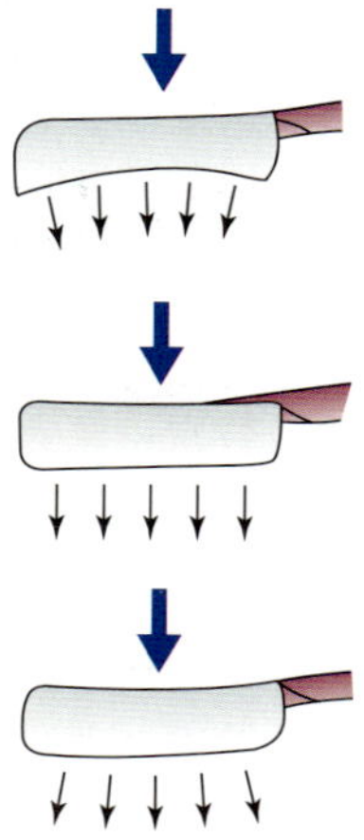

칼날선에 의한 힘의 분배

② 레이저는 항상 예리한 칼날을 준비하며, 재질이 금속이고, 한명의 고객마다 소독한 것으로 바꾸는 등 다음과 같이 손질한다.

- 사용 후는 부착된 털 부스러기 등을 자주 닦아 없애고, 소독해서 청결하게 보관한다.
- 녹쓰는 것을 방지하기 위해서 기름종류를 도포해두면 좋다.
- 갈아끼우는 날의 경우는 날끝을 강하게 문지르지 말고 부드러운 헝겊으로 가볍게 두드리듯 해서 물기를 없앤다. 손잡이의 안쪽은 특히 불결하기 쉬우므로 이 부분의 손질에 주의한다.
- 레이저의 소독에는 에탄올(ethanol), 크레졸수(kresol), 역성비누, 양성계면활성제, 자외선 등을 이용한다. 자외선조사를 할 때에는 충분히 더러움을 제거한후 소독한다.

5) 헤어 아이론(Hair iron)

(1) 헤어 아이론의 기능과 각부의 명칭

헤어 아이론은 iron의 열에 의해 모발의 구조에 일시적인 변화를 주어서 웨이브(wave), 컬(curl), 롤(roll) 등을 만든다.

헤어 아이론은 가열방법에 따라서 화열식과 전열식으로 크게 구별된다. 화열식 아이론의 대표적인 것은 마셀 아이론(marcel iron)이다. 마셀 아이론은 마셀 웨이브를 형

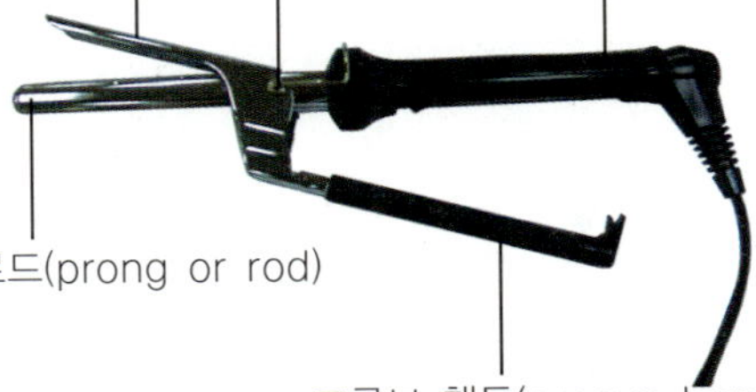

헤어 아이론의 각부 명칭

성하기 위한 아이론이지만, 일정한 온도가 유지되지 않는 등의 결점이 있어 자주 이용되지 않는다. 현재 가장 많이 사용되고 있는 것은 주로 전열식 아이론이다. 이것은 가열부에 석면(石綿)등을 감아싼 니크롬(nichrome)선 등의 저항선이 들어가 있다. 온도조절로써는 자동온도 조절장치(thermostat)를 내장한 것이 많지만 변압기(iron transformer)를 접속해서 이용한 것도 있다.

아이론의 각부 명칭은 프롱(prong or rod)과 그루브(groove or shall)가 마주하고 손잡이(handle)가 달려있다. 프롱은 완전히 둥글게 된 강철막대로 모발을 누르는 부분이고, 그루브는 프롱이 들어가 닫힐 수 있도록 홈을 가지고 있는 둥근형으로 모발을 사이에 끼워 고정시키는 역할을 한다.

(2) 헤어 아이론 선정법과 손질법

① 아이론의 선정은 다음과 같은 것에 주의해서 행하면 좋다.

- 프롱, 그루브, 나사, 손잡이에 잔금, 상처, 깨어짐이 없는 것
- 프롱과 그루브의 접촉면이 매끈매끈해서 요철(凹凸)과 비틀어짐이 없는 것
- 손잡이가 헐겁지 않고 나사(screw)가 튼튼한 것
- 발열상태, 절연상태가 양호한 것

② 헤어 아이론 손질법으로는

- 전열식 아이론은 사용후에는 반드시 스위치를 끄고 코드(cord)를 뽑아 고운 사포로 표면을 닦고 기름을 칠하여 녹슬지 않게 손질한다.
- 니크롬(nichrome)선과 코드와의 접촉부분과 코드와 플러그(plug)와의 접촉부분이 부서지기 쉬우므로 자주 점검하는 것이 중요하다.

6) 헤어 드라이어(Hair dryer)

(1) 헤어 드라이어의 목적

헤어 드라이어는 젖은 모발을 빨리 말리는 것은 물론 모발에 작용을 하여 헤어 스타일을 완성시키는 목적으로도 사용되는 미용기계이다. 모발을 건조시키는 것을 헤어 드라잉(hair drying)이라 하며, 이 경우 건조가 과도하게 되면 모발에 수분이 부족하여 광택이 없는 상태가 되고, 갈라지는 모발의 원인이 된다.

또 모발에서 수분을 너무 빼앗기기 때문에 피부각질층의 습기를 없애고 지방분비를 방해하게 되어 비듬이 생기기 쉽게 된다. 헤어 드라이어를 이용할 경우 건조가 지나치지 않을 정도로 헤어 드라잉(hair drying)을 행하는 것이 좋다.

(2) 헤어 드라이어의 종류와 구조

① 헤어 드라이어의 종류

헤어 드라이어에는 손으로 집는식, 스탠드식, 벽걸이식이 있고 각각을 일반적으로 핸드 드라이어(hand dryer), 스탠드 드라이어(stand dryer), 아암 드라이어(arm dryer)라 불리고 있다.

헤어 드라이어에서는 모발에 바람을 직접 내뿜는 브로우 타입(blow type)의 것과 바람이 선회해서 내보내는 터비네이트 타입(turbinate type)의 것이 있다. 일반적으로 핸드 드라이어는 브로우 타입(blow type)이며, 후드(hood)식으로 되어 있는 스탠드 드라이어(stand dryer)와 아암 드라이어(arm dryer)에는 브로우 형과 터비네이트 형의

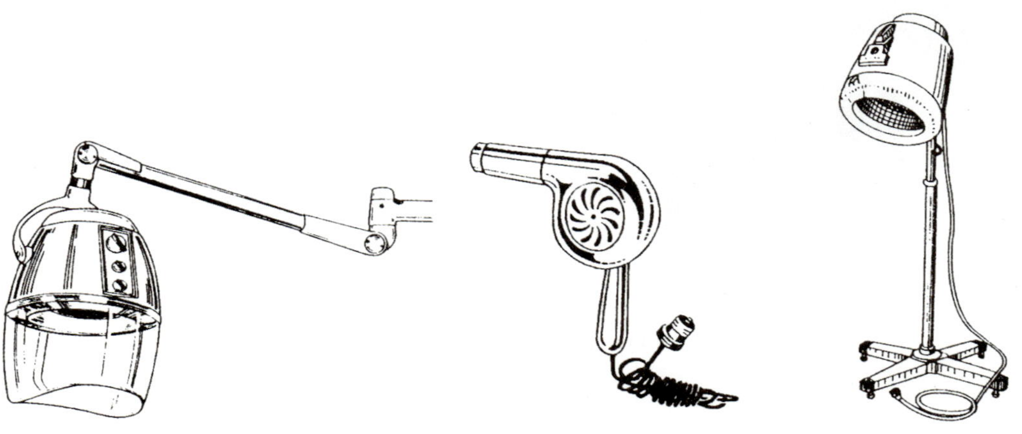

Arm dryer　　Hand dryer　　Stand dryer

드라이어의 종류

양쪽이 있다. 이 중에서 브로우 형의 것은 소리가 조용해서 모발도 흩어지지 않으며 터비네이트 형에 비해서 drying 시간이 비교적 절약된다.

터비네이트 형의 드라이어는 모발에 세차게 바람을 그대로 빨아들여서 다시 내보내듯이 바람의 순환과 선회를 이용한 구조로 되어 있다. 그 때문에 열풍의 방산을 막는데 효과가 있고, 드라잉의 능률을 높이는 것이 특징으로 되어 있다.

이밖에도 광선열로 건조를 촉진시키는 광선처리기 등도 드라이어의 일종이다.

② 헤어 드라이어의 구조

헤어 드라이어의 구조에는 중심을 이루는 팬(fan : 송풍기), 팬을 움직이기 위한 모터(moter : 발동기), 발열기로써 니크롬(nichrome)선이 있다. 팬의 회전에 의해서 바람을 일으켜서 그 바람이 니크롬선에 의해서 뜨겁게 된후 송풍되어지는 구조로 되어 있다.

헤어 드라이어의 소비전력은 업소용으로써 1~1.3kw 정도의 것이 많고, 그외에도 스위치로 온도를 조절하는 것과 필요에 의해서 열풍, 온풍, 냉풍이 자동적으로 보내지도록 되어있는 것이 있다. 온도를 일정하게 유지하기 위해서는 자동온도조절장치가 내장되어 있다. 또한 핸드 드라이어에는 브로우 드라이 스타일링(blow dry styling)을 위한 연결부착장치(attachment)가 있고, 용도에 따라서는 연결부착장치를 교환해서 사용할 수 있다.

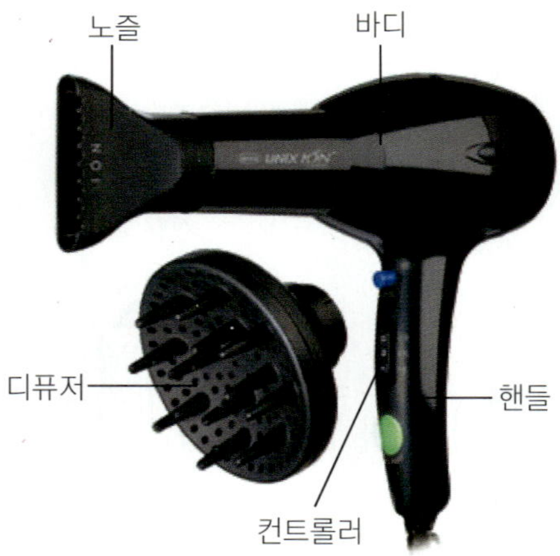

- 노즐(nozzle) : 온풍 또는 냉풍이 나오는 출구
- 바디(body) : 드라이어의 노즐과 연결된 몸통부위
- 팬(fan) : 바람을 일으키는 프로펠러
- 모터(motor) : 팬을 작동시키는 원동기
- 니크롬선(nichrome wire) : 발열기, 전열재료
- 핸들(handle, grip) : 드라이어의 손잡이
- 컨트롤러(controller) : 열풍, 온풍, 냉풍, 강, 약을 조절하는 장치
- 디퓨저(diffuser) : 작은 구멍이 여러 개 있는 원통형의 노즐

헤어 드라이어의 각부 명칭

7) 헤어 스티머(Hair steamer)

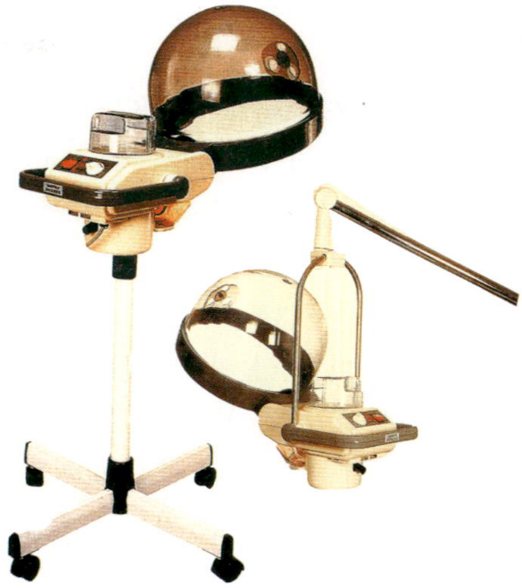

헤어 스티머는 스티머를 이용해서 미용의 여러가지 기술에 적용시키는 미용기계의 하나이다. 일반적으로 퍼머넨트 웨이브, 헤어 트리트먼트(hair treatment), 스캘프 트리트먼트(scalp treatment) 등에 사용된다. 증기열에 의해 약제의 침투를 높이는 기능을 한다.

예를들면 두피와 머리카락이 건조한 경우, 혹은 손상된 경우 오일(oil) 또는 스캘프 트리트먼트제를 도포해서 스캘프 머니프레이션(scalp manipulation)을 행한후 스티머를 사용한다. 스티머의 사용시간은 10~15분 정도가 적당하다. 이때, 증기가 충분히 나온후 사용하며, 제조회사의 지시에 따라서 온도와 시간의 관계에 주의하는 것이 중요하다.

헤어 스티머는 기능을 생각하고, 다음과 같은 기준에 입각하여 선택하는 것이 좋다.

① 후드(hood) 내부의 분무증기가 균일하게 널리 퍼지도록 되어 있는 것

② 증기의 입자가 고운 것

③ 증기의 조절이 가능하도록 되어 있는 것

8) 히팅 캡(Heating cap)

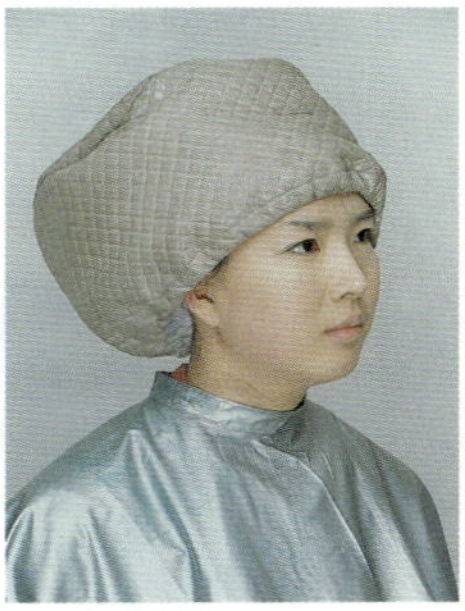

모자형으로 되어 있으며 내부에는 히이터(heater)가 붙어있고 둘레에는 불침투성으로 된 천이나 합성섬유로 만들어져 있다.

불침투성으로 하는 이유는 헤어 오일(hair oil)이나 헤어 크림(hair cream) 등에 의하여 쉽게 더러워지는 것을 방지하기 위함과 열의 발산을 방지하기 위함이다. 사용후에는 잘 닦아서 보관하고 파손되어 있는 부분이 있는가 잘 점검한다. 그리고 히팅캡은 온도조절장치(thermostat)가 있어 온도의 과열에 대한 방지를 할 수 있다.

일반적으로는 퍼머 와인딩 후 열을 주어 흡수력을 돕고, 시간을 단축시키기 위해서 사용하거나 스캘프 트리트먼트(scalp treatment) 또는 헤어 트리트먼트(hair treatment) 시술시 두피와 모발에 바른 헤어 오일, 헤어 크림류를 전체적으로 골고루 퍼지게 할 목적으로 사용한다.

9) 헤어 핀(Hair pin)과 헤어 클립(Hair clip)

미용기술에서 사용되는 핀의 역할은 헤어 세팅(hair setting)을 할 때 컬(curl)을 고정시키거나 웨이브(wave)를 완성시키거나, 머리다발을 묶어 고정하는 역할 등 미용기술을 용이하게 하도록 도와주는 역할을 한다.

핀의 모양은 여러가지가 있지만 열린 핀(hair pin)과 닫힌 핀(bobby pin)의 2종류로 크게 구별된다.

보비 핀(실핀)은 헤어 세팅할 때 컬(curl)을 고정시키고, 웨이브를 집어 주며, 올림머리(up style)할 때 필수적으로 사용되므로 핀을 꽂는 연습도 필요하다. 핀을 벌리려고 할 때는 엄지와 검지로 핀의 중간 정도를 잡고 반대쪽 손을 이용하는 것이 일반적이다. 그리고 닫힌 핀 외에도 열린 핀을 사용하는데 이것 역시 올림머리할 때 주로 사용하는 것으로 보비 핀 보다는 유연성이 있다. 그러나 너무 재질이 약해서 잘 부러진다거나 휘어지는 경우도 있으므로 잘 선택한다.

헤어 클립(hair clip)도 핀과 똑같은 목적으로 사용되는데 여러 종류가 있어 더블 클립(double prong clip), 싱글 클립(single prong clip) 등 다양하다. 이들을 컬 클립(curl clip)이라 한다면 웨이브를 고정시키는 목적의 클립을 웨이브 클립(wave clip)이라 할 수 있다. 이와같은 헤어 핀의 재질은 내열성이어야 하고 약품이 침투되지 않으며 녹이 슬거나 변질되지 않는 재료로 만들어져야 한다. 최근에는 보통 스테인레스 스틸(stainless still), 알루미늄(aluminum), 합성수지 등을 사용하며 색상도 가지각색으로 다양해지고 있다. 이외에도 핀은 무엇보다도 탄력성이 있어야 하므로 스프링이 튼튼해야 한다.

핀류 및 헤어 클립의 소독은 세정액으로 씻어낸후 자외선, 에탄올(ethanol), 크레졸수(kresol), 양성계면활성제, 역성비누액, 알콜 등을 사용한다.

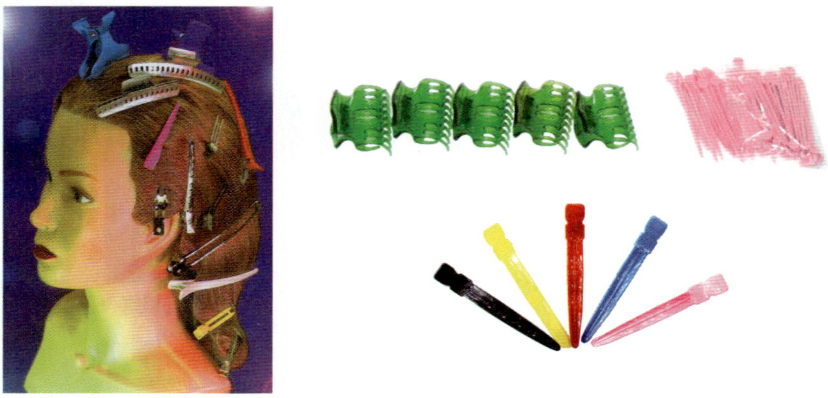

핀과 클립의 종류

10) 컬링 로드(Curling rod)

컬링 로드는 퍼머넨트 웨이브(permanent wave) 시술시 웨이브를 형성하기 위해 모발을 감는 용구로써 사용된다. 컬링 로드는 사용하는 용액(cold wave solution)의 성질상 금속성인 것은 사용할 수 없으므로 주로 합성수지가 이용된다.

로드의 종류로는 감는 위치에 따라 대 · 중 · 소로 나눠어지며 고무줄이 로드에 달려 있는 것과 달려 있지 않는 것이 있다. 또한 재질에 따라서 부드러운(soft) 것과 딱딱한(hard) 것이 있어 웨이브를 강하고 약하게 하는데 효과를 볼 수 있으며 로드의 직경이 굵고 가는 것에 따라서 웨이브의 크기를 정할 수 있다.

최근에는 헤어 스타일의 다양화에 맞추어 길고 짧은 머리에 사용할 수 있는 로드가 있는가 하면 웨이브를 강하고 약하게 하는 로드가 있고, 웨이브 형태의 변화를 주는 로드가 있는 등 다양화되어 가고 있다. 그러나 오랫동안 사용되고 있는 것으로는 끈 없는 디자인 로드가 가장 보편화되어 있다.

컬링 로드의 소독방법으로는 양성계면활성제, 역성비누, 크레졸수, 포르말린수, 알콜 등을 사용하며 재질이 합성수지이므로 소독용액에 오랫동안 담그지 않도록 유의한다.

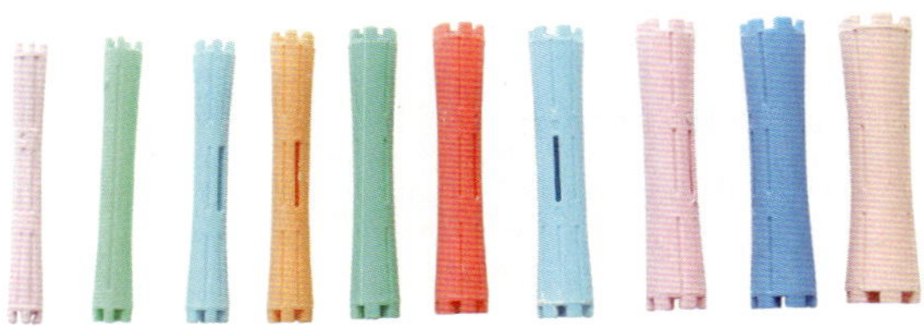

11) 롤러(Roller)

롤러는 헤어 세팅시 일시적인 웨이브를 내거나 볼륨(volume)을 갖게 할 목적으로 사용되며 그림과 같이 원통형으로 되어 있다. 재질로는 주로 합성수지를 사용하고 최근에는 금속으로 만든 롤에 겉을 내열성있는 천으로 겉포장하여 전기 충전한 후에 스팀을 사용해 가열 세트를 하는 방법이 있다.

롤러는 둘레에 구멍이 나 있거나 그물모양으로 되어 있으며, 매끄러운 것과 거친 것이 있다. 롤러의 통풍성은 세트 로션, 정발제 등을 발라 말았을때 망 사이로 건조시키도록 하기 위한 것이다. 원통의 폭이나 직경에 따라 대 · 중 · 소가 있고 왼쪽과 오른쪽에 사용한다거나 원모양의 웨이브를 낼 때 사용되는 커브 롤러가 있다.

롤러를 사용한 세트방법은 화학제를 사용한 방법이 아니므로 모발의 손상이 거의 없으며 자유자재로 형태를 만들 수 있다는 장점이 있다. 그러므로 모발이 심하게 손상되어 있을 경우에는 롤러를 사용한 헤어 스타일의 변화로 더 심한 손상을 방지할 수 있다.

소독 방법으로는 석탄산수, 크레졸수, 양성계면활성제, 역성비누, 알콜, 자외선 등을 사용하며 합성수지 제품이 많으므로 이것 역시 소독용액에 오래 담그지 않도록 한다.

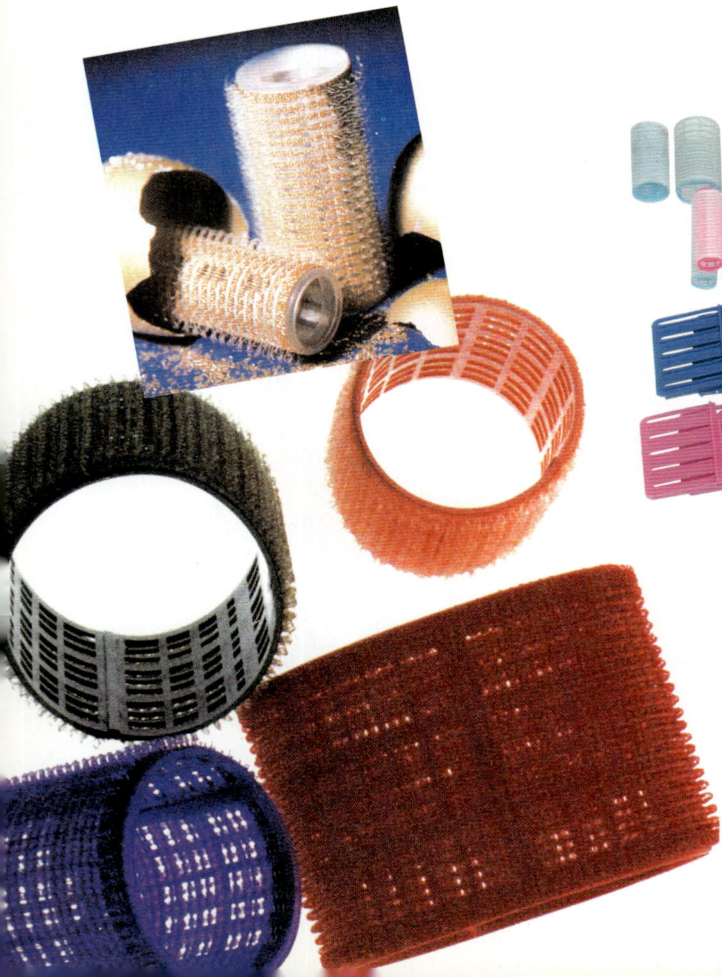

제4장
모발미용 이론

1. 모발 개요

모(hair)는 포유류 특유의 피부 부속기관으로서 피지선이나 한선과 함께 태아의 발육과 동시에 발생한다. 따라서 모든 피부의 발생에 따라 생겨나 각화현상이 진행되어 한 가닥의 모로 형성되는 것이다. 모의 발생은 모체에서 잉태된 후 9~12주경에서부터 시작된다. 모는 체표면을 보호하는 역할, 즉 한냉, 마찰 등을 막는 역할을 하고 촉각을 전달하며 제2차 성징에 관계되며, 장식의 역할도 한다.

또 눈썹은 땀이 눈 속으로 들어가는 것을 방지하고 코털, 귀털, 속눈썹 등은 먼지나 벌레가 들어가는 것을 막아 주는 역할도 한다. 모는 거의 전신을 덮고 있으며, 모가 전혀 없는 곳은 손바닥, 발바닥, 손 · 발가락의 굴곡진 면, 입술, 귀두, 젖꼭지, 소음순 등의 부위로 한정되어 있다.

1) 모발의 분류

모발은 자라나는 부위에 따라 길이나 굵기가 다르며 억센털인 경모(terminal hair)와 잔털인 연모(lanugo hair)로 구분된다. 경모는 다시 장모(long hair)와 단모(short hair)로 구분되며 두발, 수염, 겨드랑이털 등은 장모에 속하고 눈썹, 속눈썹, 코털과 같이 0.5~1.3cm 정도의 것은 단모라고 한다.

잔털은 사람 특유의 것으로 길이는 1.4cm를 넘지 않는다. 이 잔털은 제2차 성징이 나타날때 부터 발생부위에 따라서는 억센털로 변하기도 하는데 음모, 겨드랑이털, 수염, 코털, 가슴털 등이 이에 속하며 주로 생식선의 발육에 따라 변화가 일어난다.

2) 모발의 구조

모발은 크게 모근(hair root)과 모간(hair shaft)으로 나눈다. 모근은 피부내에 있는 것을 말하며, 모간이란 피부밖으로 나와있는 부분이다.

(1) 모근(Hair root)

① 모낭(hair follicle)

작고 긴 관모양으로 피부 안쪽으로 움푹 들어가 모근을 유지시켜 준다.

② 모유두(papilla)

모낭 끝에 있는 작은 말발굽 모양의 돌기조직으로 대부분은 모발을 형성시켜주는 특수하고 작은 세포층이며 모발 성장을 위해 영양분을 공급해 주는 혈관이나 신경이 몰려 있다.

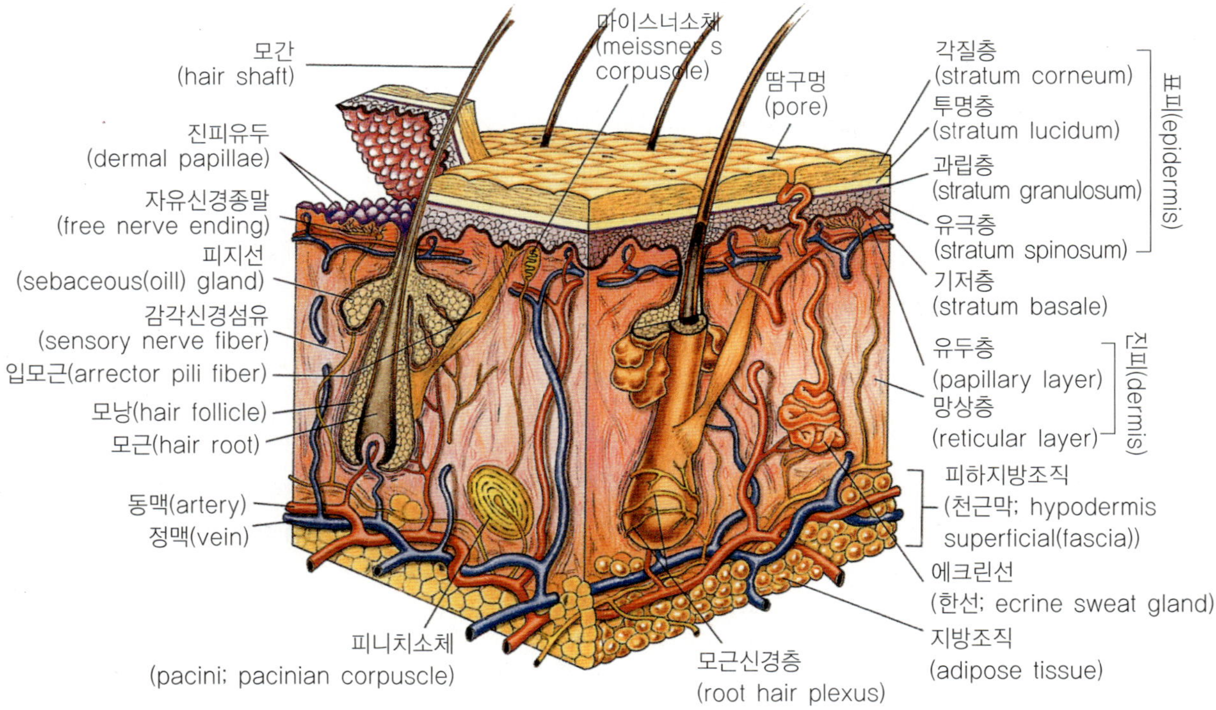

모발의 구조

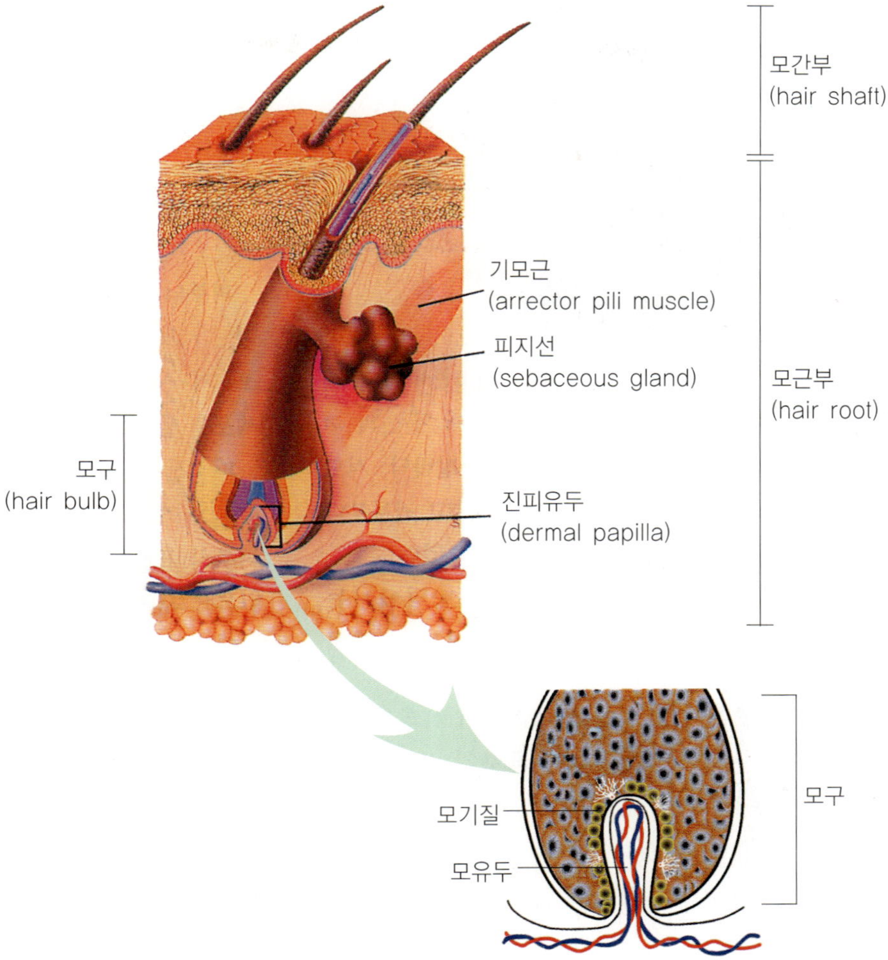

모근부의 구조

③ 모구(hair bulb)

모유두의 윗부분을 말한다.

④ 피지선(sebaceous gland)

모낭벽에 붙어 있으며, 피지를 분비하여 모발을 매끄럽게 해준다.

⑤ 기모근(arrector pili muscle)

모낭벽에 붙어 있는 작은 근육으로 이것이 수축 되면 털이 수직으로 일어난다. 눈썹, 속눈썹, 코털, 겨드랑이털 등에는 기모근이 없다.

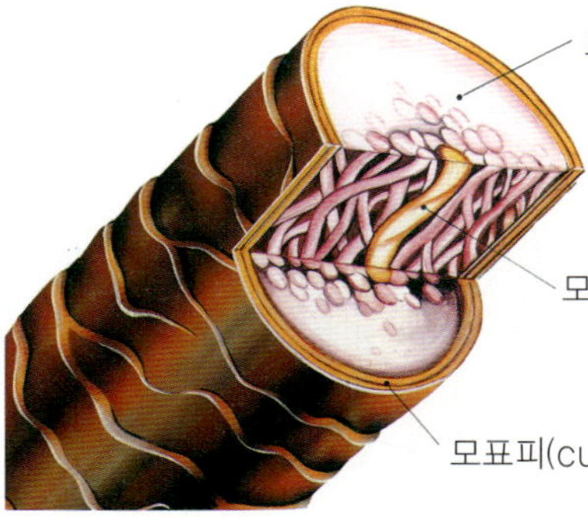

모발의 단면도

(2) 모간(hair shaft)

모발의 대부분을 차지하는 모간은 그 단면을 잘라서 현미경으로 확대해 보면 바깥층으로 부터 모표피(cuticle), 모피질(cortex), 모수질(medulla)의 세층으로 나누어진다.

① 모표피(cuticle)

모발의 가장 바깥층으로 케라틴(keratin)이라는 경단백질로 구성되어 있다.

개인에 따라서 5~15층의 투명한 세포가 물고기 비늘모양으로 겹쳐져 있어 모발표면은 특유의 모양을 하고 있다. 백인의 경우 5~7, 황인종의 경우 7~11, 흑인의 경우 15층의 모표피층으로 되어 있다.

건강모는 이 비늘상태가 규칙적으로 겹쳐져 있으므로 광택이 있고 단단해 보이며, 외부의 자극에도 손상을 적게 받게 된다. 모발이 손상되었다는 의미는 바로 이 모표피층이 손상된것을 말하며, 한번 손상된 모발은 스스로의 재생능력은 없지만 특수 영양물질로 손상된 부분을 채워 매끄럽게 해 줄 수는 있다.

모표피(cuticle)가 하는 역할로는 다음과 같다.

- 외부의 여러가지 자극으로 부터 모발의 내부를 보호한다.
- 모발의 습윤성, 광택 등 모발 성질을 좌우한다.

② 모피질(cortex)

모발의 가장 중요한 부분으로서 모수질(medulla)과 모표피(cuticle) 사이에 섬유모양으로 되어 있고 모발 면적의 75~90%를 차지하고 있다.

방추형의 세포가 세로로 나열되어 있으며, 세포속에는 다량의 색소과립과 간충물질이 들어 있다.

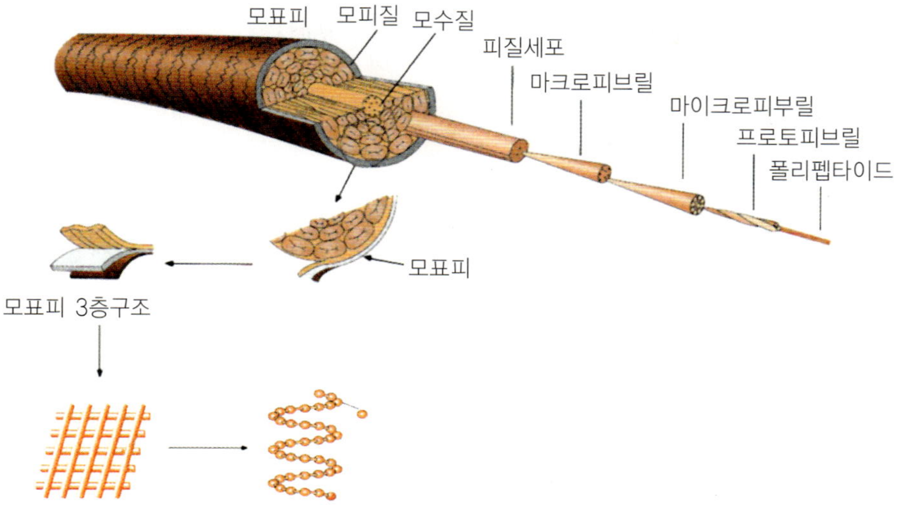

모간의 구조

모피질(cortex)층이 하는 역할로는

- 모발에 탄력과 강도를 주며, 모발의 질을 결정한다.
- 모발의 천연색상은 cortex층의 멜라닌(melanin) 색소에 의해 결정된다.
- 퍼머넨트나 염색, 탈색의 과정도 cortex층에서 이루어진다.

③ 모수질(medulla)

모피질층과는 달리 그 내부는 벌집모양으로 한 여러개의 공포(空砲)가 있는데 그 속에는 공기가 들어 있다.

모수질(medulla)층은 아주 가는 모발에는 존재하지 않으며 대개 굵은 모발에 존재하고, 특별한 작용은 하지 않는다.

2. 모발의 생성 및 성장

1) 모발의 생성

(1) 미발달된 피부

모발 생성이 시작되기 이전의 피부 상태이다.

(2) 모낭의 시초

모발의 생성은 모낭이라고 하는 작은 주머니의 발달로 시작된다. 움푹 패이기 시작하여 점차 진피로 들어가 성숙한 모낭의 형태로 발달한다.

(3) 피지선의 형성

모낭벽은 피지선을 형성하며, 피지선은 건강한 모발 상태를 유지하는데 필요한 천연유분을 분비한다.

(4) 기모근의 형성

기모근은 모낭벽과 표피층에 붙어 있으며, 기모근이 수축되면 모낭이 약간위로 올려져 모발이 위로 서게 되어 주위의 피부보다 약간 높아진다.

(5) 모유두의 형성

모유두는 모낭의 아랫쪽에 있는 진피의 돌기이다. 이 모유두 밑에 혈관이 접하고 있어 많은 영양분을 모간에 전해주며, 모유두 위에는 모모세포가 연결되어, 혈관으로부터 영양분을 섭취하여 새로운 모발을 만들어 낸다.

(6) 모발의 성장

모발의 성장속도는 하루 약 0.2～0.5mm 자라며, 이 성장속도는 신체의 부위에 따라 차이가 있으나, 연령이나 건강상태에 따라서도 차이가 있으며, 남 · 녀 모두 20대가 가장 활발하다.

2) 모발의 수명과 모주기

모발은 일정한 수명(모주기 : hair cycle)이 있어 때때로 탈모가 이루어진다. 두발인 경우 보통 3~6년, 남성 특유의 수염은 2~3년, 속눈썹, 눈썹은 3~5개월 정도이다.

이 현상은 1년 4계절을 통해 이루어지는 것으로 먼저 모근 아래 쪽에서 모발을 성장시키는 모구 부분의 세포 분열이 멈추고, 모근과 모유두의 결합이 느슨해지면 모유두의 활동이 일시 정지되는데 이를 휴지기(telogen)라고 한다.

일정기간 휴지기에 들어간 모구가 다시 활동을 개시하면 모구에서 또 새로운 모발이 성장하고 낡은 모는 위로 밀려나 모근이 모포구(피부)에 도달하면 낡은 모는 탈락하고 그 후에 새로운 모발이 자라나게 되며 이 시기를 성장기(anagen)라 한다.

이 주기는 남성이 3~5년, 여성이 4~6년이며, 건강이나 연령 그 밖의 생활환경에 따라 변하기도 한다.

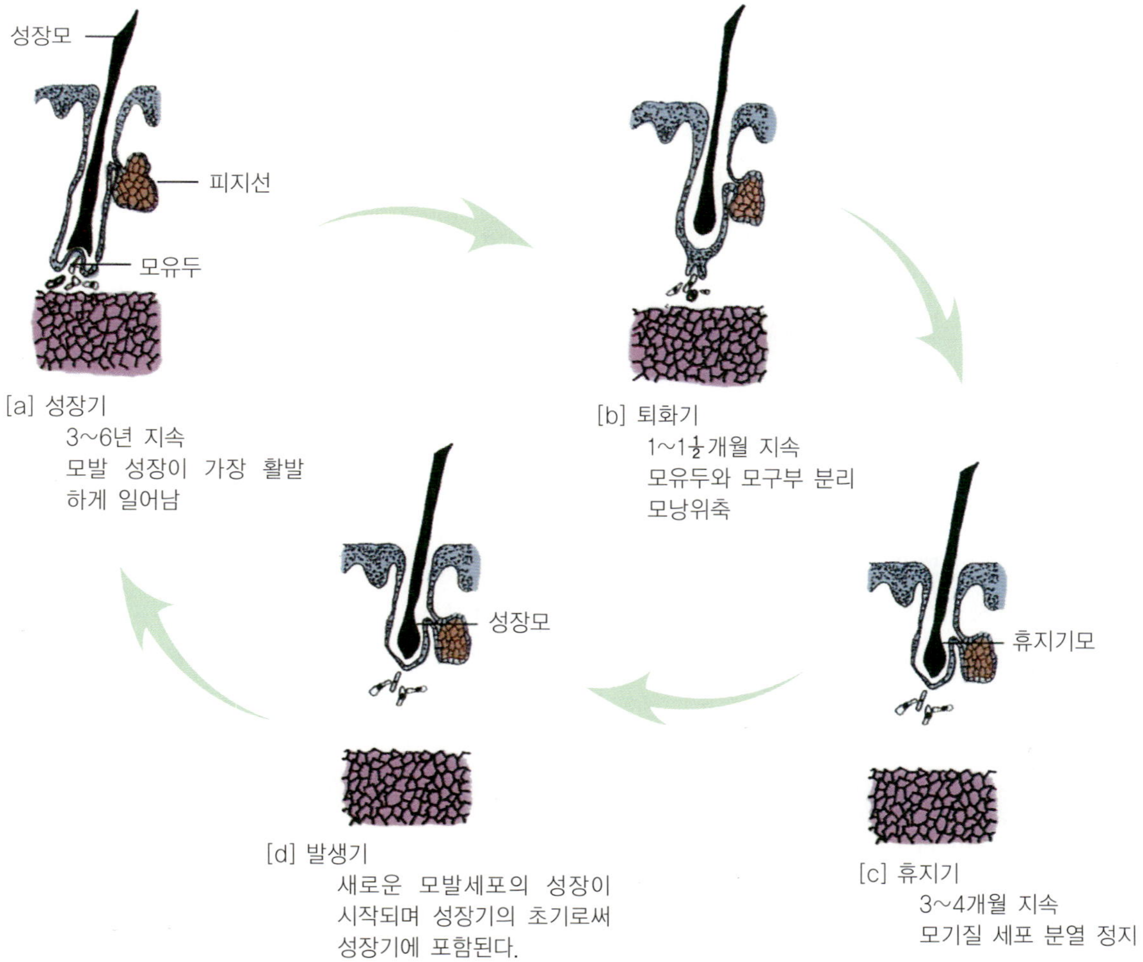

모발의 성장 주기

3. 모발의 특성

1) 모발의 물리적인 특징

(1) 모발의 질감(Texture)

모발의 질감은 각 개인의 머리카락 직경에 따라 달라진다. 일반적으로 굵은 모발, 중간 모발, 가는 모발로 나누어지며, 모발의 직경이 가늘면 가늘수록 염색이나 퍼머넨트 웨이브가 빨리 이루어진다.

(2) 모발의 밀도(Density)

모발의 밀도는 각 개인의 머리카락 수량에 의해 결정된다. 대개 90,000~150,000개의 머리카락을 지니고 있으며, 천연적인 금발은 약 140,000개 이상이고, 짙은 갈색 모발은 약 110,000개, 검정모발은 약 100,000개, 적색 모발은 약 90,000개의 머리카락을 가지고 있고, 정상적인 사람의 하루 탈모의 양은 50~80가락 정도이다.

(3) 모발의 탄력성(Elasticity)

모발의 탄력성이란 모발이 정상길이 보다 늘어났다가 원래대로 되돌아가는 성질을 말한다. 정상모발은 탄력성이 우수하며 물에 젖어 있으면 원래 길이의 1.7배 정도 늘어나지만, 건성모발은 탄력성이 적어 약 1.25배 정도 늘어난다.

탄력성은 태양, 환경, 지나친 건조와 열기 및 화학적인 처리에 의해 영향을 받는다.

(4) 모발의 강도(Intensity)

모발의 강도는 모발을 잡아 당겼을 때 끊어지지 않고 견디는 힘을 말한다.

시험기(털을 잡아당겨 강도를 측정하는 기계)에 의하여 측정한 결과 모발 한가닥이 끊어지지 않고 견디는데 필요한 힘은 약 150g 정도였다.

모발의 강도가 강하면 강할수록 건강한 모발이며, 나이나 환경, 화학적 처리에 의해 영향을 받는다.

(5) 모발의 다공성(Porosity)

모발의 다공성은 모발이 수분을 흡수하는 힘이며, 염색이나 퍼머넨트 웨이브 등의 특수처리로 인해 생기는 것이다.

또한 모표피(cuticle)의 상태가 다공성을 결정짓는데, 건강한 모발일수록 모표피가 규칙적으로 겹쳐져 있어 염색제나 퍼머넨트 웨이브제를 과도하게 흡수하지 않는다. 반대로 손상모의 경우 모표피 사이가 벌어져 있기 때문에 염색제나 퍼머넨트 웨이브제를 과도하게 흡수하여 단시간내에 형성되지만 모발은 심하게 손상된다.

(6) 모발의 수분성(Moisture)

모발은 공기중의 습도가 높으면 수분을 흡수하고 외기가 건조하면 수분을 빼앗기게 되는 성질 즉, 수분의 양에 따라 모발상태가 달라지게 된다.

모발이 건조하면 매끄러움, 부드러움, 광택 등이 없어지는 반면에 물을 흡수하면 부드러워지고 매끄러우며 광택이 난다.

수분은 모발에 매우 필요한 것으로 모발의 수분보유율은 10~12%일 때가 가장 이상적이다. 그러므로 항상 모발이 건조해지지 않게 주의하고 수분과 유분이 함유되어 있는 헤어 크림(hair cream)이나 헤어 트리트먼트(hair treatment)제를 사용하여 모발에 항상 수분을 공급하도록 한다.

(7) 모발 색상(Color)

천연모발 색상은 모피질(cortex)층에서 발견되는 천연색소의 양과 분포정도에 따라 결정된다.

검정이나 갈색 색소는 모발색의 짙고 옅음을 결정짓는데, 예를들면 밝은 갈색모발은 모피질(cortex)층에 노란기가 있는 붉은 색소의 비율이 더 많은 것이며, 짙은 갈색모발은 검은 갈색 색소가 더 많은 것을 의미한다.

모발의 색상은 대부분 유전에 의해 결정되는데 색소가 거의 없거나 완전히 없는 경우는 백발이 된다.

2) 모발의 화학적 특징

(1) 모발과 pH

pH란 Power of Hydrogen Ions(수소 이온 농도)로서 어떤 용액의 산성 또는 알카리성을 측정하기 위한 수치로 0(강한 산성)에서 14(강알카리성)까지 표시된 것이며 측정 후 pH가 7이면 그 용액은 중성이라 말할 수 있다.

pH가 10 이상이면 알카리성으로 모발을 부풀게 하며, 표피에 더 많은 기공이 생기게 하므로 모표피와 모표피 사이에 벌어진 기공 사이로 염색제나 퍼머넨트 웨이브제가 모발 표피층에 쉽게 침투되어 모발 손상을 초래하게 되며, pH가 1.5~2와 같이 너무 낮은 강산성이어도 모발은 심하게 손상된다.

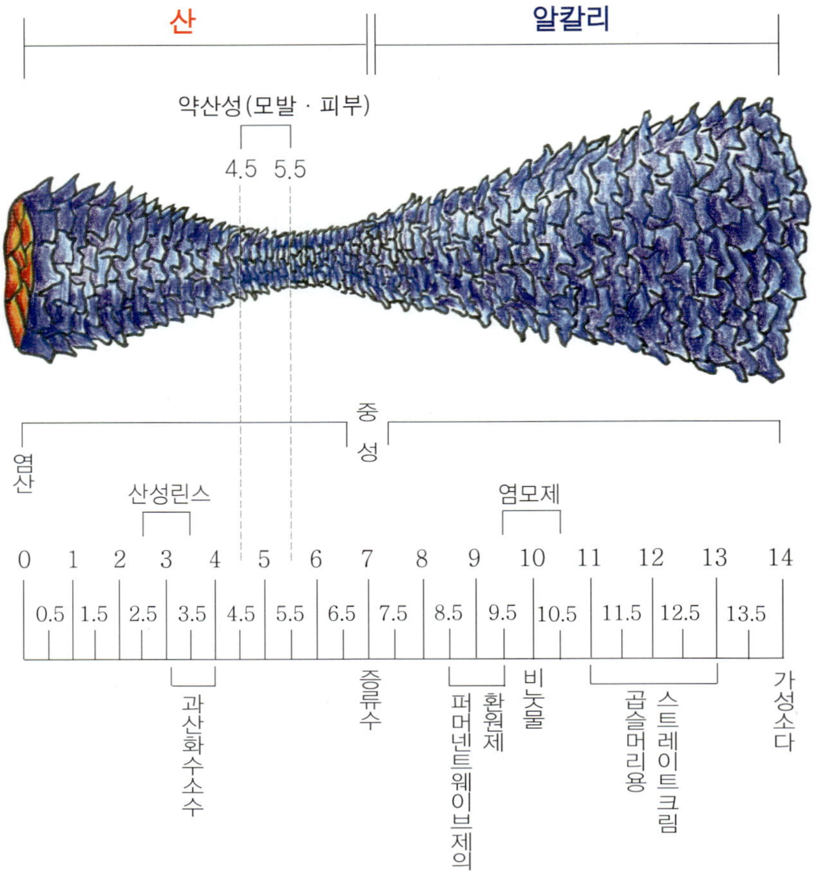

모발과 pH

제5장 샴푸와 린스
Shampoo & Rinse

1. 헤어 샴푸(Hair shampoo)

1) 헤어 샴푸잉의 목적

두피와 모발은 비듬, 먼지 등으로 불결해지기 쉽다. 이것을 그대로 방치하면 생리기능이 나빠지게 되므로 샴푸제를 이용해서 모발의 더러움을 씻어내는 것을 헤어 샴푸잉(hair shampooing)이라 한다.

헤어 샴푸잉을 행할 경우에는 사람에 따라서 두피와 모발의 상태와 성질이 다르므로 각각에 맞는 기술방법을 이용해서 스캘프 트리트먼트(scalp treatment : 두피관리)를 행하는 외에, 헤어 트리트먼트(hair treatment : 모발 관리) 등을 병용해서 두피와 모발의 건강을 보존하고 유지하도록 기술을 행하는 것이 바람직하다.

헤어 샴푸잉의 목적을 요약해 보면 다음과 같다.

(1) 두피 및 모발의 더러움을 씻어 없애고, 청결하게 유지 시키며 아름답게 해준다.
(2) 다른 미용기술이 손쉽게 이루어지도록 만드는 기초과정이다.
(3) 두피와 모발의 성질과 상태에 따라서 각각에 적합한 기술을 행하고, 두피 · 모발관리를 병행해서 그 생리적 기능을 돕고, 두피 · 모발의 발육을 건강하게 유지시킨다.

2) 샴푸제의 종류와 특징

샴푸제에는 합성세제를 주성분으로 한 것과 비누를 주성분으로 한 것이 있으나 현재는 대부분 합성세제를 주성분으로 한 것이 많이 사용되고 있다. 합성세제는 세정면에서 모발의 유분을 너무 지나치게 제거하는 경향이 있으나 이 결점은 샴푸제에 유성분을 첨가시켜 보충할 수 있다. 또 현재 시판되고 있는 샴푸제중에는 모발을 위한 여러가지 첨가제가 혼합되어 있는 것도 있으므로 두피와 모발의 상태에 따라서 샴푸제를 선택하는 것이 중요하다.

샴푸제의 종류는 다음과 같은 것이 있다.

① 세정효과를 주는 샴푸제

지성두피 및 지성모발에 사용한다.

유성분의 배합이 적게 되어 있어, 세정력이 강하므로 탈지효과가 높다.

② 유성효과를 주는 샴푸제

건성두피 및 모발에 유분을 보충할 목적으로 이용된다.

샴푸제중에 라놀린(lanolin), 레시틴(lecithin)등의 유성분을 투명한 형태로 배합한 오일 샴푸(oil shampoo), 크림상태로 배합한 크림 샴푸(cream shampoo) 등이 이것에 해당한다.

세정력을 다소 억제하여 피지를 너무 지나치게 제거하지 않으면서 유분을 주는 것이 특징이다.

③ 그외 샴푸제

살균효과가 있는 징크필리치온(zinc pyrithione) 등의 약제를 혼합한 비듬제거용 샴푸제와 멘톨(menthol)이 배합되어 청량감을 주는 토닉 샴푸(tonic shampoo)제 등이 있다.

3) 샴푸시 주의사항

샴푸의 회수는 모발 및 두피 상태와 개인에 따라 다르지만, 매일 샴푸를 해도 적절하게 샴푸를 하면 지나치다고 말할 수 없다. 더러워지면 그때마다 샴푸를 해서 청결하게 유지하는 것이 중요하다. 샴푸시 특히 다음에 열거한 사항에 주의해서 기술을 행하도록 한다.

① 샴푸잉시 사용하는 물의 온도는 보통 38~40℃가 적당한 온도이다.

② 샴푸시 샤워기를 한쪽끝에 손가락을 얹어 쥐고서 항상 온도에 주의해야 한다.

③ 모발은 물기를 흡수하면 팽윤(용매속에 담근 고분자 화합물이 용매를 흡수해서 차차 부피가 늘어난 현상)되므로 모발을 강하게 비벼 문지르면서 샴푸를 하게 되면 모표피(cuticle)를 손상시키게 된다.

④ 샴푸시 손톱을 세워서 문지르면 두피에 상처를 입히게되므로 주의하고, 귀와 눈 등에 뜨거운 물이 들어가지 않도록 주의해야 한다.

⑤ 퍼머넨트 웨이브와 염색전에 샴푸를 행할 경우에는 두피를 자극하는 성분이 함유된 샴푸제의 사용을 삼가하며, 두피를 문질러서 자극을 주지 않도록 주의해야 한다.

⑥ 샴푸제는 한꺼번에 다량으로 사용한다고 해서 효과가 증가되는 것은 아니며, 오히려 모발을 손상시키는 원인이 되는 경우도 있으므로 지나치게 사용하지 않도록 주의한다.

⑦ 샴푸 후의 드라이시 모발을 충분히 타올로 닦은 후 헤어 드라이어를 이용한다.

⑧ 그외 위생적이면서 상쾌감을 주도록 구석구석까지 배려해서 기술을 진행하는 것이 중요하다.

2. 헤어 린스(Hair rinse)

1) 린스의 목적

린스(rinse)란 본래 헹군다, 씻는다란 의미이며, 헤어 린싱(hair rinsing)은 머리카락을 헹구는 것을 의미한다. 미용에서는 보통 린스제를 이용해서 머리카락을 헹구고, 유연성과 광택이 있는 모발로 끝마무리 해주는 것을 가리킨다. 또한 린스제를 이용하지 않고 단순히 물로 헹구는 것을 플레인 린스(plain rinse)라고 말한다.

헤어 린스의 목적은 머리카락에 이용되는 약제, 샴푸제 등의 연구개발과 아울러 변화해 왔다. 현재는 합성세제를 주제로한 샴푸제가 이용되고 있지만, 옛날에는 비누를 주제로한 샴푸제를 사용했다. 이와 같은 원인으로 샴푸시 생기는 비누 지꺼기를 제거하고, 알카리성으로 치우치는 모발의 pH를 본래대로 되돌리기 위해서 린스제로서 레몬즙과 식초를 미지근한 물에 풀어서 이용하는 산성린스가 행해졌다. 그후 합성세제를 주제로한 샴푸제가 사용되면서 특히, 석유계의 합성세제는 탈지력이 강하다는 이유로 오일(oil)을 첨가한 유성린싱이 행해졌다. 그러나 화학의 발달에 의한 결과 샴푸제의 이러한 결점은 거의 극복되었다. 현재는 단지 머리카락의 pH상태를 본래대로 되돌리는것 뿐만 아니라 적극적으로 머리카락을 아름답게 하기 위해서 행하는 린싱이 주가 되고 있다.

헤어 린스는 일반적으로 미지근한 물에 풀어서 머리카락에 이용하든지 또는 직접 머리카락에 발라 문지른후 가볍게 물로 헹구는 방법 등이 있으며 린스의 목적을 살펴보면 다음과 같다.

(1) 특수성분을 모발표면에 흡착시켜 보호막을 형성하므로 모발에 적절한 수분을 유지시키고 모발을 보호하며 모발표면을 고르게 만들어 빛을 골고루 반사시켜 주므로 모발에 광택을 준다.

(2) 샴푸나 퍼머넨트 웨이브, 염색 등으로 알카리성으로 변화된 모발을 중화시켜 준다.

(3) 영양을 공급하여 모발을 윤기있고 부드럽게 해주며 정전기 발생을 방지하여 빗질을 용이하게 해준다.

(4) 샴푸시 팽창된 모발을 수축시켜 탄력을 준다.

2) 린스제의 선택

헤어 린스제는 두피와 모발의 성질 · 상태에 적합한 성분이 포함되어 있는지, 산성 효과가 있는지, 정전기 방지제가 포함되어 있는지 등을 고려해서 사용목적에 따라 알맞게 선택해야 한다.

(1) 두피와 모발의 성질과 상태에 따른 린스제

퍼머넨트 웨이브(permanent wave), 헤어 브리치(hair bleach), 헤어 틴트(hair tint) 등의 시술 후 머리카락은 건성이 되기 쉽고 손상되기 쉽다. 이러한 손상된 머리카락에는 레시틴(lecithin), 라놀린(lanolin) 등의 유분과 단백질을 주체로 한 린스제, 또한 건성 모발에는 유성효과를 주체로 한 것이 적합하다. 그외 비듬증의 두피와 모발에는 살균효과가 있는 징크필리치온(zinc pyrithione) 등이 함유된 린스제를 사용한다.

(2) 산성효과에 따른 린스제

건강한 두피의 pH는 5.5 정도의 약산성이다. 일반적으로 린스제는 모발과 같은 약산성인 것이 바람직하다. 그러나 특히 산성효과가 높은 린스제를 필요로 할때가 있다. 그것은 퍼머넨트 웨이브, 헤어 브리치, 헤어 틴트 후에 모발의 pH가 알카리성으로 기울어지기 때문에 이러한 경우 산성효과가 있는 린스제를 이용해서 모발 본래의 pH, 즉 약산성의 상태로 되돌리는 것이 중요하다. 또 퍼머넨트 웨이브시 행하는 중간린스도 산성린스이다.

(3) 대전방지 효과에 따른 린스제

나일론 브러시(nylon brush) 등으로 브러싱을 행하면 모발에 마찰에 의한 정전기가 생기기 쉽다. 이때 일어나는 정전기로 쉽게 먼지가 붙게된다. 이것을 해소하기 위해서 양이온 계면활성제가 이용된다. 양이온 계면활성제는 털의 표면에 피막을 만들어서 정전기를 방지하여 브러시를 좋게하는 것외에 먼지 등을 차단하고, 모표피를 보호하고, 모발에 광택을 주는 등의 효과가 있다. 현재 제품화되고 있는 린스제의 대부분은 이 양이온 계면활성제를 포함하고 있다. 단, 퍼머넨트 웨이브의 중간린스 때에는 피막의 약제효과를 방해하기 쉽기 때문에 이 종류의 린스제는 이용할 수 없다.

3) 린스의 종류

(1) 플레인 린스(plain rinse)

린스제를 사용하지 않고 미지근한 물로 헹구어 내는 일반적인 방법으로 주로 퍼머넨트 웨이브시 중간 린스로서 이용되고 있다.

(2) 산성린스

모발의 pH를 되돌려 주고 비누와 경수의 금속반응을 제거하는 기능을 갖고 있다. 비누성분의 샴푸제로 샴푸한 후나 강한 퍼머넨트 웨이브제를 사용한후 중간린스로서도 효과적이다. 레몬즙이나 구연산을 이용한 린스를 들 수 있다.

(3) 유성린스

라놀린(lanolin), 올리브유 등의 유성물질을 원료로한 린스로서 건성모발이나 탈지력이 강한 합성세제 성분의 샴푸제로 샴푸한 후 사용하면 효과적이다.

(4) 합성린스

최근 발매되고 있는 대부분의 린스제로 계면활성제가 함유되어 있는 린스제이다. 모발표면에 흡착되어 얇은 보호막을 형성해 주며 모발을 부드럽고 윤기있게 하면서 정전기 발생을 방지해준다.

(5) 천연린스

계란 노른자, 우유, 마요네스 등의 천연식품을 이용한 린스법이 있으나 사용하기 번거롭고, 사용 후에도 냄새가 나므로 사용되어지고 있지 않다.

(6) 약용린스

가려움증이나 비듬증세가 있을 때 사용되는 린스이다.

(7) 칼라린스

헤너(henna)와 같은 식물성 염모 성분을 함유한 린스로서 린스의 역할보다 일시적인 염모제의 역할이 우선이다.

4) 린스의 방법과 주의사항

린스의 종류에 따라 린스하는 방법에도 약간의 차이가 있으나, 일반적으로 샴푸제가 모발에 남지 않도록 깨끗하게 헹구어 낸 다음 적당량의 린스제를 손에 덜어 모발에 골고루 펴 바른 다음 모발과 두피를 마사지하고 깨끗하게 헹군다.

린스의 효과를 높이기 위해서는 샴푸제를 충분히 제거하여 잔여물로 인해 두피가 건조해지지 않도록 주의해야 한다. 또한 린스제도 샴푸제와 마찬가지로 적당량을 사용해야 하는데 그 이유는 농도가 너무 지나치면 모발에 부담을 주고 태양광선에 의해 화학반응을 일으켜 모발이 퇴색되는 원인이 되기 때문이다. 린스시 너무 지나치게 뜨겁거나 차거운 물은 피하고 상쾌한 기분이 될 정도의 미지근한 물로 헹군다.

제6장 두피 · 모발관리

Scalp & Hair Treatment

1. 두피관리(Scalp treatment)

1) 두피관리의 목적

두피관리란 두피 및 모발을 건강하고 아름답게 유지하기 위하여 행하는 기술이다. 두피관리를 행하기 위해서는 먼저 두피의 성질을 이해해야 한다. 두피는 다른 피부와 같이 건강한 두피, 지성두피, 건성두피로 나눌 수 있다.

건강한 두피란 항상 적당한 지방막에 덮여서 정상적인 각화작용이 이루어진 두피를 말한다. 이것에 비해 지성두피는 피지의 분비가 과잉이고, 건성두피는 피지의 분비가 부족해서 건조하고 각화작용이 순조롭게 이루어지지 않는 상태의 것을 말한다. 두피는 땀, 때, 비듬, 그외 외부로부터의 먼지 등에 의해 더러워지기 쉬우므로 항상 청결하게 해야 한다. 한편, 모발은 두피속의 혈액으로부터 영양을 섭취하여 자라므로 두피의 상태가 좋고, 나쁘냐에 따라 모발에 영향을 끼친다.

이상의 사항에서 비추어 두피관리를 행할 경우 두피의 상태를 잘 점검하여 그 상태에 따라 처리하는 것이 필요하다. 두피관리에는 여러가지 방법이 있으나, 각각의 공통된 것으로써 다음과 같은 목적을 열거할 수 있다.

- 혈액순환을 촉진시키고 긴장을 완화시키며 두피 림프샘의 작용을 활성화 시켜서 모발의 성장과 건강을 유지시켜 준다.
- 탈모와 비듬의 치료를 돕는다.
- 두피가 건조해지지 않도록 해주며 과잉피지분비 예방에도 도움을 준다.
- 두피와 모발의 상태에 따라서 적당하게 유분을 보충하고, 모발에 광택을 준다.
- 모발의 성장을 돕는다.

두피관리는 대개 샴푸 기술 및 헤어 트리트먼트 기술과 병행해서 시술한다. 따라서 샴푸기술을 행할때에도 이상과 같은 목적과 효과를 염두에 두고서 시술하는 것이 중요하다. 그러나 두피에 이상이 있는 경우와 헤어 컬러링(hair coloring) 및 퍼머넨트 웨이브(permanent wave)의 시술직전에는 두피관리를 행하지 않는다.

2) 두피관리(Scalp treatment)의 종류와 특징

(1) 물리 · 화학적 방법

두피관리의 기술과정을 크게 나누면 물리적인 방법과 화학적인 방법으로 나눌 수 있다. 물리적인 방법이란, 두피에 물리적인 자극을 주어서 두피 및 모발의 생리기능을 높이는 방법이다. 여기에는 브러시를 사용하는 방법, 스캘프 머니플레이션(scalp manipulation)에 의한 방법, 스팀 타월(steam towel) 또는 헤어 스티머(hair steamer) 등의 습열, 자외선 등의 온열을 이용하는 방법이 포함된다.

화학적인 방법이란 헤어 토닉(hair tonic : 양모제), 스캘프 트리트먼트제(두피치료제) 등을 사용해 두피 및 모발의 생리기능을 건강하게 유지시키는 방법이다.

두피관리는 두피의 상태에 따라서 그 기술방법이 여러가지로 나뉠 수 있지만 위에서 진술한 물리적 방법과 화학적 방법을 종합적으로 이용한다.

(2) 두피상태에 따른 방법

두피관리는 건성, 지성, 중성 등의 두피상태에 따라 관리방법이 차별화 되어야 한다.

두피에 있어서 비듬증도 종종 문제가 된다. 비듬은 피부의 각화에 의한 각질층의 이상으로 벗어져 떨어지는 현상이고 과도의 건성 또는 지성두피에서 많이 볼 수 있다. 원인으로써는 첫째, 두피의 혈액순환이 나쁘거나 둘째, 부적당한 식사(동물성지방의 과다) 세째, 청결하지 못하거나 네째, 정신적 스트레스 등이 원인이 될 수 있다. 비듬은 불결할 뿐만아니라 세균류의 침투를 용이하게 하여 두피를 감염시킬 수도 있으므로 비듬에 따른 트리트먼트를 실시해야 한다.

두피의 상태에 따라 중성 두피에는 플레인 스캘프 트리트먼트(plain scalp treatment), 건성 두피에는 드라이 스캘프 트리트먼트(dry scalp treatment), 지성 두피에는 오일리 스캘프 트리트먼트(oily scalp treatment), 비듬제거를 목적으로 하는 댄드러프 스캘프 트리트먼트(dandruff scalp treatment)가 있다.

2. 모발 관리(Hair treatment)

1) 헤어 트리트먼트의 개념

일반적인 헤어 트리트먼트의 개념은 손상된 모발에 트리트먼트제를 바르고 마사지한 후 열을 이용해서 침투시켜서 손상된 모발을 정상적인 상태로 관리해 주는 것으로 말할 수 있다. 그러나 헤어 트리트먼트는 이상이 있는 모발을 어느정도 정상적으로 만들어주는 헤어 리컨디셔닝(hair reconditioning)의 의미는 물론 건강한 모발관리와 절모난지모 상태의 손상된 모발을 커트하는 헤어 클리핑(hair clipping)의 뜻까지 포함하는 포괄적인 의미를 갖고 있다. 그러므로 헤어 리컨디셔닝과 헤어 클리핑을 헤어 트리트먼트라고 말하기도 한다.

2) 헤어 트리트먼트의 목적

일반적으로 모발이 심하게 손상되면 광택을 잃어버리고 건조해져서 모발끝이 갈라지게 되며, 또한 탄력성이 떨어지고 퍼머넨트시 웨이브 등이 잘 나오지 않게 된다. 헤어 트리트먼트는 이처럼 모발을 인공적으로 보강하고, 정상인 상태에 가까워지게 해주며, 그 이상 손상되지 않도록 모발을 보호하는 것을 목적으로 행하는 기술이다.

모발을 손상시키는 원인으로는 영양장애 등의 내부원인에 의한 것 이외에 다음과 같은 외적 원인이 있다.

① 화장료, 약제 등에 의한 원인

탈지력이 높은 샴푸제를 계속적으로 사용했거나, 연속적인 콜드 퍼머넨트 웨이브제의 사용, 강력한 탈색제 및 염색제의 사용, 알콜 함유량이 많은 헤어 토닉(tonic) 또는 세트 로션(set lotion)의 사용에 의한 것 등이 있다.

② 가열에 의한 원인

헤어 드라이어로 열풍을 장시간 모발에 대었거나, 샴푸 후에 타올 드라잉을 충분히 하지 않은 상태로 드라이어를 사용하여 급속하게 건조시킨다거나, 헤어 아이론에 의한 과도한 가열 등이 있다.

③ 기술에 의한 원인

콜드 퍼머넨트 웨이브시 와인딩을 할때 모발을 강하게 잡아 당기거나, 퍼머넨트 웨이브나 염색시 용액 도포후 장시간 방치하거나, 지나친 백코밍, 브러싱, 커팅 기술의 미숙 등이 있다.

④ 그 밖에 강한 직사광선에 장시간 방치하거나, 바닷물과 수영장의 물에 의한 모발손상을 일으킬 수 있다.

이상과 같은 이유로 평상시 모발을 손상시킬 수 있는 약제 등의 사용에 주의하며, 올바른 기술방법을 습득하여야 한다.

3) 헤어 트리트먼트의 종류

헤어 트리트먼트 기술에는 다음과 같은 종류가 있다.

(1) 헤어 리컨디셔닝(Hair reconditioning)

헤어 리컨디셔닝이란 손상된 모발을 치료해서 손상되기전의 모발상태로 되돌려 준다는 의미이다.

그 기술요령은 다음과 같은 것에 중점을 둔다.

① 피지의 분비를 촉진시키기 위해 스캘프 머니프레이션 및 브러싱을 행한다. 브러시는 적당한 굵기의 동물의 털을 선택하고, 두피에서 모발끝까지 잘 브러싱한다.

② 두피를 청결하게 유지하고, 지방샘 및 땀샘의 기능을 향상시키기 위해 양질의 샴푸제를 선택하여 샴푸해 준다.

③ 모발상태에 적합한 헤어 트리트먼트제를 이용하여 골고루 발라준다음, 헤어 스티머와 병용해서 유효성분을 모발에 잘 스며들도록 한다.

④ 물로 깨끗이 헹군 후 가볍게 마사지하고 원하는 헤어 스타일로 마무리한다.

(2) 헤어 클립핑(Hair clipping)

이미 모발의 모표피가 벗겨져 떨어지거나, 갈라지게 되는 경우 등은 가위를 이용하여 그 부분을 제거할 필요가 있다. 이것을 클립핑이라 한다.

제7장 헤어 커트

Hair Cut

1. 헤어 커트의 기초

1) 헤어 커트의 목적

헤어 커트(hair cut)는 헤어 스타일을 만들기 위한 기초형성기술이다. 퍼머넨트 웨이브(permanent wave)와 헤어 세팅(hair setting)에 따라서 완성되는 헤어 스타일은 모두 커트기술에 의해서 미리 형성된다. 헤어 커트을 헤어 세이핑(hair shaping)이라고도 말하지만, 그 의미는 "머리 형태를 만들다"라고 하는 것이다. 이와같이 헤어 커트에는 모발의 길이를 정리하는 것, 모발의 밀도를 정리하는 것을 통해서 머리 모양을 완성시키기 위한 기초를 만드는 것이란 의미가 포함되어 있고 이것을 목적으로 하고 있다. 미용사가 구상하는 헤어 스타일을 실현하기 위해서는 정확한 커트기술이 요구된다. 따라서 커트에 의한 변화를 자유 자재로 창출하기 위해서는 기초이론을 충분히 이해하고 익혀야 한다. 그 기초이론의 기본은 변함이 없으며 자신의 충분한 연습과 경험으로 좀더 정확하고 신속성 있는 창작을 하는 것이 좋은 발전의 결과가 될 것이다.

미용에서 헤어 커트에 이용되는 도구는 가위(scissors)와 레이저(razor)이다. 레이저에 의한 헤어 커트시에는 모발을 적셔서 시술하는데, 이것은 모발이 팽윤되어 부드럽게 되고, 커트하기 쉽게됨과 동시에 당겨도 모델이 아픔을 느낄 수 없게 하기 위해서이다. 가위에 의한 커트는 모발을 적시지 않고 행하는 경우와 적셔서 행하는 경우가 있다.

한편, 모발을 적셔서 행하는 커트를 웨트 커트(wet cut)라 하고, 모발을 적시지 않고 마른 상태에서 커트하는 것을 드라이 커트(dry cut)라고 한다.

2) 커트 방법의 종류

(1) 브런트 커트(Blunt cut)

모발 끝을 직선적으로 커트하는 방법으로 클램 커트(crab cut)라고도 하며, 레이어 커트(layer cut), 그래쥬에이션 커트(graduation cut), 원랭스 커트(one length cut) 등의 형태를 만들기 위해 이용된다.

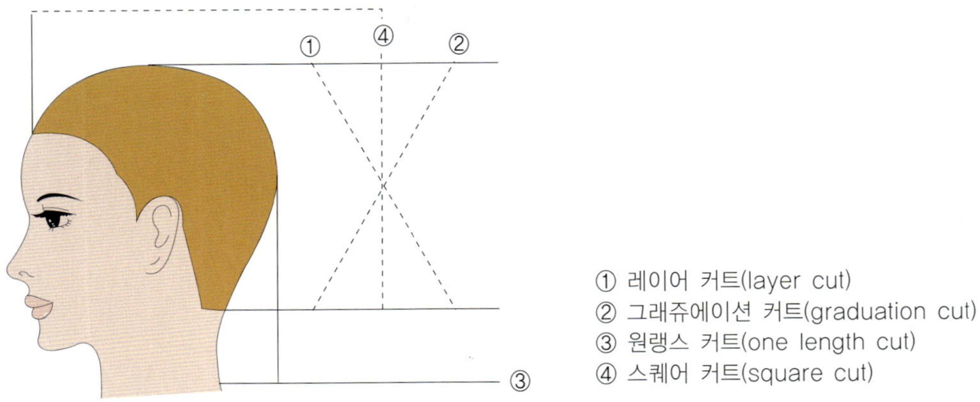

커트방법의 종류

① 레이어 커트(layer cut)

layer는 겹쳐져 있는 층을 의미하며, 목덜미에서 탑부분으로 올라갈수록 길이가 짧아지는 커트로 전체적인 느낌이 대체로 가볍다. 그리고 short hair에서 long hair 스타일까지 광범위하게 응용된다.

② 그래쥬에이션 커트(graduation cut)

목덜미에서 두정부로 올라갈수록 층의 단차가 레이어 커트에 비해 좁게 형성되는 커트이다.

즉, 레이어 커트는 두정부로 올라가면서 목덜미 부분의 머리카락의 길이가 짧아지는 반면, 그래쥬에이션 커트는 두정부로 올라갈수록 머리카락의 길이가 길어진다. 단차를 만든다는 본질에 있어서는 레이어 커트와 같은 의의를 갖고 있다.

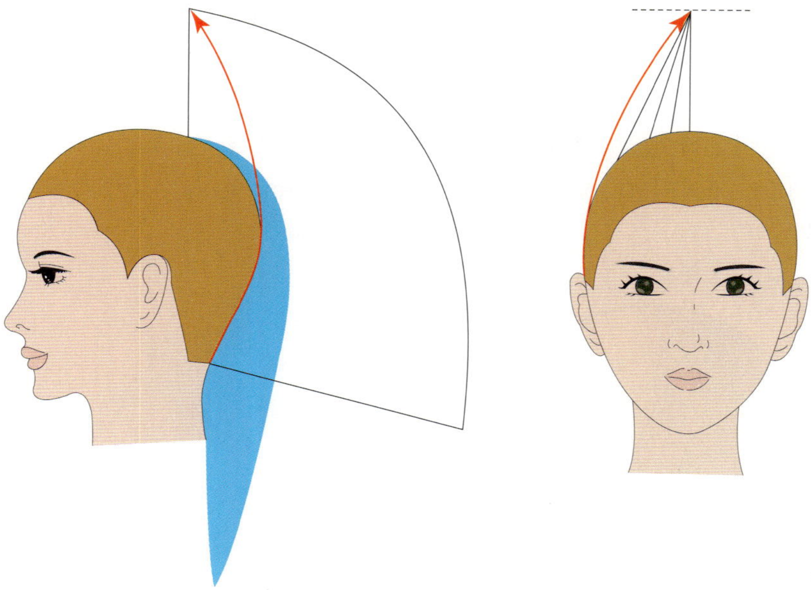

인크리스레이어 커트

낮은시술각 중간시술각 높은시술각

그래쥬에이션 커트

③ 원랭스 커트(one length cut)

일정한 연결을 의미하는 것으로 두피에서 자연스럽게 내린 상태에서 동일한 선상에 맞추어 커트한다.

원 랭스 커트의 아웃라인(out line)은 스트레이트 보브(straight bob : CP), 이사도라(isadora : BP), 스파니엘(spaniel : DP), 머쉬룸(mushroom : AP) 스타일의 4가지 패턴이 있다.

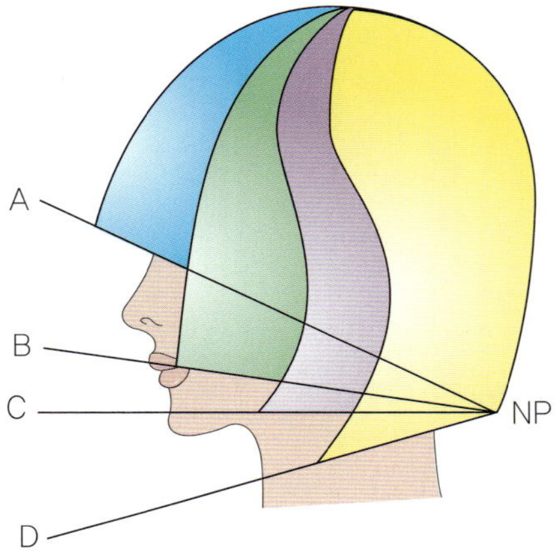

· A~NP : 머쉬룸(mushroom)
· B~NP : 컨백스 라인(convex line)
· C~NP : 스트레이트 보브(straight bob)
· D~NP : 컨케이브 라인(concave line)

원랭스 커트

스퀘어 커트(square cut)

정 4각형의 의미와 직각의 의미로 두가지 모두 통용된다. 정 4각형의 의미로서는 머리형으로부터 정사각(그림 ⓐ)으로 자르는 방법이고, 직각의 의미로는 두피로부터 모두 90°(그림 ⓑ)로 들어서 전체의 모발길이가 같아지도록 연결하여 자르는 방법을 의미한다.

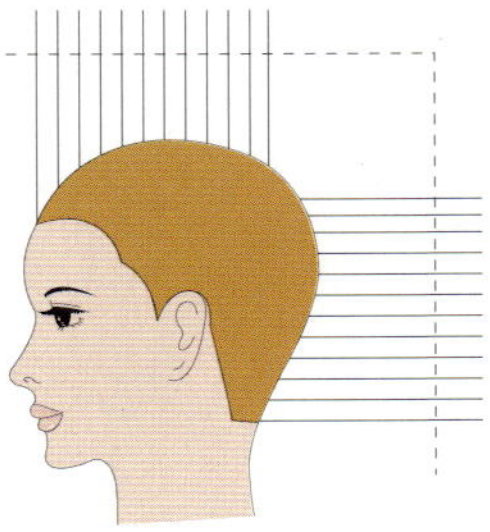

ⓐ

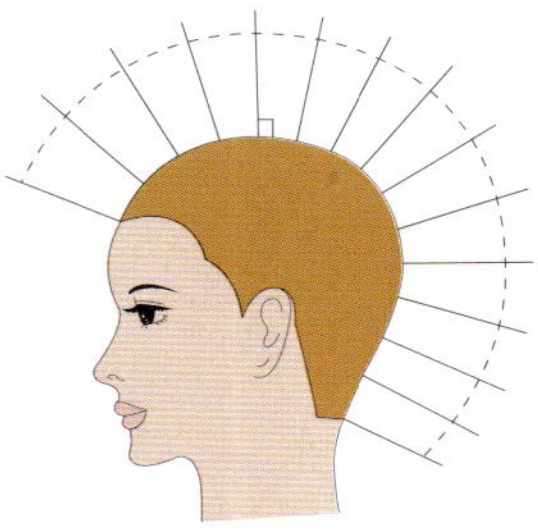

ⓑ

(2) 테이퍼링(Tapering)

훼더링(feathering)이라고도 말하는데, 모발끝을 점점 가늘어지게 하는 방법이다. 모발을 자연스럽게 길고 짧게 만들면서, 모발끝을 마치 가는 붓의 붓끝처럼 한다. 이때 사용되는 도구는 가위와 레이저의 칼날을 모발에 비스듬이 눕혀서 머리카락 단면과 예각을 나타내며 커트하는 방법으로 칼날의 각도와 위치에 따라 롱 스트록(long stroke), 쇼트 스트록(short stroke) 등으로 나뉜다.

① 롱 스트록(long stroke)

모발끝의 가늘어짐을 완만하게 하는 것을 롱 스트록이라 한다. 이경우 모발에 닿는 칼날의 각도를 낮추어 시술하며, 모발끝의 잘라진 부분이 길게 잘려지므로 모발의 움직임이 자유로워 가벼운 느낌을 준다.

② 쇼트 스트록(short stroke)

롱 스트록과는 반대로 레이저나 가위의 칼날의 각도를 높혀 짧게 자르는 방법으로 모발끝만 가볍게 해주며, 전체적으로 머리다발의 무게는 충분히 남겨두고 생동감을 나타낼 수 있다.

(3) 틴닝(Thinning)

모발의 길이와는 관계없이 모발의 양을 감소시키는 방법이며, 커팅 가위와 틴닝 가위 모두 사용할 수 있다.

(4) 트리밍(Trimming)

블런트 커트된 상태에서 모발선을 가위나 레이저를 사용하여 모발 끝 부분을 가볍게 커트하는 방법이다.

틴 닝

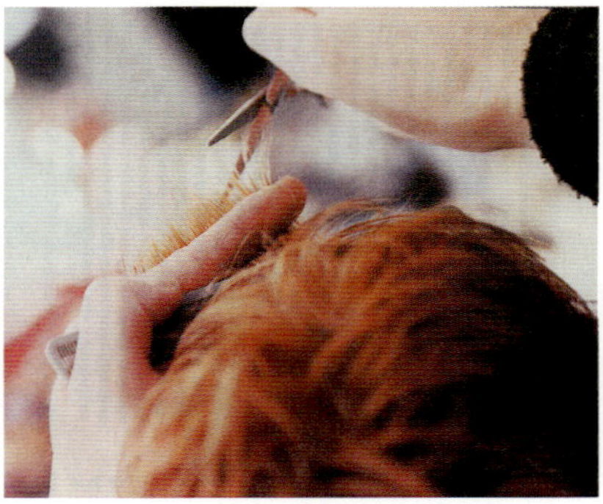

트리밍

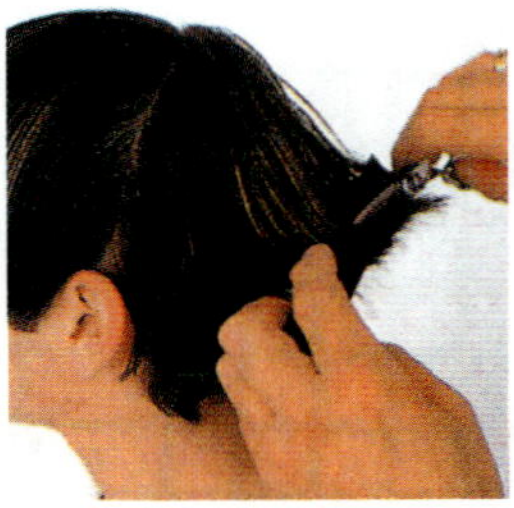

싱글링

슬리더링

(5) 싱글링(Singling)

빗 위로 가위를 대고 각도에 따라 밑머리에서 위를 향해 차츰 길어지게 커트하는 방법이다.

(6) 슬리더링(Slithering)

커팅가위를 사용하여 갉아내는 듯한 방법으로 숱을 감소시키는 방법이다.

(7) 클리핑(Clipping)

가위를 이용해서 튀어나온 모발이나 손상된 모발을 자르는 것 즉, 불필요한 머리카락을 커트하는 것을 말한다.

(8) 체크 커트(Check cut)

커트 완성 후 미완성된 부분이나 잘못 커트된 부분이 있는가를 다시 점검하는 커트이다.

제8장
퍼머넌트웨이브
Permanent wave

1. 퍼머넨트 웨이브의 기초

1) 퍼머넨트 웨이브의 역사

퍼머넨트 웨이브란 자연스런 모발에 대해서 물리적, 화학적 방법을 가해, 모발의 구조와 상태를 오랫동안 웨이브상태로 변화시키는 것을 의미하고, 헤어 스타일을 완성시키기 위한 하나의 수단으로써 이용되어진다.

퍼머넨트 웨이브는 1906년 영국의 찰스 네슬러(Charles Nessler)에 의해 발표되었다. 이것은 웨이브를 만들기 위해서 알카리와 열을 이용한 방법인데, 알카리로써는 붕사를 이용하였고, 머리를 나선상으로 감아 붕사를 묻인 천으로 감고 뜨거운 금속제 관을 씌워서 따뜻하게 하는 것이다. 이것이 머신 웨이브(machine wave)의 시초가 된다. 한편 기계를 이용하지 않고 화학 약품의 가수분해를 이용한 머신레스 웨이브(machineless wave)도 유행하게 되었다.

그후 수많은 연구가의 연구를 거쳐서 1936년경 영국의 J. B. 스피크맨(J. B. Speakman)에 의해서 콜드 웨이브의 원리가 전해졌다. 콜드 웨이브는 모발을 가열하지 않은 약제에 의한 환원, 산화반응을 이용해서 모발의 구조를 바꿔서 웨이브를 만드는 방법이다.

오늘날 퍼머넨트 웨이브 기술은 미용기술 중에서도 커다란 비중을 차지하는 분야가 되었고, 많은 과학자에 의해서 전문적인 연구가 계속 진행되고 있다.

2) 콜드 웨이브(Cold wave)의 원리

(1) 모발의 구조

모발의 주요부를 구성하는 모피질(cortex)은 주로 케라틴(keratin)이라는 단백질로부터 생긴다. 케라틴은 다른 단백질과 같이 각종 아미노산(amino acid)이 펩타이드(peptide) 결합을 해서 만들어진 폴리펩타이드(polypeptide)로 이루어지고 있지만, 특히 유황(S)의 함유량이 많고, 그 대부분은 시스틴(cystine)으로써 존재한다. 시스틴은 각 폴리펩타이드간의 중개역할을 해서 가로구조를 만들고 있다. 이처럼 시스틴의 S-S 결합은 상당히 굳세고, 단단하게 연결되어있기 때문에 물, 알콜, 에테르(ether), 그외 약산이나 염류에 대해서는 강한 저항력을 갖고 있다. 그러나 알카리성에 대해서는 약하므로 그 성질을 이용해서 콜드 웨이브 용액으로는 암모니아수 등의 알카리제를 사용하고 있다.

보통 상태의 모발은 아래 그림 [A]와 같고, 이것을 잡아당기면 아래 그림 [B]와 같이 된다. 그러다 느슨해지면 다시 그림 8-1[A]로 되돌아가는 성질이 있다.

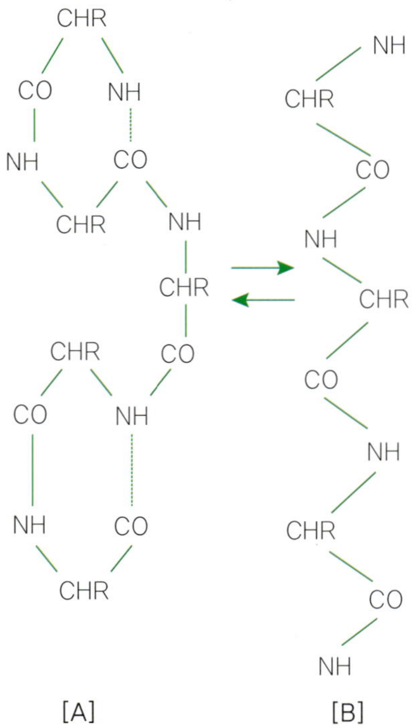

케라틴 분자의 구조

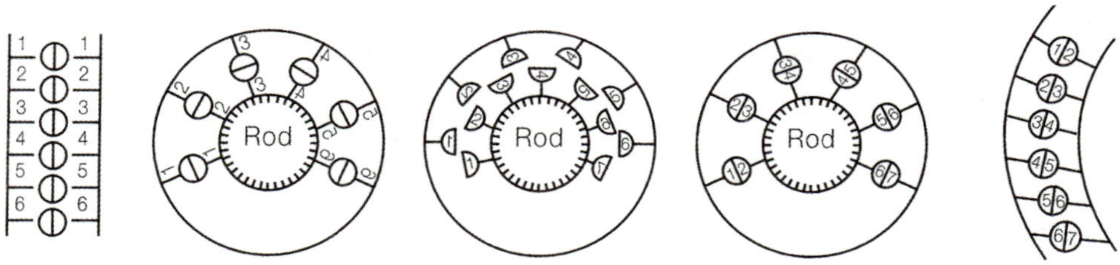

[A] 자연모 [B] 수분을 함유한 모발에 와인딩이 된 상태 [C] 건조 [D] 재결합 [E] 건조 후의 웨이브 상태의 모발

퍼머넌트 웨이브의 원리

(2) 콜드 웨이브의 원리

앞에서 언급한 것과 같은 성질을 이용하여 모발을 컬링 로드(curling rod)에 감으면 로드에 감긴 바깥쪽이 안쪽의 모발보다 더 당겨지어 케라틴 구조가 α-keratin에서 β-keratin으로 변화된다. 폴리펩타이드를 이 β-keratin 상태로 안정시켜, 즉 폴리펩타이드 결합을 연결하는 시스틴결합의 상태를 바꾸는 것이 퍼머넌트 웨이브(permanent wave)의 원리이다.

위의 그림 [A]는 자연스런 모발을 컬링로드(curling rod)에 감은 상태이지만, 바깥쪽이 안쪽보다 늘어남이 크기 때문에 각각의 시스틴(cystine) 결합이 불안정하게 되고 원래의 안정된 상태로 되돌아 가려고 한다.

그림 [C]는 제1액을 도포함에 따라서 모발에 환원작용이 이루어져 시스틴 결합이 절단된 상태이다.

그림 [D]는 제2액을 도포함에 따라서 절단된 시스틴결합이 절단된 상태에서 재결합된다. 즉, 제2액은 절단된 시스틴결합을 산화작용으로 재결합시켜, 원래의 탄력이 많은 모발로 되돌아가도록 하는 작용을 한다. 이처럼, 새로운 시스틴결합이 형성됨으로써 모발의 웨이브를 오랫동안 고정 · 유지시켜준다.

(3) 2욕식 콜드 웨이브

현재 가장 많이 이용되어지는 퍼머넌트 웨이브의 방법으로써, 환원제로서 제1액과 산화제로써 제2액을 이용한 2욕식 콜드 웨이브이다.

① 제1액(processing solution)

프로세싱(processing)이란 재료를 가공한다는 의미이나, 여기서는 환원작용을 하는 것을 가리킨다. 제1액의 주제는 티오글리콜산(thioglycolic acid) 또는 그 염류가 이용되고, 이것에 알카리제를 가한 알카리성 용액이다. 알카리제가 모발을 팽윤시켜 약액의 침투를 쉽게하며, 티오글리콜산이 침투하여 시스틴(cystine)결합을 환원절단하는 역할을 한다. 퍼머넨트 용제의 기준에 따라서 티오글리콜산염의 농도는 2~7%이며, 제1액의 pH는 4.5~9.6으로 정해져 있다.

그리고 1액은 한번 사용하고 남은 용액을 다시 병속에 담는 일은 삼가해야 하고, 보관할 때도 뚜껑을 꼭 닫아 냉암소에 보관한다. 제1액에 의해서 피부염이나 탈모의 원인이 되기도 한다.

② 제2액(neutralizer)

산화작용, 정착작용 및 중화작용을 한다. 산화제로서 취소산염류를 3~5%의 수용액으로서 이용한다. 제2액의 산화제에는 액상으로 되어 있는 것(취소산나트륨 : 브롬산나트륨 : $NaBrO_3$)과 분말상인 것(취소산칼륨 : 브롬산칼륨 : $KBrO_3$)이 있지만, 분말상인 것은 온도의 상승과 이물과의 혼합에 의해 발화할 수 있으므로 주의해야 한다.

또한 과산화수소(hydrogen peroxide)가 사용되고 있으며, 이때 과산화수소의 농도는 2.5% 이하이며 제2액의 pH는 2.5~4.5로 정해져 있다.

과산화수소를 사용할 때는 제조회사의 사용상 주의해야 할 사항을 따라야 함과 동시에 특히 다음 세 가지 사항에 주의해야 한다.

① 중간린스를 충분히 행할 것
② 산화작용 시간은 반드시 제조회사의 지시서에 따라서 할 것
③ 산화 종료후 즉시 플레인 린스(plain rinse)를 행할 것

3) 그외 퍼머넨트 웨이브의 종류

(1) 1욕식 콜드 웨이브

원 스텝 웨이브(one step wave)라고도 한다. 보통 콜드 웨이브 경우는 2욕식을 가리키는 것이 많지만, 1욕식 콜드 웨이브는 퍼머넨트 웨이브 용액을 1종류만 이용한 방법이다. 그 성분은 2욕식의 제1액과 거의 같지만, 티오글리콜산의 농도와 알카리제의 양이 2욕식보다 적게 되어 있다. 그리고 제2액의 산화제를 이용하는 대신, 공기중의 산소와 린싱(rinsing)시의 물속의 산소에 의한 자연산화를 이용해서 시스틴을 재결합시켜 퍼머넨트 웨이브를 형성시킨다.

(2) 2욕식 퍼머넨트

① 시스테인 퍼머넨트 웨이브(cysteine permanent wave)

2욕식 콜드 퍼머넨트 웨이브의 주제인 티오글리콜산 대신 시스테인을 이용해서 모발의 환원을 행하는 방법이다. 티오글리콜산을 사용한 콜드 웨이브와 본질적으로 다른점은 없다.

시스테인은 원래 모발에 포함된 아미노산인 시스틴을 환원해서 만든 것이므로, 모발에 대해서 친화력이 있고, 모발중에 남아 있어도 모발을 손상시키지 않으며, 안정성이 높다. 손상된 모발에 효과적이다. 단, 티오글리콜산에 비해서 환원력이 뒤떨어지므로 일반적으로 웨이브가 만들어지는 것이 약하다. 또한 시스테인은 화학적으로 불안정하고, 산화되어 시스틴이 되기 쉬우며, 점착성이 강해서 시술자의 손이나 손가락 등에 붙으면 물로 씻어도 잘 빠지지 않으므로 피부를 거칠게 할 수 있다. 이때 사용되는 제2제는 2욕식 콜드웨이브시 사용되는 제2제와 동일하다.

② 가온식 퍼머넨트 웨이브

제1액을 도포한 후, 헤어 스티머 등을 사용하여 60℃ 이하의 열을 주는 방법이다. 열에 의해서 약액의 반응이 촉진되므로 제1액의 티오글리콜산과 알카리제 등이 적게 배합되어 있다. 제2액은 2욕식 콜드 웨이브의 2제와 같으며, 취소산 염류외에 과산화수소(H_2O_2)를 이용하는 것이 가능하다.

③ 축모교정 퍼머넨트 웨이브

여기에는 콜드식과 가온식이 있으며, 일반적으로 스트레이트 퍼머넨트(straight permanent)라고 말하며, 축모 교정에 사용된다. 제1액은 각각 2욕식 콜드웨이브의 제1액과 가온2욕식 퍼머넨트 웨이브의 제1액과 같은 것이 이용되지만, 첨가제로서 증점제를 넣어서 점도를 크게 하고 있다. 제2액은 2욕식 콜드웨이브의 제2액 중 취소산염류를 함유한 것과 같다.

4) 콜드 웨이브에 의한 장애

(1) 단모 · 탈모

콜드웨이브는 모발의 구조를 변화시켜서 웨이브 상태로 하기 위해서 실시되는데 그 조작과 약액이 부적당하면 단모와 탈모 등의 장애를 일으키는 것도 있다. 특히, 제2액의 산화가 완전히 이뤄지지 않으면, 털의 탄성이 저하되고, 잘리기 쉽게 된다. 또 컬링로드(curling rod)에 감기는 힘이 너무 지나치게 강하거나 고무줄을 너무 강하게 걸면 모발이 잘리는 원인이 된다.

탈모는 모발 부리(모근 : hair root)가 강하게 잡아당겨진 부분에서 많이 생긴다. 이 경우 보통 모근은 파손되지 않으므로 자연스럽게 모발이 자라지만 피부장애를 일으켜 영구 탈모의 원인이 될 수도 있다. 모발이 잘리는 단모와 빠지는 탈모를 일으키지 않기 위해서는 티오글리콜산의 농도와 와인딩(winding)방법, 작용시간 등에 세심한 주의가 필요하다. 또한 이미 염색을 한 모발은 장애를 받기 쉬우므로 티오글리콜산의 농도와 알카리제의 배합이 높지 않은 약액을 선택하도록 한다.

(2) 피부장애

제1액의 직접자극에 의해서 피부가 약한 사람은 액이 묻은 부분이 빨갛게 부어서 통증이 생기거나, 중증인 경우는 옻이 타거나 피부염증이 생긴다. 또한 반복해서 퍼머넨트용액을 취급 하는 시술자의 손이나 손가락에 둥글고 빨간 발진같은 것이 생기며, 각질증진이 눈에 뛰고, 표면이 까칠까칠해 진다.

기술에 악서 이용된 샴푸제와 세트로션 등에 의해서도 2차적으로 장애가 발생될 수 있다. 기술을 행하는데 있어서도 주의 깊게 조작하고 피부장애를 받지 않도록 주의해야 할 필요가 있다.

5) 퍼머넨트 웨이브제 사용시 주의사항

콜드 웨이브용액에는 티오글리콜산이라는 피부와 모발에 대해서 본질적으로 유해한 물질이 포함되어 있으므로, 취급상에 있어서 세심한 주의를 하지 않으면 안된다. 제1액과 제2액에 관한 주의사항을 간단히 서술하면 다음과 같다.

(1) 모발이 더러워져 있으면 콜드액의 반응이 저해되므로 모발이 더러워졌을 경우 가볍게 샴푸잉을 한다. 이때 두피를 손톱으로 상처를 입히지 않도록 주의할 필요가 있다.

(2) 두피, 안면, 목덜미 등에 콜드액이 묻지 않도록 주의한다. 만일 묻을 경우 즉시 물로 적신 탈지면이나 거즈(gaze)로 닦아 없애, 미연에 피부장애를 방지한다. 눈에 들어간 경우에는 결막염 등의 장애를 일으키므로 즉시 물로 씻는다.

(3) 피부가 약한 사람 또는 두피와 목덜미 등에 상처가 있을 경우는 콜드웨이브 기술을 행하지 않도록 한다. 또한 출산전후, 병을 앓은후의 경우도 피해야 한다.

(4) 콜드웨이브 기술직전의 얼굴과 목덜미부분의 털을 면도 등을 이용하여 깎는 것은 피해야 한다.

(5) 콜드액의 사용방법, 용량이 틀리면 모발을 손상시킬 우려가 있으므로, 사용제품 회사 지시서에 따른다.

(6) 제1액의 오버 프로세싱(over processing)에 주의하고, 제2액의 산화작용은 충분히 한다. 종료후 완전히 콜드액을 씻는다.

(7) 시술자는 사용후 핸드 크림(hand cream) 등을 바르고, 손과 손가락을 보호하면 좋다. 또 시술시 얇은 고무장갑을 사용해도 좋다.

(8) 콜드액은 공기와 광선, 열 등에 의해서 화학변화를 일으키기 쉬우므로, 사용후 남은액은 용기에 다시 담지말고, 밀폐하여 냉암소에 보존한다.

제9장 헤어 컬러링

Hair coloring

1. 헤어 컬러링(Hair coloring)

색깔이 중요한 몫을 하는 현대의 토탈 패션(total fashion)에서는 모발색상에서도 다양하면서 대담한 변화를 주고 있다. 자신의 기호, 의상 및 메이크업(make-up)이나 헤어 스타일의 분위기에 따라 머리색깔을 바꾸는 것은 토탈 패션시대에서 당연한 추세이며, 이 추세에 맞추어 여러가지 색상의 염모제가 풍부하게 나오고 있고, 헤어 컬러링 기술도 날로 진보하여 다양해지고 있다. 그러므로 헤어 컬러링 기술을 염색에 필요한 색채원리와 함께 잘 이해하여 좀더 전문적인 지식을 갖추어야 하겠다. 모발 염색은 좁은 의미의 헤어 컬러링(hair coloring), 헤어 다이(hair dye) 또는 헤어 틴트(hair tint) 라고도 불리워진다.

1) 염색의 목적

모발 염색이 우리들 생활에 받아들여진 역사는 오래되어 고대 이집트시대에 이미 행해졌었다는 기록이 남아있다. 옛날에는 모발을 염색하기 위해서 꽃이나 나무껍질 등의 자연의 것, 혹은 광물성이 이용되었지만, 오늘날에는 과학의 진보에 따라 많은색의 종류를 가진 합성염색제(합성염모제)가 만들어지게 되었다. 그 결과 단지 백발(흰머리)을 물들이는 것만으로 그치지 않고 유행, 분위기 또는 복장에 맞춰서 아름다운 색조를 나타내는 것이 가능하게 되었다.

넓은 의미의 헤어 컬러링은 헤어 브리치(hair bleach : hair lightning)와 헤어 틴트(hair tint)로 크게 나눌 수 있다. 헤어 브리치는 모발의 색을 단순히 탈색해서 밝게 하거나 또는 좋아하는 색으로 염색하기위해 미리 탈색하는 기술이다.

헤어 틴트의 틴트(tint)는 염색을 의미한다. 이것은 헤어 브리치가 단순히 탈색에 의해서 모발의 색을 밝게 하는 것에 대하여, 헤어 틴트는 머리카락을 여러가지 색으로 변화시키도록 하는 것이며, 아름다움의 효과를 적극적으로 일보 전진한 방법이라 할 수 있다.

그러므로 먼저 각 개인에게 어울리는 헤어 칼라를 얻을 수 있도록 염색제 및 브리치제의 성질과 색채의 원리를 잘 이해하는 것이 중요하다.

2) 염색의 종류

헤어 틴트기술에 이용되는 염색제는 일시적 착색제(염모제), 반 영구적 염모제, 영구적 염모제의 세가지로 크게 구분할 수 있다. 일시적 착색제는 모발의 표면에만 색소가 부착하는 것으로 1회의 샴푸잉에 의해서 완전히 제거할 수 있다. 또, 반영구적 염모제는 염색성분이 모표피(cuticle)에 극히 가까운 부분의 모피질(cortex)까지 침투한 것을 말한다. 한번의 샴푸로는 제거되는 것이 적지만, 샴푸할 때마다 색깔이 빠지고 몇번의 샴푸후에는 색깔이 없어진다. 반면 영구적 염모제는 염색 성분이 모발의 내부조직까지 침투해서 작용하기 때문에 샴푸잉에 의해서 색깔이 빠지는 것이 적어 오랜기간에 걸쳐서 염색 효과를 유지할 수 있다.

(1) 일시적 염모제의 종류와 특징

일시적 염색은 모발의 바깥부분만을 코팅해 주기 때문에 색상이 오래 지속되지 않으며, 1~2회의 샴푸로 없어진다. 본래의 모발색을 강조하거나 백발 또는 새치머리를 감춰주는데 사용된다. 종류와 특징으로는 다음과 같다.

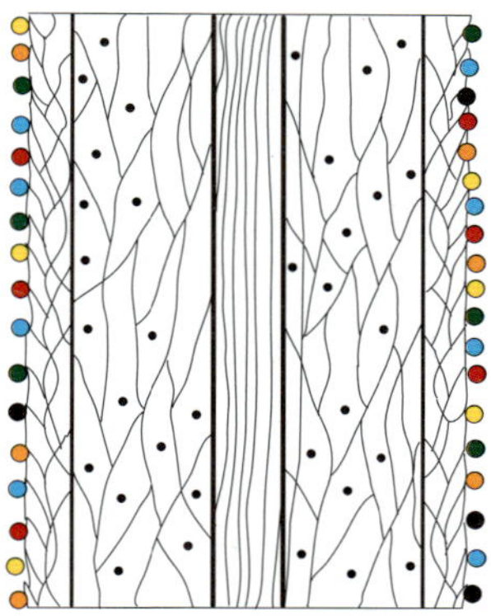

일시적 염모제의 작용

① 칼라 스프레이(color spray)

착색료(염색과 안료)를 에어로졸식(aerosol type)으로 한 것이며, 스프레이(spray)식으로 머리카락에 분무해서 이용한다.

끈적끈적 붙지 않고 머리카락 전체를 간단하게 착색할 수 있지만, 사용에 있어서는 모델의 목덜미와 의복에 까지 분무해서 더럽히지 않도록 주의할 필요가 있다. 또한 용기 내부의 압력이 높고, 인화성이 있으므로 화염에 가까이 두거나 고온인 장소에서 사용해서는 안된다.

② 칼라 크레용(color crayon)

염료와 안료를 왁스(wax)와 유지에 섞어서 막대기 모양으로 만든 것으로 머리카락에 발라서 착색시킨다. 부분적으로 물들이는데 편리하다.

③ 칼라 크림(color cream)

칼라 크레용과 같은 성분을 포함한 크림상의 착색료로 브러시 등으로 도포해서 이용한다.

④ 칼라 파우더(color powder)

분말상의 착색료(안료 및 금속가루)로 머리카락에 부려서 사용한다.

(2) 반영구적 염모제의 종류와 특징

4~6주 동안 계속되는 염색을 말한다.

과산화수소의 도움없이 유기합성 염모제만으로도 염색할 수 있다.

반 영구적 염모제의 대표적인 것은 칼라 린스(color rinse)와 칼라 샴푸(color shampoo)이다.

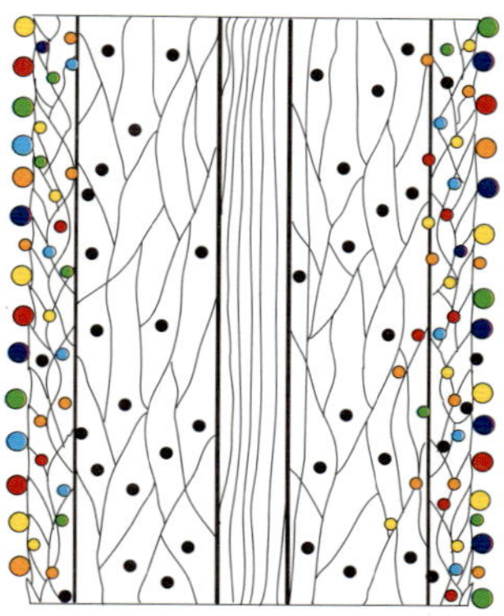

반 영구적 염모제의 작용

① 칼라 린스(color rinse)

영구적 염색에서 유기합성 염모제로 이용되는 아미노페놀(aminophenol)이나 파라페닐렌 디아민(paraphenylen diamine)이 사용되는데 적은 량이 함유되어서 영구적 염색만큼 지속되지 않는다. 극히 저농도의 산성염료 또는 염기성 염료를 포함해서 액상 또는 파우더상의 것이 많다.

파우더상인 것을 사용할 때에는 물에 푼후 머리카락에 부려서 염색 한다. 액상은 크림상으로 되어 있어 브러시로 도포하는 타입의 것이 있지만 모두 발색후에 플레인 린스를 행하는 것이 특징이다. 시술시 고무장갑을 착용할 필요가 있다.

② 칼라 샴푸(color shampoo)

반영구적 칼라 린스와 거의 같은 착색제를 함유한 샴푸제로서 샴푸를 하면서 염색이 되는 것이다. 파라페닐렌 디아민이 함유된 경우에는 패치 테스트(patch test)를 해야 한다. 시간이 경과함에 따라 염색이 이루어지므로 일명 프로그레시브 샴푸 틴트(progressive shampoo tint)라고도 한다.

〈반영구적 염모제의 작용〉

- 반영구적인 염모제를 모발에 바른다.
- 모표피가 팽창하여 염료의 분자가 모피질에 일부 스며들게 된다.
- 모발을 헹구어 표면의 알카리 성분이 씻겨 나가고 원래대로 모표피가 수축되면서 착색이 이루어진다.

(3) 영구적 염모제의 종류와 특징

영구적인 염색은 염모제가 모발의 모표피를 통과해 모피질까지 침투·작용함으로써 모발의 색상을 변화시킨다. 1제(염모제)와 2제(산화제)를 혼합하여 모발에 바른 후 일정시간을 방치해 둠으로서 모발 내부의 멜라닌 색소와 염모제가 혼합하여 색상이 변화되는 것이다. 그 색상이 커트하기 전까지 그대로 유지되는 것을 영구적인 염색이라고 한다.

영구적인 염모제에는 식물성 염모제, 광물성 염모제, 유기합성 염모제 등이 있는데 요즈음에는 주로 유기합성 염모제를 사용한다.

① 영구적 염색의 특징

〈영구적 염모제의 작용〉

- 모발에 영구적 염모제를 바르면 염모제와 산화제의 혼합액이 모표피를 통과하여 모질까지 침투한다.

영구적 염색의 침투 과정

- 모피질 내부에서 산화제의 작용으로 염모제의 색소와 모발의 천연색소가 결합하여 큰 분자의 염모제 색소가 형성된다.
- 염색이 끝나면 세척해낸 후 헤어 트리트먼트 크림(hair treatment cream)을 발라 모표피(cuticle)를 수축시킨다. 결합된 큰 색소분자는 샴푸를 해도 모표피를 뚫고 나올 수 없으므로 영구적으로 그 색상이 안착되어 남게 된다.

〈영구적 염색의 원리〉

염색을 하기전에 헤어 칼라의 원리를 이해할 필요가 있다.

1제인 염모제는 색상을 표현하고 2제의 산화제는 모피질의 멜라닌색소를 탈색하여 1제의 염색진행을 돕는다. 가장 일반적으로 사용되는 유기합성 염모제는 일명 산화 염모제라고도 하며, 산화제와 염모제의 합동작용에 의해 염색이 진행된다.

1제의 알카리는 모발에 침투작용을 하며, 2제의 산화제(주로 6%의 과산화수소 사용)는 분해작용을 한다.

이 혼합용액을 모발에 바르면 알카리가 모발에 침투됨에 따라 염모제와 산화제도 함께 침투되며, 과산화수소가 분해될 때 생기는 산소의 힘에 의해서 염모제의 색이 나타나기 시작한다. 염모제는 산소의 힘으로 분자가 하나하나 결합되어 가는 동안 점점 색이 나타나며 최후의 몇십개의 것이 결합되어 착색이 완성된다. 이렇게 각각의 분자가 모발속으로 침투될 때는 작은 형태로 들어가지만 모발 속에서 본래의 멜라닌 색소와 결합된 상태에서는 분자자체가 커지므로 밖으로 나올 수 없게 된다. 따라서 샴푸를 해도 염색된 색이 변화되지 않아 영구적 염색이 된다.

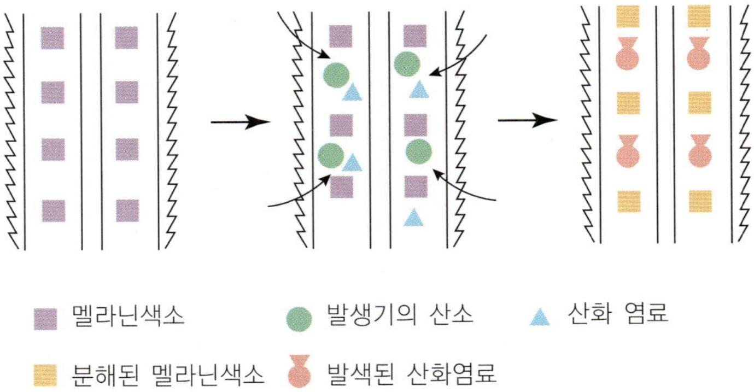

염색(염모)의 구조

② 영구적 염모제의 종류

〈식물성 염모제〉

오래전 부터 사용되어진 염모제로 식물의 꽃, 열매, 부리, 껍질 등의 색소가 산성 수용액 속에서 케라틴(keratin)에 물드는 성질을 이용한 것이다. 특히 잘알려진 것은 헤너(henna)의 잎과 카밀레(camomile)의 꽃을 원료로한 염모제이다.

식물성 염모제는 독성과 자극성이 없어 안전하지만, 색이 한정되고 공급량이 적은 등의 결점이 있어 현재는 거의 사용되지 않는다.

〈금속성 염모제〉

금속성 염모제도 식물성 염모제와 같이 옛날부터 이용되어진 염모제이다. 가장 많이 이용되어진 것은 납의 화합물이며 그밖에 철, 구리, 니켈, 코발트 등의 화합물이 이용되어 진다.

이것은 케라틴속에 존재하는 황과 금속이 반응해서 머리카락에 금속피막이 형성되어서 발색한다고 생각할 수 있다. 그러나 금속중에는 독성이 강한 것이 있고, 염색후 콜드웨이브를 할 수 없고, 금속특유의 희미한 광택을 나타내는 등의 결점이 있어 식물성과 같이 그다지 사용되지 않는다.

〈합성염모제〉

현재 가장 많이 사용되고 있는 염모제로서 산화염료를 이용하기 때문에 산화염모제라고도 한다.

합성염모제는 산화염료와 알카리제를 주성분으로 하는 제1제와 과산화수소수 등의 산화제를 주성분으로 하는 제2제로 나누어진다. 염모제와 브리치제의 조성은 매우 비슷하나 제1제에 산화염료의 포함 여부에 차이가 있다.

사용하기 직전에 제1제와 제2제를 혼합한다. 염색의 구조를 설명하면 제1제에 포함되어 있는 암모니아수 등의 알카리제가 머리카락을 팽윤 · 연화시키고, 제2제에 포함되어진 과산화수소수(H_2O_2)의 분해를 촉진시켜 이때 발생되는 발생기 산소(O_2)가 멜라닌 색소를 분해시키는 것과 함께 제1제에 포함되어진 산화염료를 발색시키게 된다.

이처럼 헤어 틴트에 있어서는 발색한 산화염료가 머리카락속의 케라틴과 결부된 불용성 색소가 되어 색을 입힌다. 따라서 샴푸를 해도 빠지지 않는 영구적 염모제가 된다.

제1제, 제2제 모두 액상과 크림상으로 되어 있고, 색의 종류가 다양하다. 합성염모제는 사람에 따라서 옻이 타므로 충분한 주의가 필요하다.

2. 탈색(Hair bleach)

탈색은 모발을 원하는 색으로 밝고 연하게 하거나 후로스트(frost), 프레임(frame) 등의 부분적인 탈색기술을 이용하여 모발색깔을 여러가지 색상으로 연출해내는 것까지를 포함한다.

1) 탈색의 목적

너무 검거나 탁한 색상의 모발을 밝고 연하게 하고, 피부색, 화장, 의상등 토탈패션에 어울릴 수 있도록 전체적인 조화를 꾀하며, 선명한 색상의 염색을 위한 전단계로서 부분 탈색을 통해 모발에 묘미를 내기 위해서이다.

2) 탈색의 원리와 탈색제

탈색은 모발의 멜라닌 색소가 특정 화학성분에 의해 분해되는 성질을 이용하여 모발의 색상을 밝게 하는 것이다. 탈색에 쓰이는 산화제는 독이 없고 온화한 것으로 대체로 과산화수소(H_2O_2)나 과산화요소를 이용한다. 과산화수소는 산소를 방출하여 물만 남기고, 과산화요소는 물과 요소만을 남기기 때문에 해가 없다. 과산화수소의 탈색작용을 촉진시키기 위하여 암모니아를 혼합한다. 과산화수소와 암모니아를 섞을때 발생하는 산소가 모피질층의 진한 색소를 파괴하여 탈색이 이루어진다. 대개 암모니아는 28% 농도의 암모니아를 혼합하여 사용한다.

3) 탈색제의 종류

(1) 액상 탈색제

탈색작용이 신속하며 탈색이 진행되는 과정을 보면서 적당한 시기에 멈출 수가 있고 번거롭지 않게 샴푸를 한번에 끝낼 수 있는 점이 편리한 반면, 부주의하면 너무 탈색이 되는 것이 단점이다.

(2) 크림상 탈색제

대부분 풀 상태이기 때문에 호상 탈색제라고도 한다. 단번에 바를 수 있고 과산화수소가 건조되지 않는 이점이 있는 반면 한번의 샴푸로 잘 제거되지 않고 탈색진행을 볼 수 없어 불편하다.

(3) 분말상 탈색제

과산화수소가 혼합되어 있는 파우더 타입의 탈색제이며 탈색작용이 제일 강력하다. 탈색은 신속하게 되지만 모발을 너무 건조하게 하는 것이 단점이다.

제10장 헤어 세팅
Hair Setting

1. 헤어 세팅의 기초지식

1) 헤어 세팅의 의미

세트(set)란 말의 본래 의미는 "특정한 위치나 상태로 둔다."라는 것이지만 미용 용어로써는 "정리한다"란 의미로 이용된다.

헤어 세팅(hair setting)은 오리지날 세트(original set)와 리세트(reset)의 두가지 과정으로 나눌 수 있다. 여기서 헤어스타일을 형성하는 세트를 오리지날 세트(original set)라 한다. original set 기술의 기초적인 요소로써는 헤어 파팅(hair parting), 헤어 세이핑(hair shaping), 헤어 컬링(hair curling), 헤어 웨이빙(hair waving)을 들 수 있다. 이것에 대해서 완성된 것을 다시 세트한다는 의미로 리세트(Reset)라 한다.

2) 세트에 필요한 준비물

빗, 브러시, 헤어핀이나 클립, 롤러, 세트로션, 헤어 스프레이 등을 준비한다.

(1) 빗(Comb)

셋트빗(set comb), 꼬리빗(ret tail comb), 얼레빗(coarse comb) 등을 용도에 따라 볼륨을 주거나 머리를 빼내는데 사용한다.

(2) 브러시(Brush)

헤어 브러시는 빗살이 경질인 것을 선택하여야 두피까지 빗질이 용이하다.

(3) 헤어핀이나 클립(Hair pin & Clip)

세팅을 할 때 고정시키거나 웨이브를 줄때 사용하는 것으로 열린 핀과 닫힌 핀을 사용하는데 크기와 종류를 다양하게 준비한다.

(4) 롤러(Roller)

원통모양과 경사진 형이 있으므로 웨이브의 크기나 방향에 따라서 롤러를 선택한다. 롤러를 효과적으로 사용하기 위해서는 모발의 길이가 롤러 직경의 3배가 넘어야 한다.

(5) 세트 로션(Set lotion)

오리지날 세트시 모발을 일정한 형태로 고정시키는 정발제이다.

(6) 헤어 스프레이(Hair splay)

모발에 피막을 만들면서 스타일을 고정시켜 주는 정발제로 리세트(reset)시에 주로 사용한다.

3) 오리지날 세트의 기본 요소

오리지날 세트의 기본적인 요소로는 다음과 같이 5가지로 구분된다.

(1) 헤어 파팅(Hair parting)

헤어 파팅이란 머리카락을 나눈다는 의미이다. 기본이 되는 나누는 방법은 다음과 같은 것이 있다.

① 센터 파트(center part)

악가리마로서 5:5 비율로 top의 중앙선을 나눈 파트이다.

② 사이드 파트(side part)

옆가리마로 사이드 포인트에서 두정부를 향해 나눈 파트이다. 비율로는 7:3, 8:2, 6:4로 얼굴형에 따라서 또는 헤어 스타일에 따라서 필요한 비율로 나눈다. 그리고 왼쪽 사이드 파트와 오른쪽 사이드 파트로 나눈다.

③ 라운드 파트(round part)

곡선으로 가리마를 나눈 파트이다.

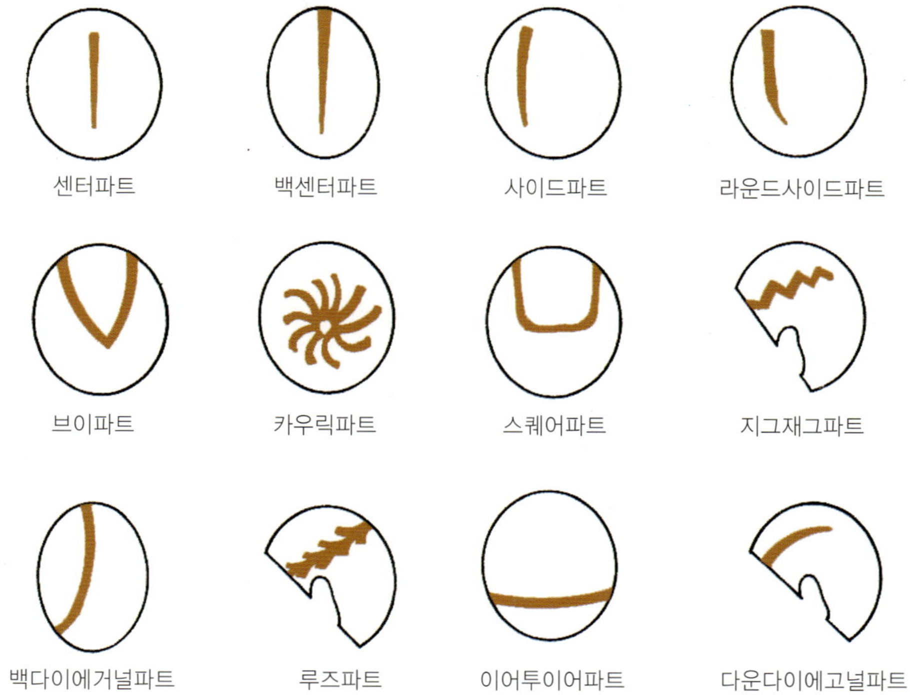

그 외 여러가지 파팅

④ 스퀘어 파트(square part)

사각으로 나눈 파트이다.

⑤ 브이 파트(v part)

이마 양옆에서 나누어 두정부에서 만나는 선으로 나눈 파트이다.

⑥ 노 파트(no part)

전혀 파트를 하지 않는 것을 말한다.

(2) 헤어 셰이핑(Hair shaping)

헤어 셰이핑은 '모발의 흐름을 정리한다', '모양을 만들다'는 의미로 헤어 커팅과 헤어 스타일에서 의미하는 셰이핑이 있다. 커트에서는 특별한 스타일이나 머리 윤곽을 위해 모발길이를 짧게 하거나 얇게 하는 과정을 말한다.

헤어 세팅에서는 모발의 흐름을 정리하여 컬(curl) 및 웨이브(wave)를 만들기 위한 기초기술이다. 헤어스타일에서는 젖은 모발에 일정한 곡선 형태를 만들면서 세이핑하는 것으로 스타일링에서는 매우 중요하다.

헤어 세이핑에는 헤어 스타일을 고려해서 업 세이핑(up shaping)과 다운 세이핑(down shaping)을 한다. 업 세이핑이란 윗쪽을 향해서 머리카락을 빗는 것을 말하고, 다운 세이핑은 반대로 아래쪽을 향해서 빗는 것을 말한다.

(3) 헤어 컬링(Hair curling)

한 묶음의 모발로 돌기 모양으로 된 원통상태를 말한다. 컬의 목적은 웨이브(wave), 플랩 (flap), 볼륨(volum)을 만들기 위한 것이다.

(4) 헤어 웨이빙(Hair waving)

물결모양으로 된 모발상태이다. 즉 헤어 컬링한 것을 풀었을 때 생기는 높고 낮은 굴곡의 연속상태로 외곡선상인 부분을 콘벡스(convex), 내곡선상인 부분을 콘케이브(concave)라 한다. 헤어스타일에서의 웨이브는 흐름을 나타내는 것이므로 자연스러운 방향과 정성스런 빗질이 중요하다.

(5) 롤러 컬링(Roller curling)

원통상의 롤러로 만든 컬이며, 헤어디자인에 따라 다양성 있게 적당한 크기를 사용한다. 롤러 컬은 스탠드업 컬(stand up curl)과 같이 볼륨과 부피감의 효과를 나타내기 위해 만들어지는 하나의 틀이 된다. 롤러 컬과 스탠드업 컬을 비교한다면 스탠드업 컬은 하나의 컬을 만드는 반면 롤러는 2～4개의 스탠드업 컬에 해당되는 것을 한번에 만들어 내는 차이점이 있다. 그리고 모발이 젖어 있는 동안 롤러에 감겨진 상태가 스탠드업 컬보다 훨씬 안정성이 있게 고정이 된다. 롤을 만드는 데는 볼륨에 따라 각도가 다르며 마는 방향에 따라 두가지 기본 패턴이 있다.

① 스템의 길이에 따른 분류

- 논 스템 롤러 컬(non stem roller curl)

  지속성 있는 컬을 만들때 사용되며 모발을 120～130° 각도로 시술자의 반대 방향으로 세이프(shape)하여 모발끝부터 와인딩하면 롤러는 베이스의 중심에 위치한다.

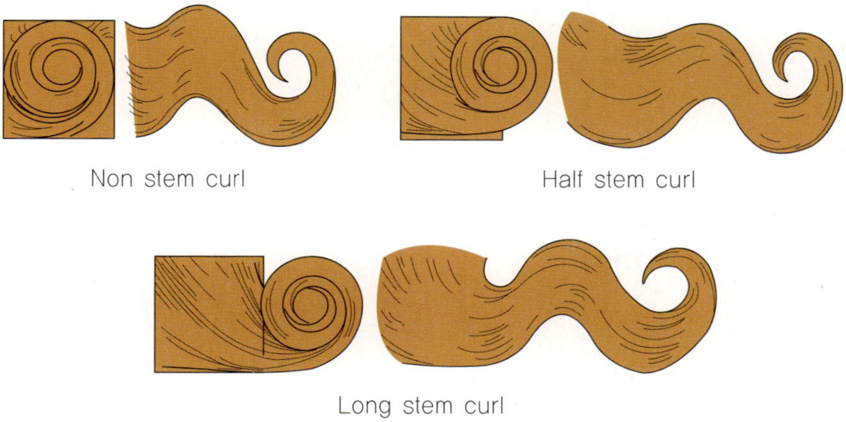

스템의 길이에 따른 분류

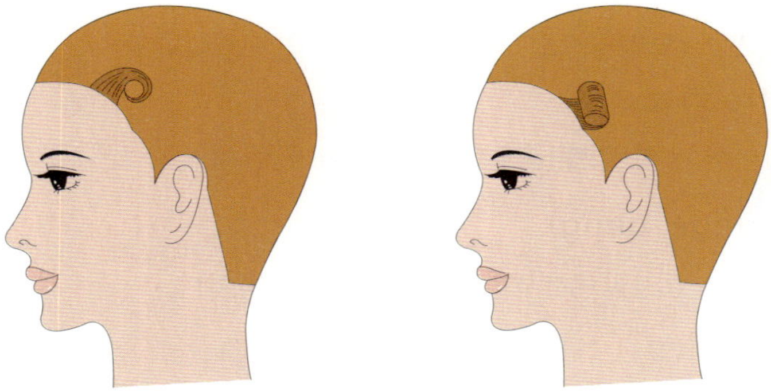

방향에 따른 분류

- 하프 스템 롤러 컬(half stem roller curl)
  스트랜드(strand)를 베이스(base)에서 90° 각도로 세이프(shape)하여 모발끝부터 와인딩하면 롤러는 베이스의 1/2 아래로 처진 상태에 위치한다. 콜드 퍼머넨트 웨이브의 와인딩과 같은 방법으로 만다.
- 롱 스템 롤러 컬(long stem roller curl)
  긴 스템이 생겨 방향의 유동성이 필요할 때 사용되며, 스트랜드를 45° 각도로 시술자의 악쪽으로 세이프(shape)해서 와인딩한다.

② 방향에 따른 분류

- 훠워드 롤(forward roll) : 귓바퀴 방향으로 감긴 롤 컬이다.
- 리버스 롤(reverse roll) : 귓바퀴 반대방향으로 감긴 롤 컬이다.

4) 기타 오리지날 세트

(1) 뱅(bang)

이마에 장식하는 머리로 헤어스타일에 알맞게 적절한 분위기를 연출하여 개성을 강조할 수 있다.

① 프러프 뱅(fluff bang)

볼륨을 나타낼 목적으로 꾸밈없이 자연스럽게 컬을 부풀린 것이다.

② 롤러 뱅(roller bang)

롤러를 이용하여 형태를 만든 뱅이다.

③ 웨이브 뱅(wave bang)

모발끝을 라운드 프러프(round fluff)로 하여 풀 웨이브 뱅(full wave bang)과 하프 웨이브 뱅(half wave bang)을 악 이마에 만든 뱅이다.

④ 프렌치 뱅(frech bang)

악머리를 위로 빗어 올려 모발 끝을 부풀린 뱅이다.

⑤ 프린지 뱅(fringe bang)

이마의 머리털이 난 언저리에서부터 작게 나타내는 뱅이다.

① 프러프 뱅

② 롤러 뱅

③ 웨이브 뱅

④ 프렌치 뱅

⑤ 프린지 뱅

뱅의 종류

(2) 앤드 프러프(end fluff)

프러프(fluff)는 부풀어서 푹신푹신하다는 뜻이며, 모발끝을 풀어 부드러움이 있는 느낌으로 하는 것을 말한다.

① 라운드 프러프(round fluff)

모발끝이 곡선적으로 굽어진 것으로 위를 향해 굽어진 것을 업 라운드 프러프(up round fluff), 아래로 향해 굽어진 것을 다운 라운드 프러프(down round fluff), 굽어진 모발끝이 가지런히 된 것을 덕 테일(duck tail)이라 한다.

② 페이지보이 프러프(pageboy fluff)

모발끝이 갈고리 형태로 1회 감아서 반원형의 프러프로 끝나는 것으로, 일렬로 늘어놓으면 릿지(ridge : 융기점)가 세워진 것처럼 보이는 프러프이다.

프러프의 종류

5) 백 코밍(Back combing)

빗을 스트랜드(strand) 안쪽에서 직각으로 넣은후 부리를 향해 밀어 넣듯이해서 모발을 세우는 것을 백 코밍이라 한다. 백 코밍은 볼륨감있는 헤어 스타일을 연출하고자 할 때 효과적이다. 단 이 기술은 머리카락을 손상시키기 쉬우므로 최소한으로 한정시킨다. 백 코밍에는 다음과 같은 세 가지 타입이 있다.

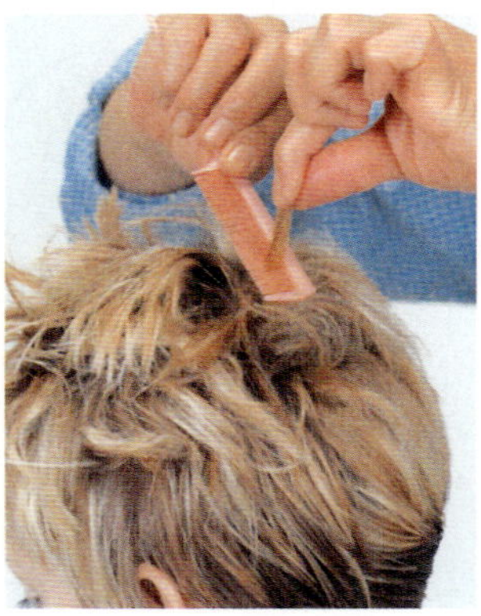

첫째, 머리카락을 똑바로 세우기 위해서 부리만 깊게 행하는 방법과, 둘째 머리카락에 볼륨을 주거나 전체적인 모발의 이어짐을 원하거나, 모발의 움직임에 힘을 주기 위해

서 모발끝에서 부리를 향해 머리카락의 길이 전체에 걸쳐서 행하는 방법, 세째 왼손으로 머리카락을 잡아당기면서 모발끝에서 스트랜드의 중간까지 행하는 방법으로 프러프에 둥그스런 모양을 가해서 고정시키는 경우 등에 이용한다.

6) 리세트(Reset)

끝맺음이란 의미로 빗을 이용한 콤 아웃(comb out)과 브러시를 이용한 브러시 아웃(brush out)이 있다. 미용기술에서 마지막 손질이 얼마만큼 정성스럽게 빗질을 하고 손질하느냐에 따라서 헤어스타일 분위기의 변화를 주기 때문에 빗과 브러시를 자유자재로 조작할 수 있도록 익혀야 한다.

탑(Top : 머리꼭대기)의 오리지날 세트와 코음아웃의 예

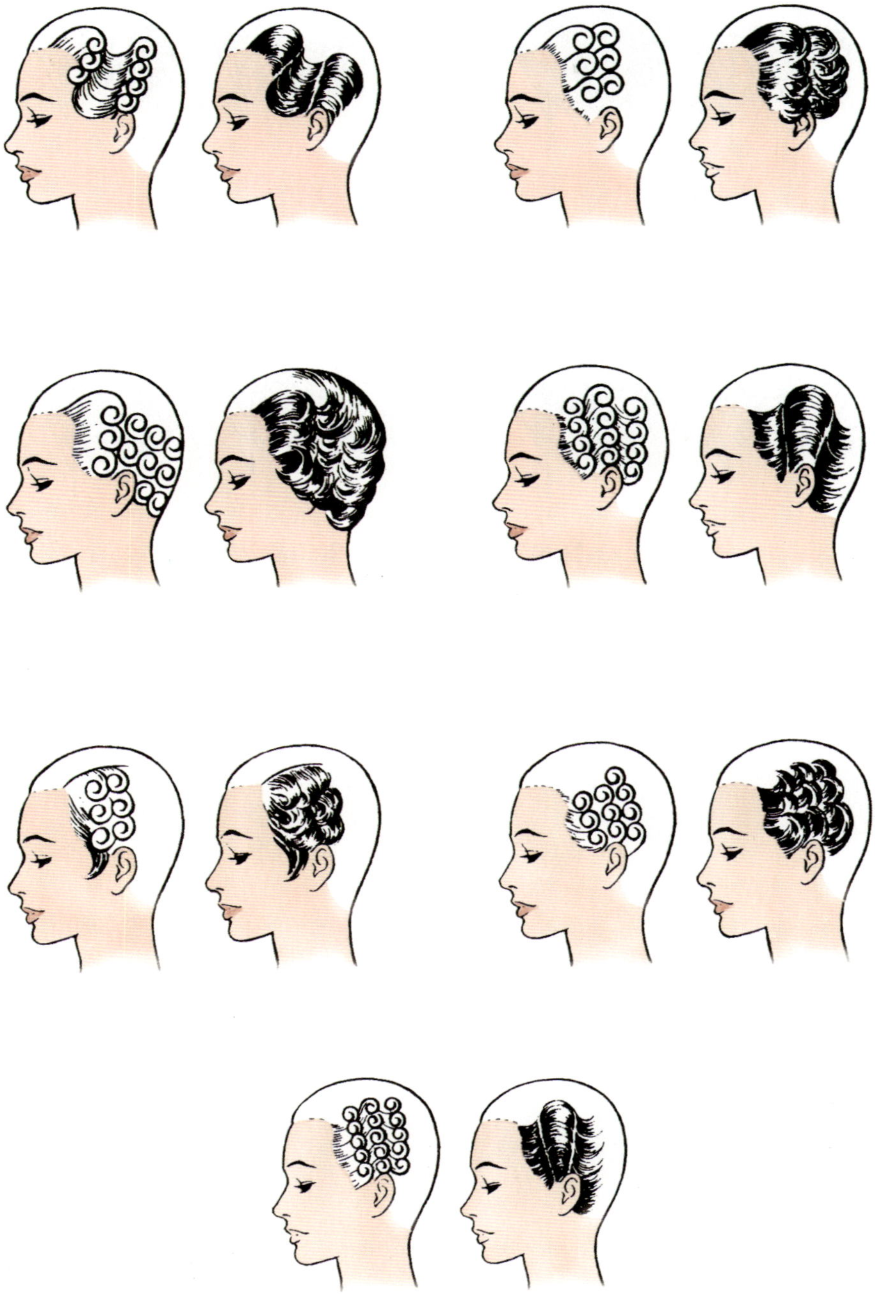

사이드(Side : 옆)의 오리지날 세트와 코움아웃의 예

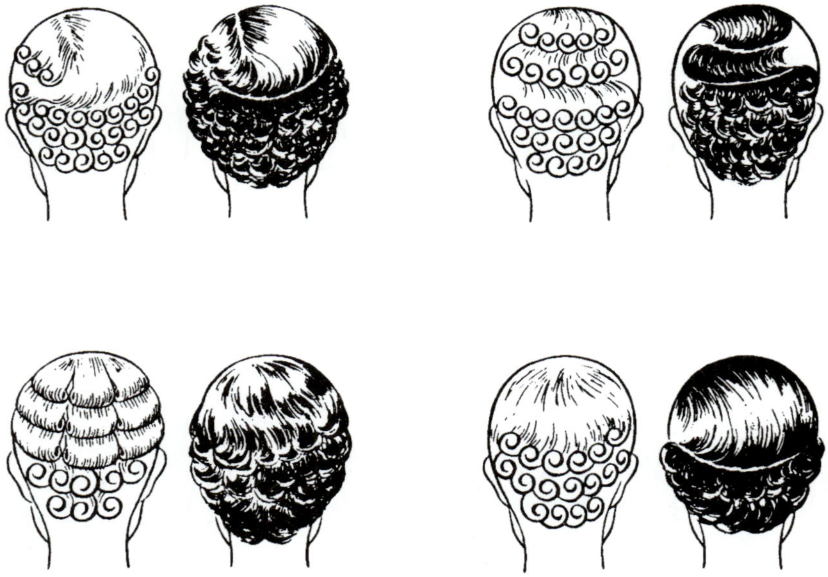

백(Back : 뒷면)의 오리지날 세트와 코움아웃의 예

제11장 헤어 컬링
Hair Curling

1. 헤어 컬링(Hair curling)

1) 컬의 정의 및 각부 명칭

컬이란 한갈래의 머리카락을 루우푸(loop) 또는 소용돌이 치는 모양으로 말은 것을 말한다. 원형으로 말은 고리 부분을 루우프, 컬 스트랜드(curl strand)의 근원을 베이스(base), 컬을 감기 시작한 점을 피보트 포인트(pivot point), 베이스에서 피보트 포인트까지를 컬 스템 (curl stem), 컬의 끝부분을 앤드 오브 컬(end of curl)이라 한다.

컬의 목적은 웨이브(wave)를 만들고, 모발 끝의 변화와 움직임을 주고, 볼륨(volum)을 만들기 위해서이다.

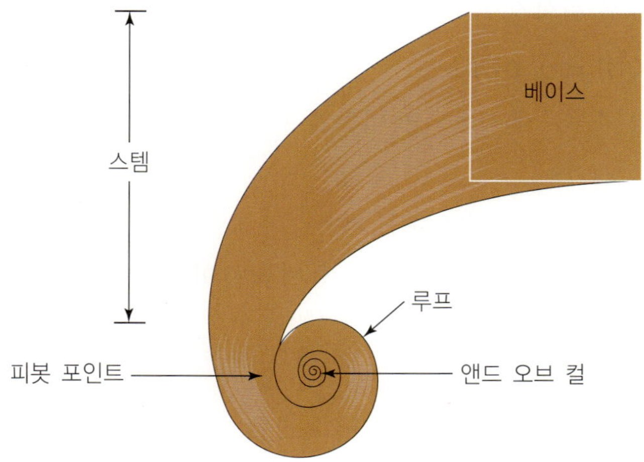

컬의 각부 명칭

2) 컬의 구성요소

컬을 구성하는데 있어서 필요한 요소로써 헤어 세이핑(hair shaping), 슬라이싱(slicing), 베이스(base), 스템(stem)의 방향, 텐션(tension), 루우프의 크기, 모발끝의 취급법 등 7가지를 열거할 수 있다.

(1) 헤어 세이핑(Hair shping)

헤어스타일을 고려해서 업 세이핑(up shaping), 다운 세이핑(down shaping)을 한다.

(2) 슬라이싱(Slicing)

머리다발을 얇게 나누는 것이다. 즉, 하나의 스트랜드에서 컬을 만들 만큼의 분량을 나누는 것이 슬라이싱이며, 파트(part)된 선을 슬라이스선이라 부르고 있다.

(3) 베이스(Base)

베이스는 컬 스트랜드의 근원에 해당한다. 베이스에서 미리 일정한 형태 또는 크기로 만들어진 경우와 밑면을 슬라이스해서 베이스를 맞추는 경우가 있다. 전자의 방법으로 만들어진 컬을 스트랜드 컬(strand curl), 후자를 세이핑 컬(shaping curl)이라 부르기도 한다. 스트랜드 컬의 베이스 종류로는 다음과 같은 것이 있다.

① 정방형 베이스(square base)

어느 부분에서도 사용될 수 있는 베이스로 지속성이 있다. 이는 컬 속으로 빗질 또는 브러싱하기에 적당한 형을 내기 위해 사용하는 것이다. 그림과 같이 엇갈리게 구간을 잡는 것은 갈라지는 것을 피하기 위함이다.

② 장방형 베이스(oblong base)

베이스가 길고, 보통 측두부에 사용되며 이것은 부드러운 느낌을 주는 업 스타일에 효과적이다.

③ 삼각형 베이스(triangular base)

정교한 헤어 스타일에서 콤 아웃(comb out) 할때 모발이 갈라지는 것을 막기 위해 이마와 얼굴 라인에 이용된다.

④ 반원형 베이스(arc base)

반달 혹은 C형 베이스라고도 하며, 후두부에 커다란 스월 웨이브(swirl wave : 소용돌이치는 모양)을 만들며 업 스타일시 많이 이용된다.

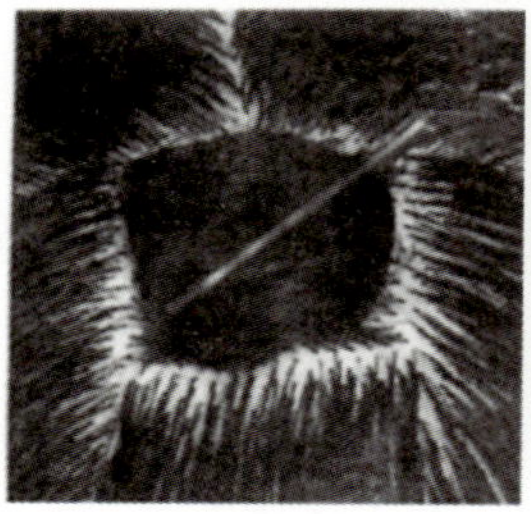
정방형

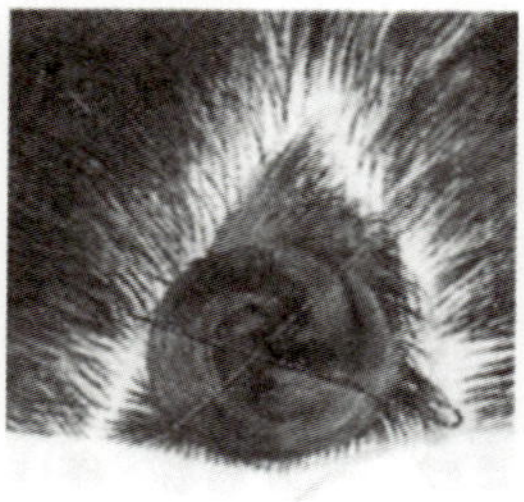
삼각형

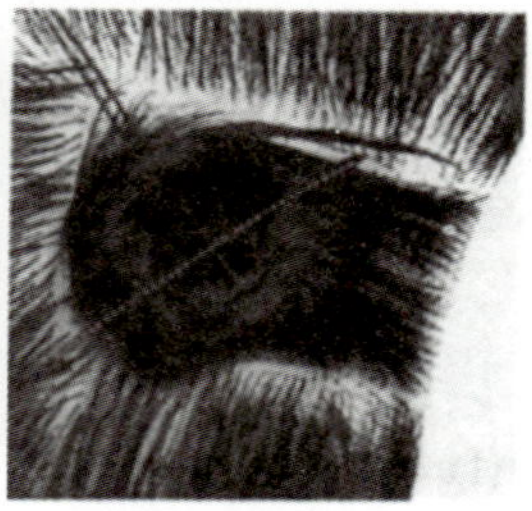
장방형

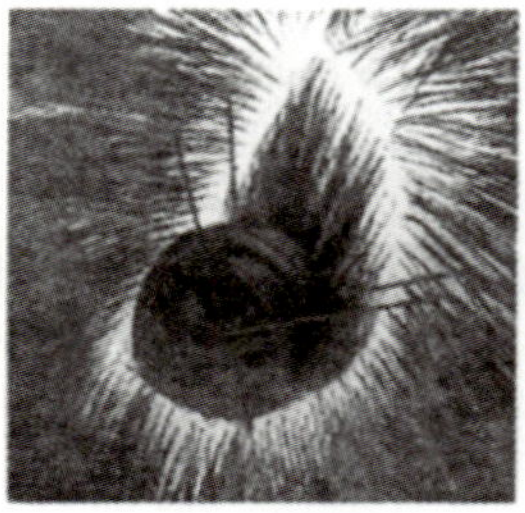
원형(오른쪽 감기)

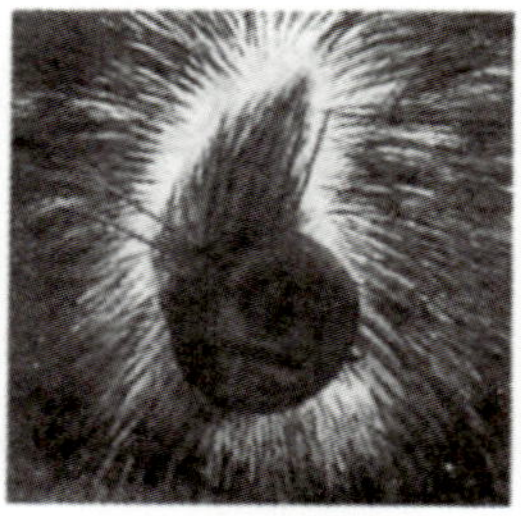
원형(왼쪽 감기)

베이스의 종류

(4) 스템(Stem)

컬의 유동성은 스템에 의해 정해진다. 컬을 만들때, 컬의 방향과 두피와 스템이 만드는 각도는 웨이브 구성과 볼륨에 관계가 있으며, 스템과 루프의 변화에 따라 컬의 유동성이 생기고 논 스템(non stem curl), 하프 스템(half stem), 롱 스템(long stem)으로 구분된다.

① 논 스템 컬(non stem curl)

이 컬은 스템이 없이 베이스의 중심에 컬이 생기게 된다. 논 스템 컬은 강하고 오래 지속되는 컬이 만들어 진다.

② 하프 스템 컬(half stem curl)

이 컬은 베이스에서 반쯤 떨어진 곳에 컬이 자리한다. 그러므로 완성된 웨이브 패턴을 부드럽게 조절을 할 수 있도록 해 준다.

③ 롱 스템 컬(long stem curl)

유동성이 가장 큰 컬로 스템의 길이 만큼 선과 방향을 자유롭게 잡을 수 있다.
롱 스템은 헤어의 강한 방향과 약한 방향의 웨이브 패턴이 요구될 때 사용된다.

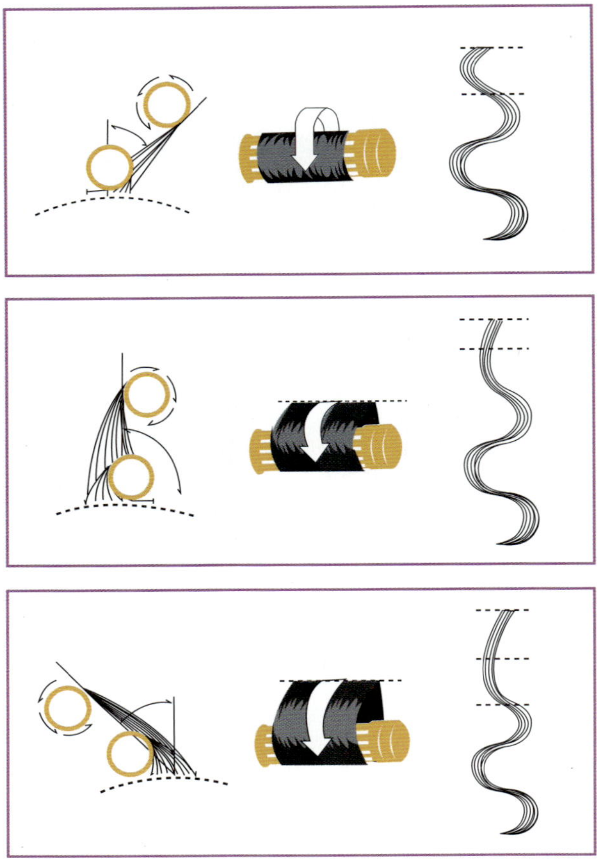

스템의 종류

(5) 텐션(Tension)

텐션은 긴장력이란 뜻이며, 컬을 말때 힘이 들어간 상태를 가리킨다. 긴장력을 줌으로 해서 컬의 탄력이 증가해 헤어스타일을 오래 지속시킬 수 있다.

(6) 루프(Loop)

루프의 크기는 웨이브의 크기를 결정한다. 앤드 오브 컬(end of curl)이 공간 없이 말린 루프는 볼륨을 원하는 가는 모발에 효과적이고, 평평하고 부드러운 웨이브를 만들기 위해서는 앤드 오브 컬에 공간이 있게 하는 것이 효과적이다.

(7) 모발끝의 취급법

컬을 감는 방법에는 모발끝을 안쪽으로 해서 감는 방법과 모발끝을 바깥쪽으로 해서 감는 방법이 있다. 모발끝을 안쪽으로 해서 감을때는 두피쪽으로 갈수록 웨이브의 크기가 커지며, 반대로 모발끝이 바깥쪽으로 감을때는 모발끝으로 갈수록 웨이브의 크기가 커진다.

3) 컬의 성질

헤어 세팅의 기본적인 요소로써 모발을 촉촉히 적셔서 감고, 건조시킨후 풀면 원래의 상태로 돌아가려는 성질을 가지고 있다. 그러므로 세팅 로션(setting lotion)을 도포하고, 필요한 만큼의 텐션을 가해 컬을 만들고 건조시킨후 빗과 브러시를 이용하여 빗어도 웨이브가 형성되도록 한다. 이처럼 모발의 탄력성을 이용하는 것이 컬의 기본원리이다.

4) 컬의 종류

컬은 기본적으로 컬의 상태와 컬을 감는 방향에 따라서 분류할 수 있다.

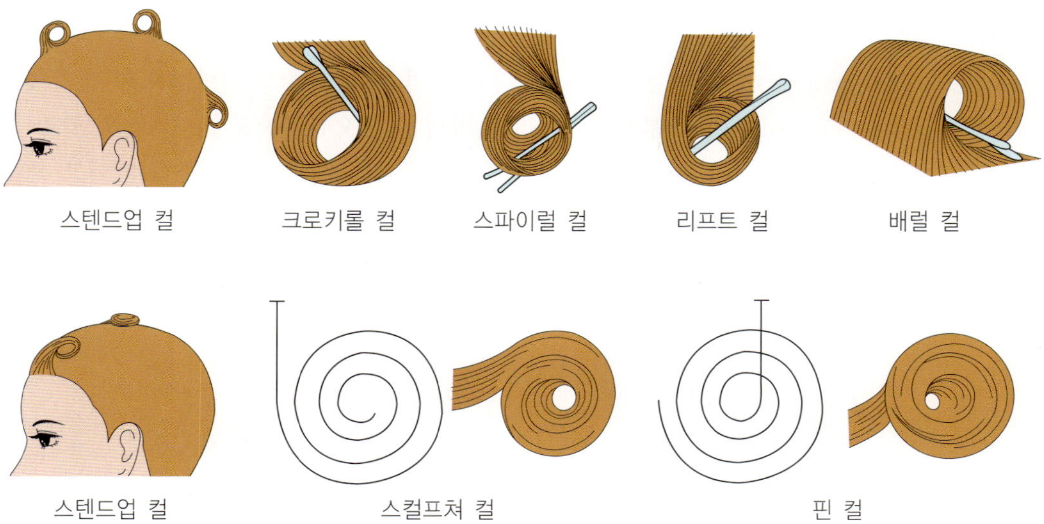

컬의 종류

(1) 컬의 상태에 따른 분류

컬의 상태란 루프가 서있는지 평평하게 되어 있는지를 나타낸다.

컬의 루프가 두피에서 서있는 것처럼 되어 있는 것을 스탠드 업 컬(stand up curl)라 한다. 스탠드 업 컬은 헤어 세팅에 있어서는 주로 볼륨을 나타내기 위해서 만들어진다.

리프트 컬(lift curl)은 스템(stem) 또는 컬이 두피에서 들리는 컬이며, 루프가 똑바로 서지 않고 옆으로 기울어져 있다. 따라서 스탠드 업 컬보다 방향성을 찾을 수 있다. 배럴 컬(barrel curl)은 원통모양으로 감아 볼륨을 원할때 이용한다.

루프가 두피에 평평하게 붙도록 되어 있는 컬을 플래트 컬(flat curl)이라 한다. 플래트 컬에는 모발끝이 컬의 중심에 있는 스컬프쳐 컬(scalputure curl)과 두피로부터 감아 모발끝이 컬 바깥쪽으로 말린 메이폴 컬(maypole curl) 일명 핀 컬(pin curl)이 있다.

(2) 컬의 방향에 따른 분류

컬의 방향이란 컬이 오른쪽 또는 왼쪽으로 감겼는지에 대한 분류로서 시계바늘이 돌아가는 방향대로 말은 컬과 시계바늘이 돌아가는 반대 방향으로 말은 컬로 나눈다. 전자를 클럭 와이즈 와일드 컬(clock wise wind curl)이라 하고, 후자를 카운터 클럭 와이즈 와일드 컬(counter clock wise wind curl)이라 한다.

또 귀바퀴를 따라서 위에서 아래방향으로 감긴 것을 포워드 컬(forward curl)이라 부르고, 머리부분 오른쪽으로 감긴 것을 카운터 클락 와이즈 와인드 컬(counter clock wise wind curl), 왼쪽으로 감긴 것을 클락 와이즈 와인드 컬(clock wise wind curl)이라고 한다.

포워드 컬(forward curl)과 반대로 귀바퀴를 따라 아래서부터 윗방향으로 감긴것을 리벌스 컬(reverse curl)이라 부른다. 이것은 머리부분 오른쪽으로 감긴 것을 클락 와이즈 와인드 컬(clock wise wind curl), 왼쪽으로 감긴 것을 카운터 클락 와이즈 와인드 컬(counter clock wise wind curl)이라고 한다.

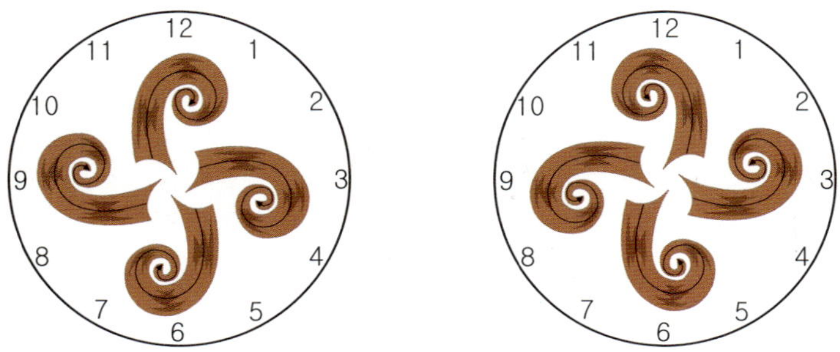

컬 방향에 따른 분류

2. 핀컬(Pin curl)

완성된 컬을 핀(pin)이나 클립(clip)으로 고정시키는 것을 핀컬이라 한다. 핀컬은 헤어 스타일을 구성하는데 중요한 기술이며, 핀컬에는 스컬프쳐 컬이 있다.

1) 스컬프쳐 컬(Scalpature curl)

스컬프쳐 컬은 세이핑 컬과 스트랜드 컬로 구분된다.

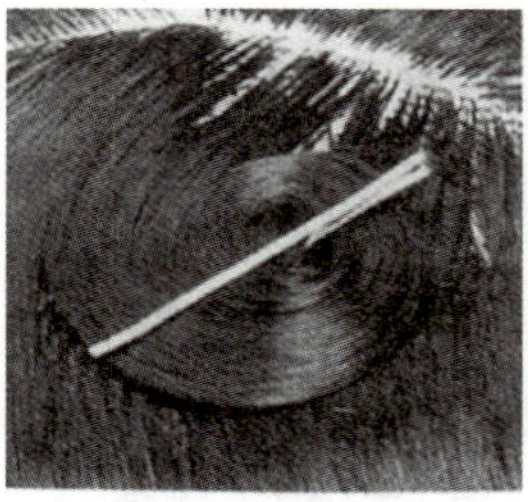
세이핑 컬

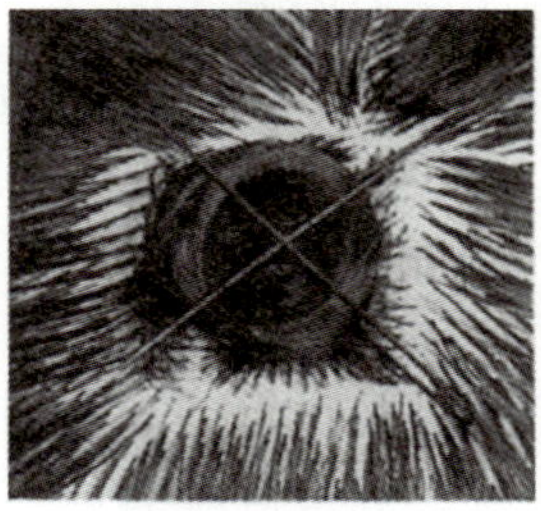
스트랜드 컬

스컬프쳐 컬의 종류

(1) 세이핑 컬(Shaping curl)

루프의 중심에서 핀을 피보트 포인트(pivot point)를 향해서 꽂아 넣거나, 핀을 루프 중심에서 컬쪽을 향해서 꽂아 넣는다. 어느거나 루프 한쪽에 핀을 고정시킨다.

(2) 스트랜드 컬(Strand curl)

스템쪽에서 핀을 넣고, 루프 양쪽을 끼운다. 또는 그 반대쪽에서 핀을 넣어 똑같이 고정시킨다. 루프 양쪽에 걸쳐서 핀을 고정시킨다.

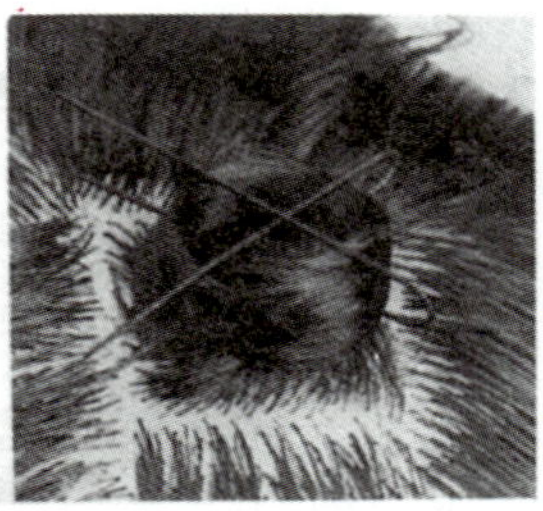

메이폴 컬

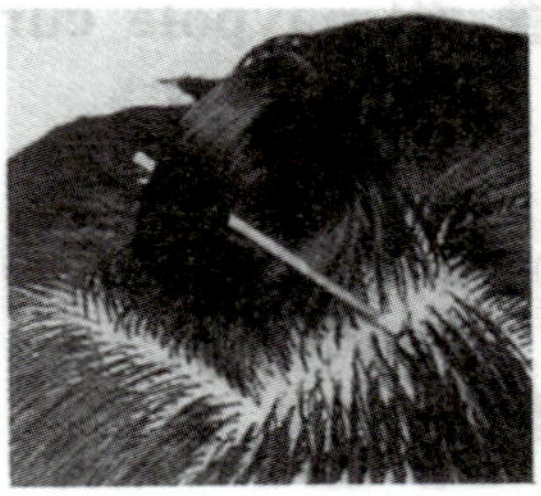

스텐드 업 컬

스트랜드 컬의 종류

① 메이폴 컬(maypole curl)

헤어핀을 양면으로 넣어 루프내부에 꽂아 넣고, 이것을 교차시켜 또 한개의 핀을 박아 루프 바깥부분을 고정시킨다. 크로즈 핀닝(cross pinning)이라고도 한다.

② 스텐드 업 컬(stand up curl)

핀을 스템방향에 대해서 직각으로 박아 넣는다. 핀은 루프에 대해서 직각이 아니면 컬이 목적하는 방향으로 향하지 않는다.

3. 휭거 웨이브(Finger wave)

휭거 웨이브는 세트 로션이나 물로 모발을 적신 후에 빗과 손가락을 이용하여 웨이브를 만드는 것을 말한다. 이때 사용되는 세트 로션은 머리카락을 유연하게 해주며, 핑거 웨이브를 만드는 동안 제자리에 고정시켜 준다. 세트 로션은 모발 상태에 따라 적당한 것으로 선택해야 하고, 시술시에는 모발에 약간의 수분이 있을때 로션을 발라야 한다.

1) 휭거 웨이브의 목적

휭거 웨이브는 손가락과 빗, 세트 로션, 핀 등을 사용하여 웨이브를 만들고, 디자인을 만드는 기술로서 반복적인 훈련이 필요하다. 왜냐하면 모발을 만질수 있는 기술을 터득하게 되고, 전문인이 되기 위해 필요한 숙달과 조정력, 손가락 힘을 기르는데 도움을 주기 때문이다.

2) 휭거 웨이브의 주의사항

① 빗살이 좁은 것과 넓은 것을 사용하며, 딱딱한 고무제로 만든 빗을 선택한다.
② 휭거 웨이브 하기전에 자연적인 웨이브나 퍼머넨트 웨이브를 잘 정리한다.
③ 휭거 웨이브의 릿지를 높이기 위해서는 손가락 사이를 좁혀 준다.
④ 휭거 웨이브를 오래 지속시키기 위해서는 모발이 자라난 방향으로 웨이브를 만든다.
⑤ 만들어 놓은 웨이브를 오랫동안 유지시키기 위해 헤어 네트를 씌우고, 완전히 마른 다음 빗질을 한다. 완전히 마르기 전에 빗질을 하면 휭거 웨이브가 다시 흐트러져 원하는 웨이브를 만들 수가 없다.
⑥ 모발이 가는 경우에는 크림린스를 사용하면 빗질이 손쉽게 된다.
⑦ 시술 후 헤어 스프레이를 살짝 부리면 휭거 웨이브가 더 오래 지속되며 윤기가 난다.

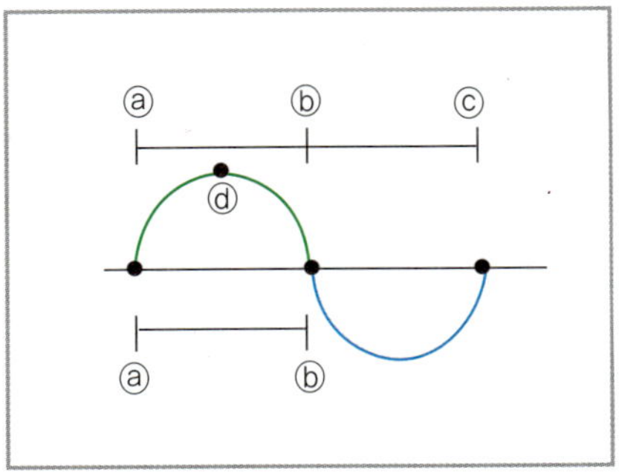

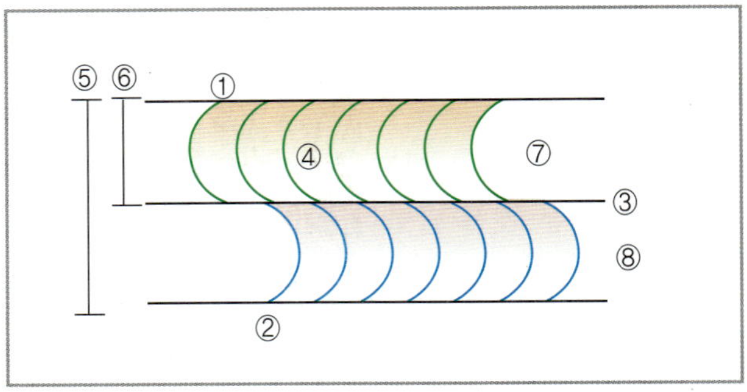

ⓐ 시작점(beginning point)
ⓒ 끝점(ending point)
ⓐ~ⓒ 풀웨이브
ⓐ~ⓑ 하프 웨이브
ⓓ 봉우리(crest): 웨이브가 높은 부분의 정점

① 시작점(beginning point) : 웨이브의 주기가 시작되는 점
② 끝점(ending point) : 웨이브의 주기가 끝나는 점
③ 융기선(ridge) : 웨이브 봉우리와 골이 만나는 선
④ 골(trough) : 웨이브의 낮은 부분 정점
⑤ 풀 웨이브(full wave) : 시작점에서 끝나는 점까지의 1주기
⑥ 하프웨이브(half wave) : 시작점에서 끝나는 점까지의 1/2주기
⑦ 오픈 앤드(open end) : 열린 면
⑧ 크로즈 앤드(closw end) : 닫힌 면

웨이브의 부분 명칭

3) 웨이브의 부분 명칭

헤어스타일링에서의 웨이브라 하면 휭거 웨이브(finger wave), 아이론 웨이브(iron wave), 컬 웨이브(curl wave) 등을 들 수 있다. 모두 일시적인 스타일링에 필요한 웨이브 방법이며 명칭은 다음과 같다.

4) 휭거 웨이브의 종류

① 올 웨이브(all wave) : 머리형태에 전체적인 웨이브를 형성하는 것이다.
② 레프트 웨이브(left wave) : 왼쪽 측두부에만 웨이브를 만든 것이다.
③ 라이트 웨이브(right wave) : 오른쪽 측두부에만 웨이브를 만든 것이다.
④ 스윙 웨이브(swing wave) : 큰 움직임을 보는 듯한 웨이브이다.
⑤ 스월 웨이브(swirl wave) : 물결이 소용돌이 치는 듯한 웨이브이다.
⑥ 하이 웨이브(high wave) : 웨이브의 정상이 높은 웨이브이다.
⑦ 로우 웨이브(low wave) : 웨이브의 정상이 낮은 웨이브이다.

그외 웨이브 형상과 릿지 방향에 따라 다음과 같이 구분하기도 한다.

(1) 웨이브 형상에 따른 분류

① 와이드 웨이브(wide wave) : 보통사람들이 즐겨하는 웨이브로서 정상(crest)이 확실한 웨이브이다.

② 샤도우 웨이브(shadow wave) : 정상(crest)이 확실하지 않은 느슨한 웨이브로서 가장 아름다운 웨이브이다.

③ 내로우 웨이브(narrow wave) : 릿지와 릿지의 폭이 좁아 물결상의 곱슬 곱슬하게 된 웨이브로 퍼머넨트 웨이브에서 볼 수 있다.

(2) 웨이브 릿지방향에 따른 분류

① 버티컬 웨이브(vertical wave) : 웨이브의 릿지가 수직이 이루어지도록 형성된 웨이브이다.

② 호리존탈 웨이브(horizontal wave) : 웨이브의 릿지가 수평으로 이루어지도록 형성된 웨이브이다.

③ 다이아고널 웨이브(diagonal wave) : 웨이브의 릿지가 사선으로 이루어지도록 형성된 웨이브이다.

버티컬 웨이브 호리존탈 웨이브 다이아고널 웨이브

릿지방향에 따른 분류

5) 스킵 웨이브(Skip wave)

스킵 웨이브는 휭거 웨이브(finger wave)와 컬(curl)이 번갈아 가면서 편성된 것으로, 컬의 감겨진 방향은 동일하다. 즉 웨이브는 웨이브대로, 컬은 컬대로 말린 방향이 일정하다. 주로 스킵 웨이브는 폭이 넓고 자연스럽게 흐르는 것 같은 웨이브를 만들려고 할때 좋다. 단, 퍼머넨트 웨이브가 너무 지나치거나 모발이 가는 경우와 지나치게 짧은 모발에는 스킵 웨이브를 나타내기가 어렵다.

이와는 다르게 휭거 웨이브 릿지뒤에 플래트 컬(flat curl)을 만드는 릿지 컬 웨이브(ridge curl wave)가 있다.

제12장 브로우드라이와 아이론

Blow Dry & Iron

브로우 드라이 스타일링(blow dry styling)이란 가열로 머리카락분자에 일시적인 변화를 주어 헤어 스타일(hair style)을 만드는 기술이다. 브로우 드라이 스타일링은 열풍에 의해 모발을 말리면서 모양을 만든다는 의미이다. 이 기술은 드라이어(dryer)와 아이론(iron)으로 열처리를 하여 나타내는 것을 총칭하며, 특히 핸드 드라이어(hand dryer)를 이용해서 브러시와 빗으로 헤어 스타일을 최종적으로 만드는 것을 가리키는 경우가 많다.

브로우 드라이 스타일링의 기초가 되는 것은 커팅(cutting)이며, 이 커팅이 드라이를 효과적으로 표현해 내는데 중요한 역할을 한다. 그러므로 브로우 드라이 스타일링은 머리카락 본래의 아름다움을 강조해주는 기술이라고 말할 수 있다.

1. 브로우 드라이와 아이론

1) 브로우 드라이(Blow dry)

브로우 드라이는 머리카락을 건조시킴과 동시에 브러시와 빗을 병용해서 헤어스타일을 만드는 역할도 한다. 브러시는 내열성인 재질로, 빗살사이가 성긴것과 빗살사이가 조밀한 것이 사용 된다. 모발의 흐름에 따라서 선을 만들어 낼 때는 빗살사이가 엉성한 브러시, 텐션(tention)을 주고 싶을때는 빗살사이가 조밀한 것이 적합하다. 또한 머리카락에 습기가 너무 많으면 브로우 드라이의 효과가 떨어지기 때문에 적당한 수분을 공급한 모발에 바람과 열을 주어 원하는 방향대로 구부러지게 하거나 펴주거나 또는 둥글게 말아서 웨이브를 만든다. 드라이를 하려면 먼저 모발의 성질, 손상도, 길이, 웨이브의 정도 등을 고려하고, 알맞는 수분으로 모발을 적시어야 하며, 적당한 온도와 롤의 선택 그리고 롤 굴림의 정확성과 텐션 등의 조건이 모두 일치되었을 때 효과적으로 드라이 기술을 발휘할 수 있다.

드라이어(dryer)의 바람은 반드시 판넬(panel)이 향한쪽에서 자기앞쪽으로 말린다. 또한 드라이어의 바람부는 입구와 브러시의 면은 항상 평행을 유지하는 것이 중요하다.

(1) 브로우 드라이를 위한 사전처리

- 양질의 샴푸를 하고 난 후, 타올로 적당히 물기를 닦아낸 다음 드라이를 한다. 모발에 수분이 너무 많으면 쉽게 모발이 늘어져 원하는 헤어 스타일을 나타내기 어렵고, 드라이 바람을 과다하게 받으면 모발이 손상되기 쉽다.
- 스타일 로션이나 콘디셔너를 사용하여 모발의 필요한 부분에 발라준다.
- 브러시로 적당한 형태를 만들면서 스타일을 구상한다.

(2) 드라이어와 브러쉬 잡는법

- 드라이어를 쥘때는 손잡이를 쥐어 손의 유동성으로 각도 조절을 용이하게 변형할 수 있어야 하며, 온도조절기를 쉽게 작동할 수 있어야 한다.
- 브러시는 그림과 같이 엄지와 검지로 안정성 있게 쥐어 빗는 힘의 조절을 용이하게 할 수 있게 한다.

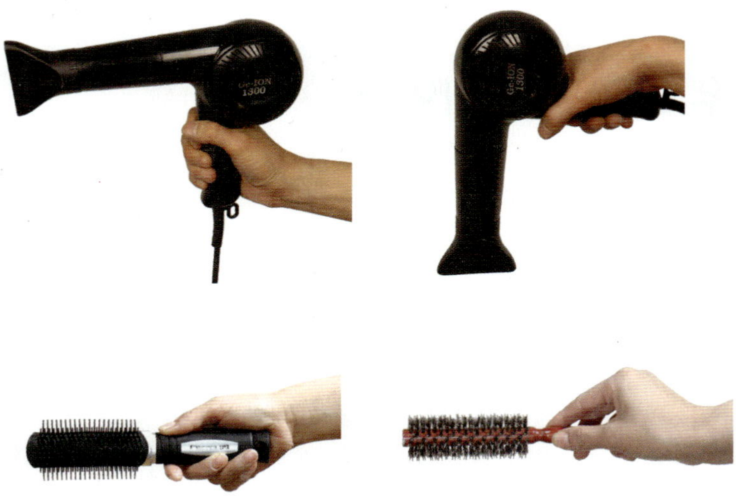

드라이어와 브러쉬 잡는법

2) 아이론과 빗(Iron & Comb)

(1) 아이론

① 창시자

1875년에 프랑스 마셀 크라토(Marcel Crateau)가 모친의 내츄럴한 웨이브를 보고 착안하여 발표하였다고 전해진다.

② 아이론의 온도 및 안전

아이론의 온도는 120℃~140℃가 적당하며 너무 가열하면 사용상의 유연성을 잃기 때문에 가열 테스팅(testing)이 필요하다. 고온의 아이론을 티슈 위에서 5초 동안 잡고 고정시켰을때 티슈가 누렇게 되거나 갈색으로 타면 뜨거운 것이므로 과열되었을 때는 핸들의 한쪽을 쥐고 회전시켜 적당한 온도로 식힌다. 아이론을 사용할 때 손상모나 염색, 탈색모, 백발모는 정상모보다 열에 대해서 약하므로 주의해야 한다.

(2) 빗

① 아이론 사용시에 쓰이는 빗

- 빗을 사용할 때는 딱딱한 고무제나 타지 않는 내열성인 빗을 사용한다. 셀룰로이드 빗은 녹을수가 있고, 금속성 빗은 뜨거워져서 두피를 상하게 할 수 있으므로 사용하지 않는다.
- 두피의 화상방지를 위해 컬이나 웨이브를 만들 때는 빗을 두피와 아이론 사이에 놓는다.
- 이가 브러진 빗은 두피나 모발을 상하게 할 수 있으므로 사용하지 않는다.
- 빗의 길이는 17.5cm 정도가 적당하다.

② 아이론 사용시 빗을 쥐는 법

손바닥의 가장자리에 빗끝을 대고 잘 조절하기 위하여 빗의 등뼈 위에 검지손가락을 대면서 왼손의 엄지와 나머지 네손가락 사이에 빗을 끼워서 쥔다.

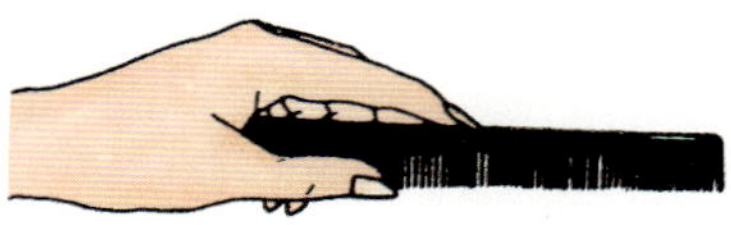

3) 아이론 동작법

(1) 아이론 쥐는법

안정된 위치에서 아이론을 쥐고 완전히 조절할 수 있도록 한다. 열전도가 차단된 접속 부분으로부터 조금 떨어져 있는 아이론의 손잡이를 오른손으로 쥔다. 약지는 아래 손잡이 악면에, 엄지는 위 손잡이 악면에, 중간의 세 손가락은 아래 손잡이 뒤에 대고 개폐 연습을 반복한다.

아이론 쥐는법

(2) 아이론 회전법

처음에는 악으로 그리고 뒤로 하면서 손 안에서 손가락을 이용해 아이론을 돌리는 연습을 한다. 팔이 흔들리거나 움직이지 않게 회전시킨다.

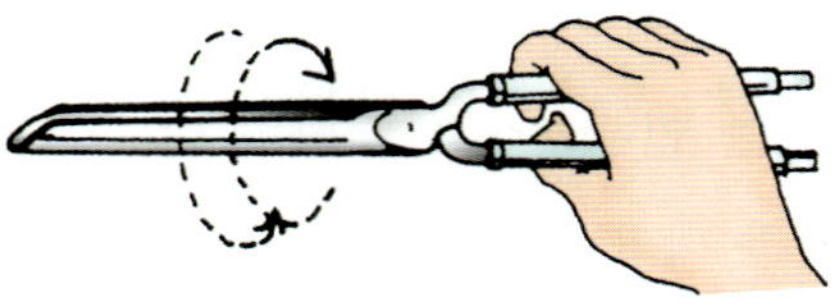

아이론 회전법

제13장 헤어 디자인

Hair Design

미용기술 연구의 목적은 조화를 받아들인 여성미를 창출해내는 것이다. 헤어 스타일링에 있어서도 단지 헤어 스타일의 아름다움만을 강조하는 것은 바람직하지 않고 얼굴 모양과 전체 골격 및 개인 이미지 등의 조화를 이루어 내는 것이 중요하다. 그렇게 하기 위해서는 개개인이 가지고 있는 장점은 강조하고, 결점은 눈에 뛰지 않도록 헤어 디자인을 생각하고, 아름다운 헤어 스타일로써 완성하도록 하는 것이 기본이 되어야 한다.

1) 얼굴형에 따른 헤어디자인

얼굴형태는 달걀형, 원형, 장방형, 사각형, 삼각형, 역삼각형, 마름모꼴형 등 7가지 형태로 나누며, 일반적으로 달걀형이 가장 조화된 형태로 인식되고 있다. 그러므로 헤어 디자인은 달걀형에 가깝게 만들어내는 방법이 좋다.

(1) 달걀형 얼굴과 헤어디자인

가장 표준형으로서 다른 얼굴형을 수정할 때는 달걀형을 기준을 하여 여기에 가깝도록 한다. 이 형의 특징은 세로의 길이가 가로의 1.5배이며, 이마보다 턱이 약간 좁아 어떠한 디자인도 어울릴 수 있는 형이므로 얼굴의 윤곽을 그대로 나타내는 것이 좋다.

(2) 원형 얼굴과 헤어 디자인

둥근얼굴은 머리 앞부분의 모발이 난 언저리와 턱선이 눈에 띄게 둥근형태이다. 이러한 경우는 달걀형에 가깝게 하기 위해서 탑부분에 볼륨을 주어 길어 보이도록 한다. 그리고 옆머리를 부풀게 할 경우에는 얼굴의 둥근감을 강조하게 되므로 피하도록 하고 사이드 파트로 한쪽의 뱅을 이용한다.

헤어 파트(hair part)를 잡을 때는 센터 파트를 피하고, 사이드 파트로 하는 쪽이 좋다. 귀 뒷쪽을 덮는 듯한 머리형태를 만들면 한층 더 둥근것을 강조한 것이 되므로 피해야 한다.

(3) 장방형 얼굴과 헤어 디자인

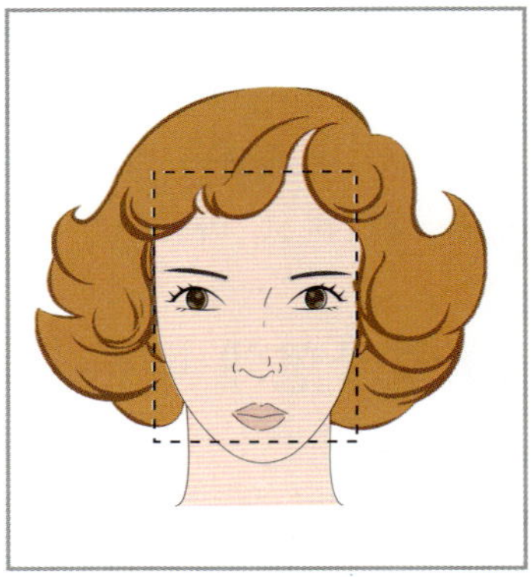

이 타입의 얼굴형태는 얼굴의 세로 길이에 비해 가로폭이 좁게 되어 있다. 이경우 헤어 디자인은 둥근얼굴과는 반대로 생각하면 된다. 탑부분은 낮게 해서 사이드에 양감을 가지게 하는 것이 원칙이다. 관자놀이에서 턱을 향해서 웨이브나 컬 또는 롤(roll)을 사용해서 볼륨을 내고, 이마에는 웨이브나 컬로 뱅을 한다.

헤어 파트를 잡을 경우 크라운(정수리)부분을 넓게 보이도록 하고, 반대로 업 스타일이나 센터 파트를 하면 더욱 더 길이를 강조하게 되므로 피하는 것이 좋다.

(4) 사각형 얼굴과 헤어 디자인

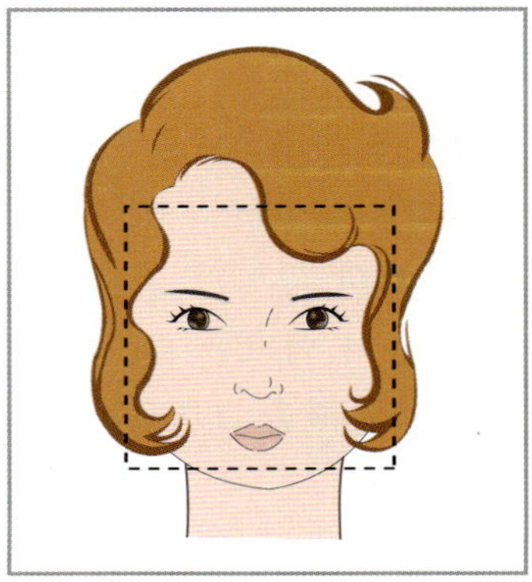

둥근 느낌이 없고 딱딱한 느낌으로 남성적인 얼굴이 특징이다. 둥근감이 들도록 하기 위해 뱅으로 이마의 모난 느낌을 감추고, 머리 형태를 높게해서 한쪽만 가볍게 귀를 감추게 하는 등, 될수 있는 한 곡선적인 인상을 나타냄과 동시에 가로의 폭을 좁게 보이도록 하는 것이 중요하다. 헤어 파트를 잡을때는 전체에 둥그스름한 모양을 주는 의미에서 라운드 사이드 파트(round side part)를 하면 얼굴의 모난느낌에 변화를 가지게 할 수 있다. 머리형태를 낮게 하면 옆선이 강조되어 더욱 인상을 강하게 하므로 피하는 것이 좋다.

(5) 삼각형 얼굴과 헤어 디자인

이마가 좁고, 아래가 불룩해져 있는 얼굴형이므로 이마 부분은 넓게 보이게 하고 턱 부분은 좁게 느껴지게 결점을 보충하는 것이 좋다. 이렇게 하기 위해서는 옆선을 강조하고, 이마의 좁음을 감추기위해 뱅을 만들어주고, 또한 양쪽 볼의 선을 좁게 보이게 하기위해서는 업 스타일 형태로 정리한다. 헤어 파트는 다운 다이아고날 파트(down diagonal part)를 하여, 윗부분의 가로 넓이를 넓게 보이게 할 수 있다.

크라운을 평평하게 하고, 귀 뒷쪽에 양감을 가지게 하는듯한 머리형태는 피하는 것이 좋다.

(6) 역삼각형 얼굴과 헤어 디자인

이 타입은 이마폭이 넓고, 양턱의 선이 좁은 것이 특징이다. 이 경우 헤어디자인은 탑을 조금 높게하고, 큰 뱅으로 이마를 좁게 하며, 사이드는 양볼의 윗부분을 가능한 바싹 붙이고 아랫부분에 양감을 많게 하면 좁은 턱선에 부풀은 것 같은 모양으로 아랫부분의 뾰족한 것을 보충 할 수 있다. 헤어 파트를 잡을 때는 삼각형 얼굴과 반대로 크라운을 좁게 보일 필요가 있으므로 약간 센터에 접근해서 헤어 파팅을 하여 윗부분이 좁고 아래쪽은 폭이 점차 나온 것처럼 된다. 센터 파트를 해도 좋으나 크라운 부위를 평평하게 하거나 이부분의 옆선을 강조하지 않도록 주의해야 한다.

(7) 마름모꼴 얼굴과 헤어 디자인

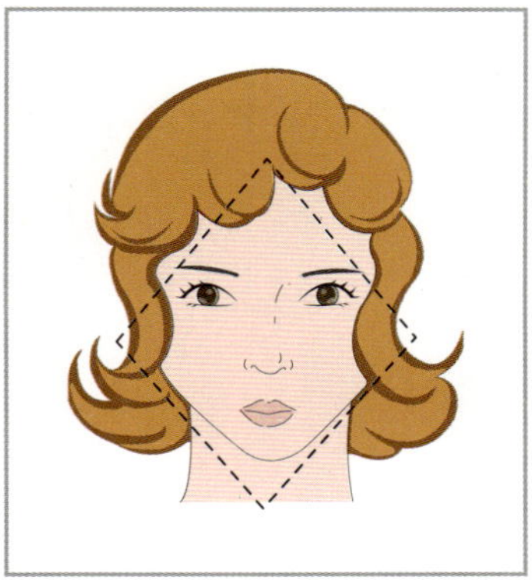

일명 다이아몬드형이라고도 하며, 양쪽 볼의 뼈가 부풀어 있고, 이마와 턱 부부의 폭이 좁은 것이 특징이다. 이경우 헤어 디자인은 윗부분과 아랫부분을 각각 폭 넓게 보이게 한다. 이마를 넓게 하는듯한 머리형태를 만들어주며, 사이드는 부드러운 컬과 웨이브를 만들어주고, 목덜미는 컬과 웨이브를 이용하여 턱선 아래쪽으로 흐르는 듯한 느낌을 연출한다.

2) 코의 형태에 따른 헤어 디자인

(1) 코가 들린 형

이런 형의 코는 작고 옆 모습이 똑바른 것이 보통이다. 이것을 커버하기 위해서는 옆머리를 뒤로 보내어 코에서 귀까지의 폭이 넓어 보이도록 하고 톱 부분의 머리는 들린 코를 약화시키기 위해서 약 쪽으로 가볍게 내려준다.

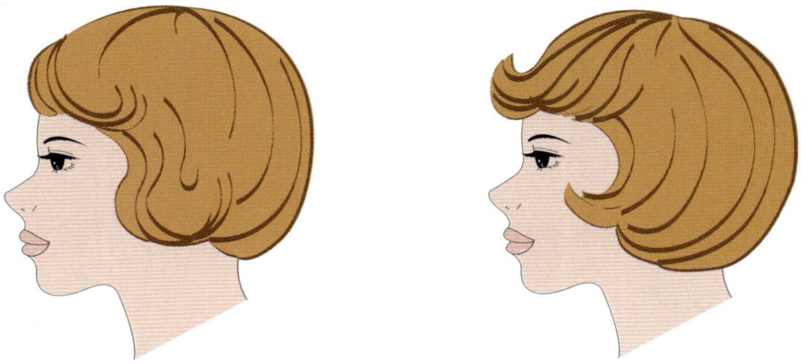

(X) (○)

코가 들린 형의 헤어 디자인

(2) 코가 나온형

구부러진 코, 큰 코, 혹은 뾰죽한 코가 모두 이 부류에 속하는데 이런형의 코는 나온 코 모양을 약화시키기 위해서 머리를 이마로 보내어 얼굴 둘레가 부드럽게 보이도록 한다.

(X) (○)

코가 나온형의 헤어 디자인

(3) 매부리 모양의 코

눈에 뜨일 정도의 매부리 모양의 코를 약화시키기 위해서는 얼굴 중심에서 시작하는 헤어스타일 방식을 피하여 코로부터 눈으로 시선을 끌도록 한다.

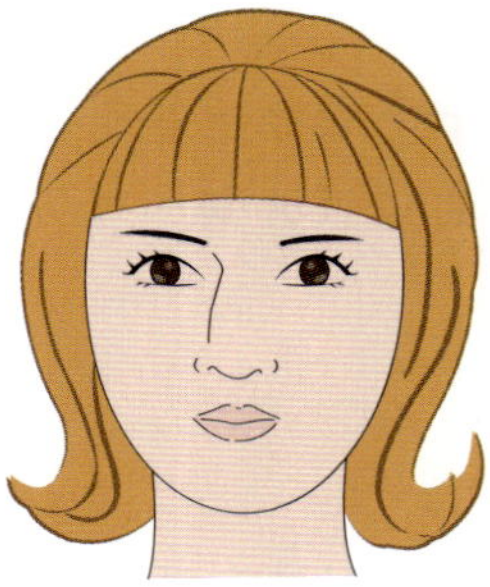

(X)

(○)

매부리 모양의 코 형의 헤어 디자인

(4) 넓고 편편한 코

코가 넓고 편편하면 얼굴이 넓어 보인다. 이러한 효과를 줄이기 위해서는 머리카락을 밖으로 밀어내야 한다. 그러므로 가운데 가리마를 하여 양쪽으로 컬을 만들어 악머리를 내리면 넓은 코로부터 주목을 끌어낼 수 있게 된다.

(X)

(○)

넓고 편편한 코 형의 헤어 디자인

3) 눈의 생김새에 따른 헤어디자인

(1) 눈 사이가 넓은 눈

일반적으로 떨어져 있는 눈은 둥근 얼굴 혹은 각이 진 얼굴, 광대뼈가 나온 얼굴형에서 발견된다. 스타일의 목적은 얼굴에 더 좋은 균형을 주고 눈 사이의 넓은 공간이 약화되는 효과를 내는데 있다. 넓게 열어져 있는 눈을 약화시키기 위해서는 이마 위로 옆 머리가 부풀어져서 내려오도록 하며 다른 옆 머리에는 잠깐 내렸다 올리는 식의 웨이브를 만든다. 나머지는 부풀게 말리도록 하고 끝은 옆쪽으로 나란히 붙이면 전체적으로 눈이 좁아 보인다.

(2) 눈 사이가 좁은 눈

일반적으로 눈 사이가 좁은 눈은 달걀형이나 길고 좁은 얼굴형에서 발견된다. 헤어스타일은 얼굴의 모습이 탁트여 보이도록 하고 눈 사이가 좀 더 넓어 보이도록 한다. 톱 부분의 머리는 피라밋 효과가 나도록 높게 하고 옆머리는 한쪽 이마위로 내려오도록 할 수도 있다. 이 때 머리끝을 돌려 밖으로 한뒤 위로 올리고 다른 옆면의 머리는 얼굴에서 떨어지도록 한다. 이렇게 하면 눈이 좀더 떨어져 보이게 된다.

4) 체형에 어울리는 헤어 디자인

(1) 살이 찌고 키가 큰 사람

산뜻한 느낌의 단순한 헤어스타일로 페이지 보이 스타일(page boy style)이 가장 잘 어울린다. 자그마한 폼파돌 스타일도 큰 몸과의 균형이 이루어져서 좋다.

(2) 살이 찌고 키가 작은 사람

예쁘장하고 젊은 스타일이 어울린다. 캡 스타일(cap style)이나 페이지 보이 스타일 등과 같은 움직임이 있는 스타일이 중압감이 없어서 좋으며 업스타일 보다는 얼굴 주위에 모발이 나부끼는 쇼트헤어가 통통한 얼굴을 작아 보이게 한다.

(3) 마르고 키가 큰 사람

특별히 어울리지 않는 스타일이 없으며 허리까지 오는 롱 헤어에 큼직한 웨이브를 만들어 개성을 충분히 나타낼 수 있는 스타일이다.

(4) 마르고 키가 작은 사람

머리가 커지지 않도록만 주의하면 어떤 형이라도 어울린다. 대체적으로 조그마한 스타일이 적합하다.

제 14 장
헤어 피스와 위그
Hair Piece & Wig

머리부분에 이용되는 의모는 위그(wig)와 헤어 피스(hair piece)가 있다. 원래 헤어 피스는 머리부분을 덮는 것을 말했지만 현재는 머리전체를 덮는 것을 위그, 일부분을 덮는 것을 헤어 피스라고 구분하고 있다.

1) 위그(Wig)

전체가발이라고도 말하며, 전체를 덮듯이 만들어진 모자모양의 것이다. 이른바 제2의 헤어 스타일로써 이용되고, 또 헤어 패션(hair fashion)의 이미지 체인지(image change)용으로써, 대머리를 감출때, 여행시에 이용되는 것도 있다.

2) 헤어 피스(Hair piece)

헤어 피스는 크기가 다양하고, 변화가 많은 헤어 패션 악세사리(hair fashion accessary)이다. 주로 크라운(crown) 부위에 이용되는 것이 많으며 종류로는 다음과 같다.

(1) 포울(Fall)

짧은 머리(short hair)를 일시적으로 길게 보이기 위해 사용된다.

(2) 스위치(Switch)

스트랜드(strand)의 양은 적지만 모발의 길이는 보통 20cm 이상이고, 1가닥에서 3가닥으로 이루어져 있다. 땋거나 스타일링 하기에 쉽도록 3가닥으로 만들어진 것이 좋다. 실용적인 헤어스타일로 여성스러움을 강조할 때 이용된다.

(3) 웨프트(Waft)

"해오라기 목의 깃털"이라 하며, 가발 받침대에 T핀으로 고정시켜서 횡거 웨이브의 연습 등에 사용된다.

(4) 위그릿(Wiglet)

작은 가발로서 특정한 부위에 볼륨을 주기 위해서 사용되거나, 웨이브를 만들어 효과적인 연출을 하기위해 사용되는 헤어 피스이다.

3) 헤어 피스의 구성

(1) 소 재

위그(wig) 또는 헤어 피스(hair piece)에는 인모(人毛)와 합성섬유가 이용되며 사람의 손으로 뜬것과 기계로 뜬것 등이 있다. 인모의 경우에는 대부분 모표피(cuticle)에 약물처리를 하는데 이것은 빗질을 용이하게 해주며, 동시에 광택을 주기 위함이다. 합성섬유의 경우에도 소량의 인모를 혼합하여 웨이브를 만들어 가공한 것도 있다. 짐승의 털을 사용하는 것으로는 야크(yak : 티벳 중앙아시아의 털이 긴 소), 앙고라(angola), 산양(goat), 모헤어(mohair : 앙고라 염소의 털)등의 동물의 털을 길이와 결을 고려해서 선택하고 분류하여 위그 또는 헤어 피스로서 이용한다.

(2) 파운데이션(Foundation)

위그 또는 헤어 피스의 토대가 되는 중요한 부분으로 머리에 맞게, 그러나 너무 졸라매는 느낌이 되지 않게 해야 한다. 재질로는 명주, 면, 화학섬유 등이 네트(net)지로 이용되는 경우가 있지만, 목적에 따라 다르므로 주의해서 선택해야 한다.

(3) 네팅(Netting)

손으로 뜨는 경우에는 여러가닥의 털을 동시에 각각 파운데이션의 네트에 연결해 묶고, 기계로 뜨는 경우에는 털을 꿰매서 길고 가는 조각으로서 그것을 네트 베이스에 넣어 꿰맨다. 또한 네팅할 때 파운데이션에 묶기 위해서 한겹의 고리로 묶는 경우와 두겹으로 꿰어서 빠지는 털을 적게 하는 경우가 있다.

4) 샴푸잉(Shampooing)

(1) 인모의 경우

기본적으로 털의 탈락을 방지하기 위해서는 보통의 샴푸링을 하는 것보다 벤진(benzine)등의 휘발성 용제와 알콜(alcohol)을 이용해서 헤어 피스와 위그를 세정한 후 그늘에서 말리는 것이 좋다. 헤어 피스를 물에 담궈두면 파운데이션이 약해져 한가닥 한가닥 털의 부리를 느슨하게 하므로 모발이 빠질 염려가 있다. 브러싱을 할 경우에도 주의를 기울여야 하며 모발의 끝에서 위쪽을 향해 빗는 것이 중요하다.

(2) 합성섬유의 경우

샴푸잉에는 보통 샴푸를 이용해도 좋지만 합성섬유의 위그를 위해 제조된 세정제를 이용하면 더욱 더 효과적이다. 또 합성섬유는 열에 약하므로 너무 뜨거운 물에서 샴푸잉은 피하는 것이 좋다. 샴푸잉시 합성섬유의 위그나 인모의 위그라도 그물코가 줄어서 머리에 맞지 않게 되는 일이 있으므로 블로(형틀)로 고정시킨후 샴푸를 행하는 것이 효과적이다.

5) 컨디셔닝(Conditioning)

위그와 헤어피스를 취급하는데는 형틀에 고정시켜 두고 다음과 같은 손질을 한다.

① 모발에만 컨디셔너를 도포하고 파운데이션에는 도포하지 않는다.
② 성기고 큰 빗살의 빗을 이용해서 컨디셔너를 털에 균등하게 도포한다.
③ 털이 빠지지 않도록 주의해서 취급하며, 털끝에서 서서히 부리쪽을 향해 빗는다.
④ 빗을 집어넣어 빗은후에 물기가 남아 있을 경우는 타올로 두드리면서 물기를 제거한다.

6) 가발 쓰는 법

(1) 위그(Wig)

① 먼저 모델의 모발을 뒤로 빗어넘겨 정수리부분에 모은다. 긴머리일 경우는 촘촘한 망을 사용하여 정돈한다.
② 위그를 face line쪽에 고정시키고서 nape쪽으로 씌운다. 위그를 양 side와 악뒤로 잡아당겨 꼭 맞게 씌운다.

③ 잘 씌운다음 위그를 고정시키기 위하여 보비 핀(bobby pin)을 이용하여 고정시킨다.

④ 모델에게 어울리는 헤어 스타일을 만들어 마무리한다.

(2) 위그릿과 폴(Wiglet & Fall)

위그릿이나 폴을 고정시키기 위해서는 세팅된 것과 같은 크기로 고정시킬 부위를 핀 컬로 세트하고 보비 핀으로 핀 컬을 고정시켜 둔다.

① 위그릿이나 폴이 잘 어울리는 위치를 정하고 그 부위에 핀 컬을 만든다.

② 핀 컬 위에 위그릿이나 폴을 놓고 보비 핀으로 고정시킨다.

③ 모델의 헤어 스타일과 잘 어울리도록 연출한다.

Part 02

MAKE UP

제 15 장 메이크업

Make-up

1. 메이크업 개념 및 역사

1) 메이크업의 정의

메이크업의 사전적 의미는 '보완하다', '완성시킨다'의 라는 뜻으로 얼굴 또는 신체의 결점을 보완, 수정하고 장점을 부각시켜 개성있고 아름답게 보이도록 꾸미고 매만지는 행위를 뜻한다.

16세기 세익스피어의 희곡 중 페인팅(Painting)이라는 용어가 등장하였으며, 17세기 영국의 시인 리챠드 크랏쇼(Richard Crashou)는 여성의 매력을 높여주는 화장을 뜻하는 단어로써 메이크업(make up)이라는 용어를 처음 사용하였는데 현대적인 의미의 메이크업의 개념은 여배우들의 화장효과가 중시된 미국의 헐리우드 전성기 때부터 본격적으로 사용되었다고 볼 수 있다. 미국의 메이크업 헤어 연출가 집안인 Westmore家에서 집필한 The Beauty Book에 의하면 미는 우연히 생성될 수 없고 마음으로부터 시작하는 것이며 메이크업은 자기 자신의 심리학이라고 했으며, 슈에무라는 메이크업은 소비적인 것이 아니라 밝고 생산적인 것이라고 했다.

결국 메이크업은 인간의 미를 단순히 외적인 측면에서만 가꾸는 작업이 아니라 내면의 정신적인 아름다움과 가치까지 표현해내는 생산적인 차원의 예술이며 과학인 것이다.

2) 메이크업의 목적

메이크업은 개인이 지니고 있는 개성을 살리고 얼굴의 결점을 감소시키면서 장점을 돋보이게 하여 좀 더 아름답게 가꾸어 주는 것을 목적으로 한다. 아름다움의 창조에 있어서 가장 중요한 것은 조화이며 조화는 자연스러운 아름다움을 말한다. 얼굴 각 부분에 있어서의 형태와 색상의 조화뿐만 아니라 의상과 헤어스타일, 연령, 직업, 분위기 등을 고려하여 개인에게 어울리는 화장을 하여 조화를 이루어야 한다. 그리고 각 개인의 요구를 반영시켜 나가는 것이 중요하다.

인류가 화장을 하기 시작한 것은 다른 사람과 다른 나만의 존재에 대한 주장을 위해서, 또는 신이나 동물처럼 강한 존재가 되고자 하는 욕구를 나타내거나 악령으로부터 자신을 보호하기 위한 목적에서 또는 위험으로부터 자신을 보호하기 위하여, '남보다 아름답게' 보이고자 하는 목적 등으로 시작되었는데 인간이 아름답게 보이고자 하는 마음은 모든 인간의 본능으로 이러한 장식을 위한 화장행위는 대인관계에서 타인에게 자신을 효과적으로 드러내기 위해서, 또는 자신감이나 만족감 같은 심리적인 효과의 극대화를 위해서도 아주 효과적인 것이며 때로는 심리적인 치료효과를 위해서도 사용되는 적극적인 가치창조의 행위이다.

3) 메이크업의 역사

(1) 한국화장사

① 고대의 화장

단군신화에 의하면 곰과 호랑이가 환웅에게 마늘과 쑥을 받아 동굴 속에서 칩거하도록 하였는데 이러한 재료는 피부를 하얗게 만드는 효과가 있는 것으로 미루어 우리 민족은 백색피부를 선호하였던 것을 알 수 있다. 쑥은 예부터 피부를 위한 민간요법으로 쓰였던 식물인데 목욕할 때 달여서 사용하였던 것으로 미백효과와 잡티제거, 피부병의 예방효과가 있고, 마늘은 찧어서 꿀과 혼합하여 얼굴에 펴 바른 후 씻어내어 사용하였던 것으로 혈액순환을 돕고 미백효과가 있으며 기미, 죽은깨 등을 제거하는 효과가 있다.

부족국가시대의 읍루(挹婁)와 말갈(靺鞨)인들은 피부관리를 중시했는데 읍루인들은 가공된 돼지 기름을 피부의 노출부위에 발라 피부를 부드럽게 하며 추위를 이겨내고 동상을 예방하는데 썼다고 한다. 말갈인들은 오줌으로 세수를 하여 피부를 희게 하였다.

② 삼국시대의 화장

삼국시대에는 중국과의 교역이 매우 활발한 시기였는데 그중에서도 고구려는 중국과 가장 가까이 위치하고 있었으므로 화장문화도 중국의 영향을 많이 받았다. 중국에서 성행하던 연지가 들어와 귀부인과 시녀들도 연지 곤지 화장을 하고 눈썹화장도 하였는데 삼국사기(삼국사기)에 무녀(舞女)와 악공(樂工)이 연지화장을 한 것이 기록되어 있는 것으로 보아 고구려인들에게 기초화장은 물론 색조화장까지지도 성행하였음을 알 수 있다.

백제는 고구려나 신라에 비해 화장품이나 화장술에 대해 구체적인 내용을 밝힌 기록이 거의 없다. 백제인의 화장술이 시분무주(施紛無朱 : 분만 바르고 연지는 바르지 않음)로 중국문헌에 기록되어 있으며, 고구려나 신라에 비해 엷고 은은한 화장을 즐겼다고 전해지고 있다.

신라인들은 아름다운 육체에 아름다운 정신이 깃든다는 영육일치사상(靈肉一致思想)으로 몸을 청결히 하고 아름답게 꾸미는 풍조가 성행하였다. 남자들도 목걸이, 귀걸이 같은 장신구로 치장을 하고 화장까지 하였으며 향의 사용이 대중화되었고 이러한 현상으로 화장품 제조 기술과 화장술이 발전하게 되었다. 미에 대한 관심이 대단했던 것처럼 피부의 세정작용을 하는 조두에서 색조화장을 하는 분, 연지, 눈썹화장을 할 수 있는 미묵(眉墨) 등이 있었다.

③ 통일신라시대의 화장

신라는 삼국통일을 이루면서 당(唐)과 활발한 교류를 했는데 서역의 영향을 받아 이국적이고 화려해진 당의 문물이 신라에도 유입되어 색조화장이 매우 짙고 화려해졌다. 백분에 붉은 색을 염색한 색분을 제조하여 연지로 사용하였다.

④ 고려시대의 화장

고려의 화장문화는 신라의 화장풍습이 전승되어 발전되었으며 탐미주의 색채가 더욱 짙어졌다

고려여인들은 분을 많이 사용하였는데 분은 곡물의 분말과 분꽃, 백토 등 자연 재료의 대중적인 백분과 납성분이 함유된 납분을 사용하였다. 연지화장은 통일신라에 비하여 크게 유행하지는 않았다. 눈썹화장은 곡선형의 가늘고 선명하게 강조된 요염한 스타일로 주로 기생들에 의해 행해졌다. 기생들은 교방에서 가르친 방법대로만 화장하도록 하였으며 이를 분대화장이라 하여 여염집여인의 엷은 비분대화장과는 구분을 두었다. 분대화장은 얼굴이 창백해 보일 만큼 하얗게 바르고 눈썹을 가늘게 가다듬어 또렷하게 그렸으며 머릿기름을 반질거릴 정도로 바르는 것이 특징이다.

⑤ 조선시대의 화장

조선시대의 화장은 호란과 왜란 등 오랜 전쟁 후의 정치, 경제적 이유와 유교의 문화적 배경 등으로 인해 수수해졌고 일반 여성들은 치장보다는 정결함에 더 치중한 담장(淡粧)을 즐겼다. 하지만 여전히 기생 등 특수한 신분의 여성들은 화려한 모습의 분대화장을 하였고 이러한 현상은 사회적으로도 권장되었다. 화장품의 제조는 궁중의 화장품을 만드는 보염서라는 기관과 궁중에서 많이 쓰이는 향을 제조하는 향장에서 전담하였으며 중국으로부터 수입된 것도 선호되었다. 일반인들은 대개 집에서 화장품을 직접 만들어서 쓰는 경우도 많았고, 이 시대에 행해졌던 색조화장은 눈썹화장과 연지 등인데 이를 위해서도 일반인들은 자연에서 얻을 수 있는 식물성 기름이나 재 등을 이용하였다.

⑥ 현대의 화장

조선시대 이후 개화의 물결로 인해 화장품이 수입되기 시작하였고 수입된 외제화장품은 우리 화장품의 제조를 촉진하는 기폭제 역할을 했다. 1916년에 제조된 박가분은 공업화된 화장품의 효시라고 할 수 있다. 이제 화장은 더 이상 신분이나 특수한 계층의 전유물에서 벗어나, 화장품의 대량생산에 힘입어 대중들에게 널리 보편화되었다. 현대의 화장은 대중매체의 발달로 인해 더욱더 발전되었으며 오늘날에는 개개인의 개성 표현의 수단으로서 동,서양의 구분이 점차 없어져 가고 있다.

(2) 서양화장사

① 고대의 화장

고대 이집트인들의 눈화장은 원래 바람이나 곤충, 모래, 강렬한 태양광선으로부터 눈을 보호하기 위해 눈가에 칠하던 것이 점차 장식적으로 발전되었다. 고대 이집트에서는 기원전 4000년에 이미 미용실이나 향료 제조공장이 번성했고 메이크업 기술도 매우 발달하여 널리 퍼져 있었다. 당시에 사랑받던 아이섀도는 그린 계열의 색조였으며 립스틱은 블루블랙, 볼연지는 빨강이 많이 사용되었고 상류층 여성들은 손가락이나 발을 주황색인 헤나(부처꽃과의 식물) 염료로 염색하였다 한다.

그리스시대에는 인공적인 아름다움을 혐오하고 자연그대로의 꾸밈없는 인간의 모습을 중시하는 헬레니즘 문명의 영향으로 화장하지 않은 맨얼굴을 좋아했으며 과학적 원리에 기초를 둔 식이요법, 목욕, 맛사지 등을 즐겼다.

일반 여성들도 기초적인 피부손질 외에 거의 메이크업을 하지 않았으나 나라에서 인정하는 대규모의 창부들은 매우 짙은 화장을 하였다. 또 그리스의 창부들에게서 흑발보다 금발을 좋아하는 금발선호사상이 처음으로 등장하는 것을 볼 수 있는데 금발은 순결과 사회적 지위의 높음, 성적 매력을 뜻했기 때문이었다.

로마시대에는 귀족 남성들의 모든 사교활동이 목욕탕을 중심으로 이루어졌다고 말해도 될 만큼 그 당시의 목욕문화는 사교계의 중요한 역할을 하였다. 남녀 모두 메이크업을 하였고 양볼과 입술에는 붉은 염료를 발랐으며 증기탕이나 향유, 마사지, 향수 등으로 피부를 가꾸는 것이 유행하였고 상류계급의 여성들도 노예들에 의해 가사에서 해방되어 주로 몸을 단장하고 가꾸는데 많은 시간을 보냈으며 특별히 훈련된 노예들에게 화장품을 만들게 하여 화장을 전담시켰다.

로마의 네로황제의 부인인 포파에어 사비나의 화장술은 당시의 메이크업이 얼마나 사치스럽게 발달했는지를 단적으로 보여주는데 그녀는 동물의 지방이나 벌꿀, 곡식의 가루를 갈아서 으깬 것을 우유에 섞어 얼굴에 바르고 다음날 아침 씻을 때는 당나귀 젖으로 씻어냈다고 한다.

② 중세의 화장

로마제국이 붕괴하면서 유럽문화는 기독교 중심으로 재편되며 종교가 사람들의 의식과 생활관습에 절대적인 영향을 미쳤다. 더구나 교회에서는 가발 사용과 화장을 엄격히 금지하였으며, 다만 창부같은 직업여성과 특정한 직업을 가진 예능인만이 화장을 하였다. 향료도 주로 종교의식에 쓰였고, 왕족 가운데서도 극히 소수에게만 사용되었다.

③ 근세의 화장

바로크적 아름다움의 주창자이자 이탈리아식 모범을 프랑스 궁정에 들여온 까뜨린느 드 메디치는 금발의 광택없는 흰 얼굴빛, 투명한 피부, 하얀 손과 섬세한 귀족적인 자태를 새로운 미인의 기준으로 제시하였고, 바로크 이후 중세의 어리고 갸날픈 미인은 자취를 감추었으며 따뜻한 혈색에 크고 검은 눈을 지니고 홍조를 띤 얼굴, 장미꽃 같은 정열적인 입술, 살이 통통한 풍만한 여인이 새로운 미인의 기준으로 확립된 것이다. 17세기 후반에는 얼굴에 패치(patch)를 붙이는 메이크업도 유행하였는데 잘 떨어졌기 때문에 상자에 넣어 가지고 다니다가 떨어지면 다시 붙였다고 한다.

로코코시대의 여자들은 17세기와 마찬가지로 두텁게 화장했는데 당시 유행한 백색가발에 맞추어 얼굴을 매우 희게 강조하였다. 흰빛의 창백한 피부에 뺨의 위치보다 약간 밑에 볼화장을 하고 깨끗하고 밝게 강조한 눈썹, 장미꽃 봉우리 같은 입술이 이 시대의 전형적인 미인의 기준이 되었으며 바로크 양식이 보다 정교하고 인위적인 형태의 양식으로 발전해간 것으로 보인다.

특히 이 시기에는 향수와 펜슬타입의 향기나는 립스틱도 등장하여 메이크업의 재료와 도구가 다양해지기 시작한다.

바로크시대에 시작된 패치의 사용은 더욱 유행하여 검거나 붉은 실크로 만들어진 여러 가지 형태가 흉터나 결점을 감추거나 얼굴을 더 하얗게 돋보이기 위해 사용되었으며 아교를 사용하여 붙여서 풀로 붙이던 바로크시대의 패치에 비하여 잘 떨어지지 않았다.

18세기 유럽의 화장은 전반적으로 남녀 모두 지나친 경향을 보여 화장을 하기 전의 모습과 한 후의 모습이 서로 다른 사람으로 보일 정도였다고 한다.

④ 근대의 화장

프랑스 혁명은 모든 분야에 걸쳐 새로운 혁명을 가져왔다. 보다 합리적이고 보편적인 시민적 가치의 태동으로 메이크업에서도 인위적이고 유해한 화장품의 과도한 사용을 자제하려는 분위기가 확산되었고, 얼굴을 부자연스러운 색상으로 치장하던 두꺼운 화장에서 벗어나 자연스러운 화장으로의 변화가 빠르게 이루어졌다

19세기 중반부터는 화학과 기술의 발달로 점차 화장품의 성분과 제조술이 개선되면서 메이크업의 진정한 부흥기를 맞게 되었다. 인간의 가치에 대한 새로운 눈뜸과 함께 화장은 이제 모든 여성의 공유물로 바뀌어져 갔다. 위생과 청결이 중요시 되어 비누의 사용이 보편화 되었으며 이전까지 왕족이나 귀족의 전유물이었던 크림이나 로션도 일반 시민들이 쉽게 구할 수 있었으며 질도 향상되고 제품도 다양해졌다.

⑤ 현대의 화장

과학기술의 진보와 더불어 지구촌이 심각하게 오염됨으로써 환경문제의 위기의식이 강하게 대두되면서 이러한 인식이 패션과 미용 분야에도 중요한 주제와 소재로 떠오르게 되었다. 그래서 천연 소재의 자연스런 질감과 색을 위주로 스타일링이 되면서 에콜로지 룩(ecology look), 그런지 스타일(grungy style), 네오 히피 스타일(neo-hippie style), 네츄럴 스타일(natural style) 등이 나타나 화장의 색조도 매우 엷어지고 눈썹도 흐리게 그렸으며 입술화장도 엷게 하는 투명화장이 유행하게 되었다.

또한 20세기 후반에는 포스트 모더니즘의 영향으로 다원화의 시대적 흐름에 따라 미에 대한 기준도 획일성을 벗어나 다양한 스타일로 표현되고 있다.

새로운 21세기에 대한 기대감과 불안감이 동시에 나타났는데, 불안감은 복고 지향적인 모즈룩, 히피룩 등으로 표현되었고 기대감은 하이 테크놀러지의 이미지를 보여 주는 사이버룩 cyber-look으로 선을 보였다. 따라서 화장도 내츄럴한 패턴과 펄이나 메탈릭한 컬러가 가미된 쉬머 패턴이 같이 유행하였으며 기름기 있는 제품을 덧발라 표현하는 글로시 스타일도 등장하기도 했다.

이러한 현상은 각 나라의 문화와 경제가 더 밀접하게 온라인 및 오프라인으로 연결되면서 화장의 유행양상은 더욱 다원화, 개성화되어 갈 것으로 전망된다.

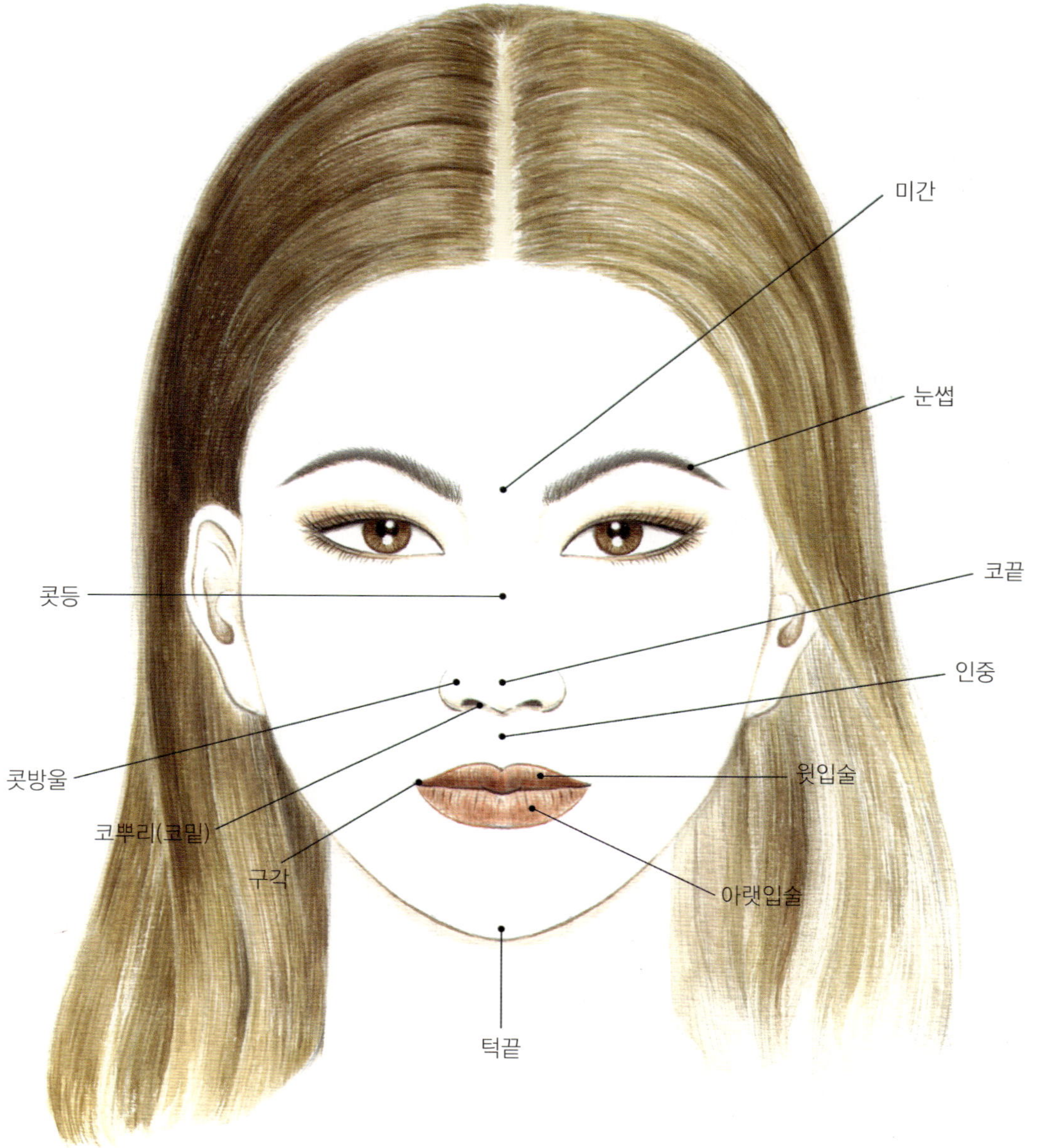

페이스 명칭

2. 얼굴의 프로포션

1) 페이스 프로포션(Face proportion)

(1) 가로분할

얼굴 정면을 가로로 분할하면 헤어라인에서 눈썹까지, 눈썹에서 코밑까지, 코밑에서 턱끝까지 3등분으로 나누어진다.

(2) 세로분할

얼굴 정면을 세로로 분할하면 옆 헤어라인에서 눈꼬리까지, 눈꼬리에서 눈앞머리까지, 눈앞머리에서 반대 눈앞머리까지, 눈머리에서 눈꼬리까지, 눈꼬리에서 헤어라인까지 5등분으로 나누어진다.

(3) 눈썹의 위치

이상적인 눈썹의 위치는 얼굴 길이의 1/3 되는 지점에 위치한다.
눈썹 앞머리는 콧볼에서 수직으로 올린 선에서 시작하고 눈썹꼬리는 콧방울 끝에서 눈꼬리를 지난 연장선과 만나는 지점에 위치한다.

(4) 눈머리 위치

눈머리는 콧볼과 콧방울의 중간에서 수직으로 올린 선에 위치한다.

(5) 눈과 눈사이의 거리

이상적인 눈과 눈사이의 거리는 눈의 넓이와 같다.

(6) 코끝의 위치

코끝의 위치는 이마에서 약 2/3되는 지점에 위치한다.

(7) 콧방울의 넓이

콧방울의 넓이는 입술 길이의 약 1/2 정도의 크기가 적당하다.

(8) 이상적인 입술

입술은 모델이 정면을 바라보고 있을 때 눈동자 안쪽선의 연장선과 만나는 지점이며 비율은 윗입술 1 : 아랫입술 1.5일 경우 이상적이다.

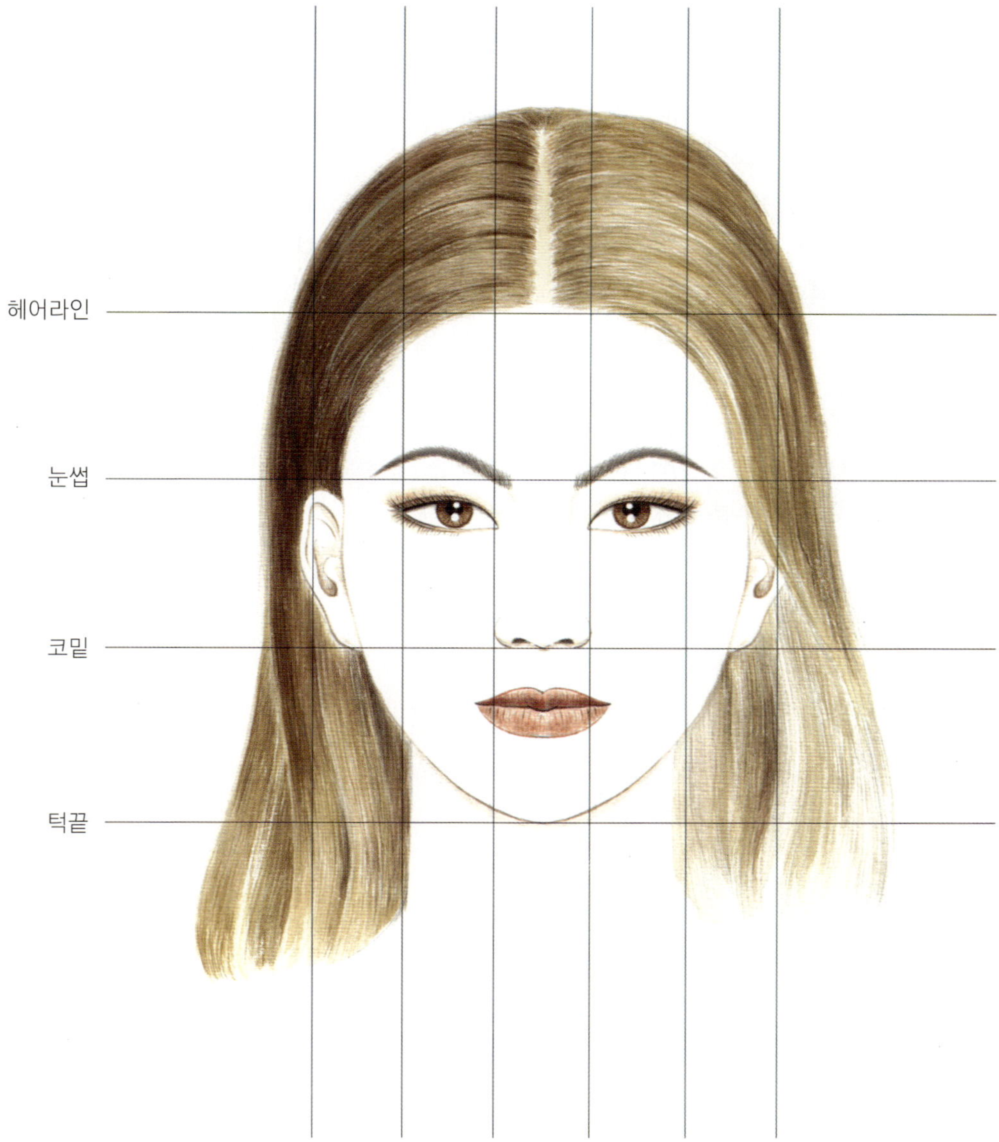

페이스 프로포션

2) 얼굴의 하이라이트와 섀도

얼굴뼈의 구조를 분석하면 메이크업을 할 때 강조해야 할 부분과 숨겨주어야 할 부분에 대한 사전 판단에 도움을 얻을 수 있다.

하이라이트(좀 더 밝은 부분)와 섀도(좀 더 어두운 부분)를 솜씨있게 처리함으로써 자신의 얼굴의 단점을 보완하거나 장점을 더욱 매력적으로 드러낼 수 있다. 섀도나 하이라이트 제품은 파운데이션을 바른 후, 혹은 색조제품을 바르기 이전에 얼굴 전체를 밑칠하는 과정에서 발라 주어야 한다.

하이라이트(hightlight)는 얼굴 일부분을 돋보이게 하여 더 크거나 풍만하게 보이도록 하기 위한 것으로 자신이 선택한 기본 파운데이션 색상보다 2~3단계 밝은 색을 사용하며 제품의 종류에는 크림, 파우더, 리퀴드 타입이 있다.

섀도(shadow)는 하이라이트와는 반대로 얼굴의 일부분을 들어가 보이도록 하는데 쓰이며 선택한 기본 파운데이션 보다 2~3단계 어두운 색상을 사용한다. 이때 주의할 점은 붉거나 번들거리는 색상과 질감을 피하는 것이 좋다.

특히, 하이라이트와 섀도가 만나는 부분을 처리할 때는 경계선이 나타나지 않도록 해야 하며 변화를 요하는 부분에 정확하게 위치를 정해야 한다.

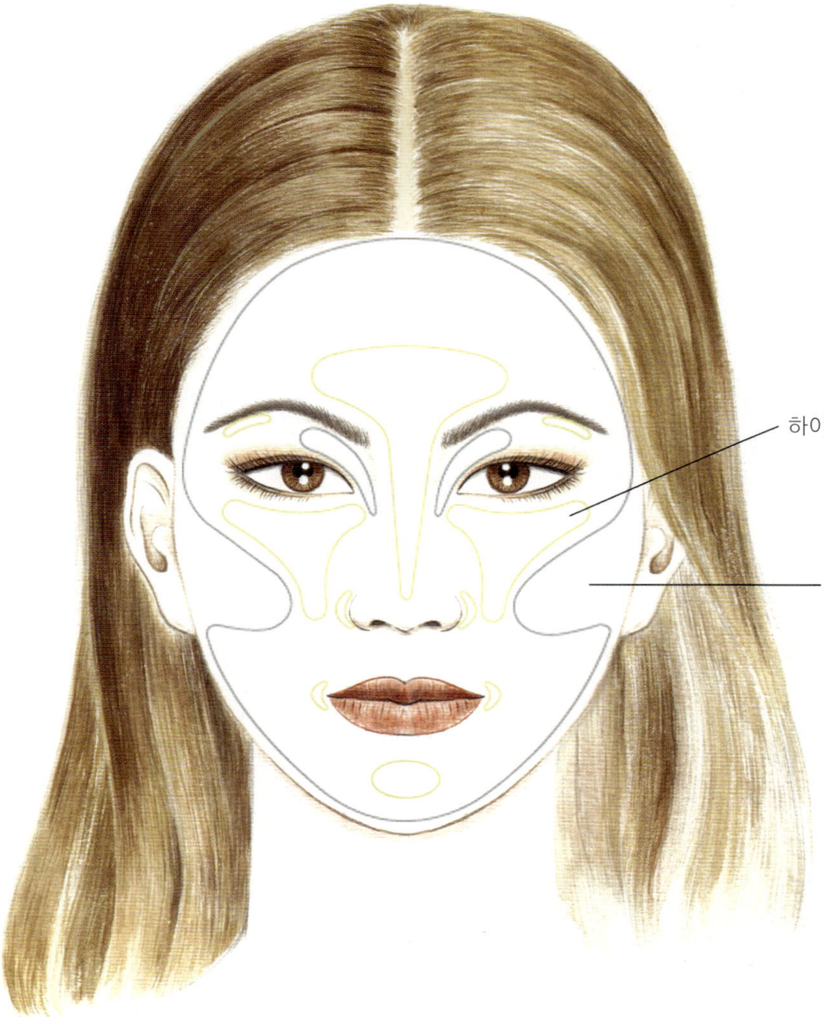

얼굴의 하이라이트와 섀도의 기본위치

3. 메이크업의 표현요소

메이크업의 표현요소는 색, 형, 질감이다.

사람은 각기 피부와 모발, 눈동자 등의 고유색을 가지고 있는데 멋진 연출을 위해서는 자신의 신체색을 파악한 후 이와 잘 조화되는 색을 사용하면 더욱 효과적일 수 있다.

색조 메이크업시 가장 고려되어야 하는 개인별 색채 특성인 personal color는 얼굴 피부색과 눈동자, 머리카락의 색으로 판단할 수 있다.

1) 메이크업과 색채

베이스 메이크업에서 가장 중요한 파운데이션 색을 선택할 때는 가장 먼저 피부색과의 조화를 생각해야 한다. 피부가 황색계열일 때는 베이지계열의 파운데이션을, 핑크계열일 때는 핑크계열의 파운데이션을, 중간색조일 때는 피부색과 유사한 파운데이션을 사용하는 것이 생기를 주고 자연스럽게 보인다.

2~4가지 색을 사용하여 빛나는 눈, 그윽한 눈 등 다양한 분위기를 연출할 수 있는 아이섀도는 차가운 색이나 따뜻한 색으로 다른 화장색과 어우러져 유사대비 또는 보색대비 등으로 조화를 이룰 수 있다. 동양인의 경우 눈동자 색의 명도와 채도가 낮아 어떤 색의 그룹을 사용해도 조화를 이루기가 쉽다. 블러셔의 색은 피부색과 같은 계열이어야 하며 입술색과 통일감을 이루어야 한다. 즉 피부가 차가운 핑크 계열일 때는 블러셔도 핑크나 페일톤의 브라운 색이 우아하고 여성스러운 느낌을 준다.

피부색이 따뜻한 황색계열이면 블러셔는 연한 오렌지, 산호색, 팥색 등 따뜻한 색조이어야 한다. 연한 오렌지나 산호색은 생기를 더해 주며 살구색, 팥색 등 브라운계열은 세련되고 현대적인 느낌을 준다.

립 메이크업은 입술에 색상을 부여해 여러 가지 이미지를 표현한다. 비비드 톤의 립스틱은 어떤 톤의 색보다 눈길을 끌며 사람에게 주는 인상도 강하다. 촉촉한 페일톤의 립 제품은 청순한 매력을 더해주고 브라이트 톤은 밝은 이미지로 꿈과 희망을 주는 효과가 있다.

2) 메이크업과 형태

얼굴의 결점을 수정하기 위해 하이라이트와 섀딩을 주어 음영처리를 함으로서 또는 눈썹선과 볼터치선, 입술선을 활용하여 일종의 착시현상을 일으켜 이상적인 얼굴형이라 할 수 있는 계란형에 가깝게 보이도록 연출한다.

(1) 둥근 얼굴형(Round)

한국인에게 가장 많이 볼 수 있는 얼굴형으로 볼과 턱선이 풍만하고 이마와 헤어라인의 경계선도 둥그스름한 귀여운 이미지의 얼굴형이다. 그러나 자칫 세련미가 적어보일 수도 있으므로 세로선을 강조하여 길이 감을 주는 것이 중요하다.

① 피부

펄감이 있는 파운데이션 프라이머의 사용 후에 컨실러로 눈밑 어두운 부분과 피부결점을 꼼꼼히 보완해주고 파운데이션을 발라준다.

이마, 콧등, 턱에 하이라이팅이 돋보이도록 하고, 눈꼬리 옆부터 턱 아래 까지 사선으로 아래턱을 V자로 모아주는 느낌으로 미디움 다크 컬러를 이용하여 섀딩을 주어 갸름해 보이는 입체적 페이스로 연출한다.

② 눈썹

각진 눈썹으로 둥근 이미지를 보완한다.

③ 볼

뺨에서 광대를 향해 살짝 올려 주는 느낌으로 바른다.

(2) 각진 얼굴형(사각형, Square)

의지가 강한 느낌을 주는 얼굴로 부드럽고 여성스러운 이미지를 살리기 위해 이마와 턱선에 섀딩효과를 주어 얼굴 윤곽을 곡선으로 보이도록 하는 효과를 준다.

① 피부

T존과 턱 중앙에 밝게 하이라이트를 넣어주고 이마와 양쪽 턱부분에는 2~3단계 어두운 파운데이션을 사용하여 섀딩처리하고 경계선이 생기지 않도록 주의한다.

② 눈썹

부드러운 아치형으로 그려준다.

③ 입술

아웃 커브형으로 그리며 작게 그리지 않는다.

(3) 역삼각형의 얼굴(Inverted triangle)

이 얼굴형의 특징은 이마가 넓고 눈사이가 멀며 턱선이 좁다.

① 피부

2~3단계 어두운 파운데이션을 사용하여 이마의 양쪽과 뾰쪽한 턱끝에 섀딩처리하고 턱의 바깥부분을 풍만해 보이도록 하기위해 턱 양쪽에 하이라이트를 넣어주고 주변색과 경계부분이 생기지 않도록 한다.

② 눈썹

눈썹산을 1/2 정도에 둔 아치형으로 그려 이마가 좁아보이도록 한다.

③ 볼

V자형의 느낌이 나지 않도록 주의하여야 하며 광대 위쪽으로 부드럽게 넣어 준다.

④ 입술

턱부분이 환한 느낌의 들도록 밝은 색으로 발라준다.

(4) 다이아몬드형의 얼굴(Diamond)

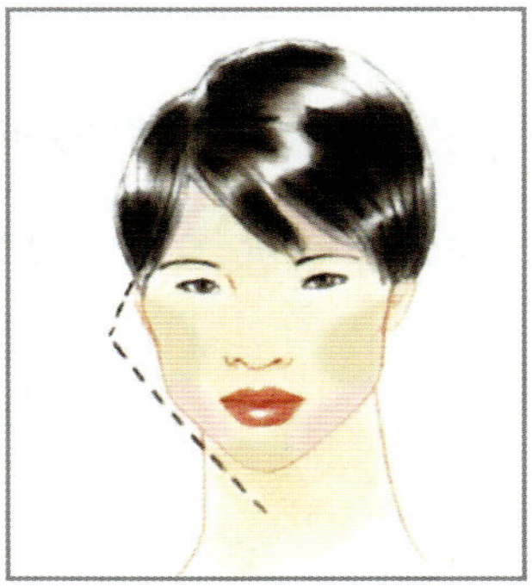

이 얼굴의 특징은 이마가 좁고 광대뼈가 두드러져 보이며 턱은 좁은 형이다.

① 피부

높은 광대뼈에는 섀도를 넣어 축소되어 보이도록 하며 이마양옆과 턱의 양쪽에 하이라이트로 밝게 처리하여 양쪽 볼이 풍만해 보이도록 한다.

② 눈썹

아치형이나 상승형 눈썹으로 그려준다.

③ 볼

미디움 다크 톤으로 볼 부분이 두드러지지 않도록 부드럽게 감싸듯이 넓게 펴바른다.

(5) 오각형의 얼굴(Pentagon)

삼각형 얼굴이라고도 하며 헤어라인의 경계선이 불규칙하고 이마 넓이보다 양 볼이 아주 넓은 얼굴형으로 젊은 층보다는 40대 이후의 여성에게 많이 볼 수 있는 얼굴형이다.

① 피부

이마 양끝에는 하이라이트를 주어 넓어 보이도록 하고 양볼 부분은 섀딩을 주어 좁아 보이게 한다.

② 눈썹

상승형 눈썹으로 조금 짧게 그린다.

(6) 긴 얼굴형(Oval)

긴 얼굴형은 어른스러운 느낌을 주며 침착하고 고상한 이미지의 얼굴로 젊게 보이도록 활기를 불어 넣어주는 방법에 중점을 두도록 한다.

① 피부

눈 꼬리 바깥쪽과 눈아래 부분은 하이라이트로 밝게 표현하고, 이마와 헤어라인과 턱끝을 어둡게 표현하여 시선을 가로 방향으로 유도한다

② 눈썹

일자형에 가깝게 가늘지 않고 자연스럽게 그려 긴 얼굴이 분할되어 보이도록 한다.

③ 볼

양 볼에 파우더를 바르듯 넓게 발라주어 뺨 부위가 도톰해 보이도록 한다.

3) 메이크업의 질감

질감은 표면에서 반사되는 빛의 정도에 따라 결정되는 광택의 차이에 의해 표현된다.

메이크업에서 질감이란 무광택 아이새도나 파우더에서 얻을 수 있는 건조한 질감이라든지 오일을 이용한 촉촉한 입술표현이나 물광 파운데이션 같은 번들거리는 윤기있는 질감, 펄 파우더, 펄 파운데이션에 의한 반짝이는 피부 등의 펄 질감을 말한다. 현대의 메이크업은 컬러와 테크닉 뿐만 아니라 다양한 재료에 의한 질감의 섬세한 표현에 점점 관심을 기울이고 있는 추세이다.

4. 메이크업과 조명

메이크업은 빛이나 조명에 의해 색이나 형태를 표현할 수 있으며 조명을 고려하여 메이크업의 색상이나 표현을 달리 하여야 한다. 조명은 인공조명과 자연조명으로 나뉜다.

1) 자연조명

자연광선은 본래의 색상을 충분히 나타내주며 사실 그대로 노출되기 때문에 정교하고 자연스러운 메이크업이 필요하다. 그러나 계절에 따라 비치는 태양광선의 강도 차이에 의해 색상이 다르게 표현되므로 주의하여야 한다.

2) 인공조명

인공조명은 색상을 다양하게 변화시킨다. 인공조명 아래서의 실내화장, 혹은 태양광선이 없는 야간에는 30%정도 색이 조명에 흡수되므로 그만큼 메이크업을 강하게 표현하여야 한다. 그러므로 메이크업을 효과적으로 연출하기 위해서는 인공조명이 메이크업에 미치는 영향을 사전에 이해하고 고려하여 메이크업을 실시하여야 한다.

(1) 백열등

차가운 톤을 경감시키고 따뜻한 톤을 더욱 강하게 만든다. 붉은색, 갈색, 베이지색, 핑크색 등은 백열등 아래서 실제의 색보다 진하게 나타난다.

(2) 형광등

파운데이션 사용 시 황색계열이나 베이지색은 진하게 표현되므로 가능한 피해야 한다. 또한 푸른색은 보랏빛으로 변해 보이므로 반드시 주의가 필요하며 핑크색은 다양하게 변화되어 나타난다. 회색 아이섀도는 진하게 나타나는 반면 다른 색은 형광등 아래서는 연하게 나타나므로 이를 사전에 체크한 후 메이크업을 실시하여야 한다.

5. 메이크업 제품 및 기초 이론

1) 베이스 메이크업(Base make-up)

베이스 메이크업은 일반적으로 바탕화장을 뜻한다. 전체 메이크업의 80%를 차지할 정도로 중요하며 메이크업 베이스, 파운데이션, 페이스 파우더가 이에 속한다.

(1) 메이크업 베이스(Make-up base)

① 메이크업 베이스(make-up base)의 역할

- 보호막을 형성하여 색조화장으로부터 피부를 보호해 준다.
- 피부색을 조절하여 피부색의 보정 역할을 한다.
- 파운데이션의 퍼짐성과 밀착력을 높여준다.
- 다양한 기능을 겸한 제품들의 개발로 자외선 차단, 탄력과 수분공급, 주름개선, 피지조절이 되는 제품이 늘어나고 있다.

② 제품의 종류

- 리퀴드 타입(liquid type) : 수분을 많이 함유하고 있는 제품으로 중성이나 지성피부에 적합하다.
- 크림타입(cream type) : 리퀴드 타입보다 커버력이 강해서 기미나 주근깨 등 잡티가 많은 모델에게 적합하다.

③ 메이크업 베이스의 색상 분류

- 그린 : 보색관계를 이용하여 붉은 피부톤을 조절하고 잡티와 여드름 자국을 가려주어 피부색을 밝게 표현해 준다.
- 투명 : 가장 자연스러운 피부 톤을 표현하는데 쓰이며 깨끗한 피부화장과 남자화장에 많이 쓰인다.
- 블루 : 피부를 희게 표현해 주며 붉은기를 커버해 준다.
- 퍼플 : 동양인과 같이 노란 톤의 피부를 중화시켜준다.
- 핑크 : 창백한 피부 톤을 혈색을 보완하여 화사하게 바꾸어 준다.
- 화이트 펄 : 어둡고 칙칙한 피부를 밝고 빛나게 표현해 준다.
- 오렌지 : 태닝 메이크업을 할 때 효과적이다.
- 피치베이지 : 칙칙한 피부 톤을 밝게 표현해 주고, 부드럽고 따뜻한 느낌을 준다.

(2) 파운데이션(Foundation)

① 파운데이션의 역할

- 피부의 색을 조절하고 결점을 커버한다.
- 자외선, 온도변화, 공해, 바람, 먼지 등 외부의 자극으로부터 피부를 보호한다.
- 파운데이션 색상을 이용하여 얼굴의 윤곽을 수정하고 입체감을 부여한다.

② 파운데이션의 종류

- 리퀴드 파운데이션(liquid foundation) : 수분 함유량이 많아 촉촉하며 투명감이 있어 자연스러운 화장을 할 수 있다. 그러나 커버력과 지속력이 떨어진다.
- 크림 파운데이션(cream foundation) : 수분보다는 유분 함유량이 많으며 리퀴드 파운데이션보다는 커버력이 우수하다. 사용감이 부드러워 건성피부에 적당하다.
- 스틱 파운데이션(stick foundation) : 유 · 수분을 혼합시켜 고체화시킨 것으로 커버력이 우수하고 지속력이 좋으며 기미나 잡티 커버에 좋아 전문가용으로 많이 쓰인다.
- 케익 파운데이션(cake foundation) : 매트 한 타입의 파운데이션으로 커버력이 좋고 화장을 오래 유지시켜 주며 사용법이 간편하다. 그러나 쉽게 건조해지며 장시간 사용 시 잔주름이 생길 수 있다. 속도를 요하는 화장이 가능하며 휴대가 간편해서 직장 여성들이 선호하는 제품이다
- 팬 케익(pan cake) : 스폰지에 적당량의 물을 묻혀 사용하며 방수성과 내수성이 우수하며 지속력이 뛰어나 장시간 흐트러짐이 없는 제품으로 장시간 조명을 받는 패션쇼 메이크업에 적당하다.
- 컨실러(concealer) : 감추고 싶은 주근깨, 점 등의 잡티를 커버해 주는 전문 커버용 파운데이션이며 커버력이 우수하다. 펜슬타입, 크림타입, 스틱타입이 있다.

(3) 파우더(Powder)

① 파우더의 역할

- 수분과 유분으로 인한 번들거림을 없애주고 파운데이션을 밀착시키고 지속시키는 역할을한다.
- 피부색을 화사하고 아름답게 표현해 준다.
- 빛을 난반사시켜 자외선으로 부터 피부를 보호해 주는 역할을 한다.

② 파우더의 종류

- 루스파우더(loose powder) : 루스 파우더는 입자가 고와서 피부에 곱고 얇게 발라지며 자연스럽게 표현되는 것이 특징이다. 반면, 가루가 날려 휴대하기가 불편한 단점이 있다.
  - 투명파우더 : 파운데이션의 색조를 변화시키지 않고 그대로 표현하고자 할 때 사용하며 피부색을 깨끗하게 마무리 해준다.
  - 컬러파우더 : 피부에 맞는 컬러 파우더를 선택하여 피부에 필요한 색을 보다 완벽하게 조절해 주며 다양한 이미지를 연출 할 수 있다.
- 프레스트 파우더(pressed powder) : 루스 파우더의 단점을 보완하여 파우더를 고형화하여 용기에 담아 압축한 상태의 파우더를 뜻한다. 루스 파우더에 비해 색상 표현력과 커버력이 뛰어나며 휴대가 간편하다.

루스 파우더

프레스드 파우더

2) 아이 메이크업(Eye make-up)

(1) 아이 브로우(Eye brow)

눈썹은 얼굴 전체의 인상을 좌우하며 이미지를 표현하는 아주 중요한 부분이다. 눈썹은 그 형태나 각도, 굵기의 정도에 따라 자유롭게 이미지를 변화시킬 수 있으며, 무엇보다도 자연눈썹을 최대한 이용하여 얼굴형에 어울리는 눈썹형을 선택하여야 한다.

① 눈썹의 기본형태

- 눈썹 앞머리는 콧볼에서 수직으로 올라간 선에서 시작한다. 콧볼이 좁고 가는 코는 미간이 좁아지고 콧볼이 넓은 코는 미간을 조금 넓게 하는 것이 균형을 이룰 수 있다.
- 눈썹 꼬리는 콧방울에서 눈꼬리를 지나 연장한 선에서 끝나게 하고 눈썹머리보다 처지지 않도록 한다.
- 눈썹산의 위치는 눈썹 길이의 2/3 지점에 위치한다.

② 눈썹제품의 종류

- 펜슬 타입(pencil type) : 눈썹을 한올 한올 심듯이 그릴 수 있으나 깍아서 사용하는 번거로움이 있다.
- 섀도 타입(shadow type) : 자연스럽게 눈썹을 그릴 수 있으며 색상을 섞어서 만들 수 있다.
- 케익 타입(cake type) : 지속성이 우수하며 선명한 눈썹을 그릴 때 좋다.

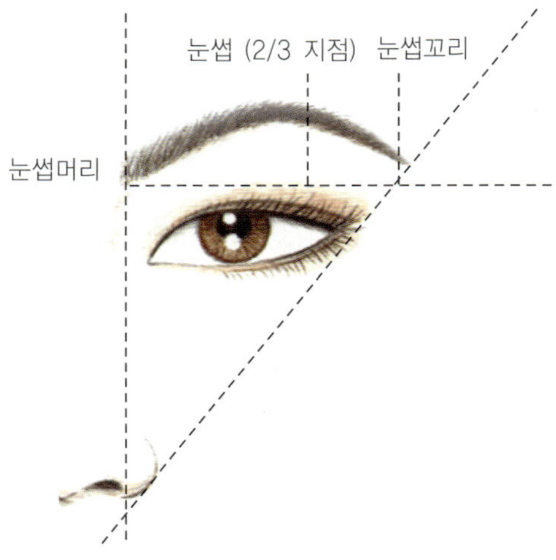

눈썹의 기본형태와 위치

③ 눈썹의 형태에 따른 이미지

- 수평형 : 젊고 활동적인 느낌을 주며 긴 얼굴이나 폭이 좁은 얼굴에 잘 어울린다. 기본형 보다는 조금 짧게 그린다.

- 상승형 : 개성적, 동적, 지적인 느낌을 주며 둥근얼굴이나 오각형 얼굴에 어울린다. 수평형과 마찬가지로 기본형 보다는 조금 짧게 그린다.

- 각진형 : 단정하고 세련된 느낌의 눈썹으로 샤프하고 개성적이며 어른스러워 보이므로 오피스 메이크업 office make-up에 적당하다. 전반적으로 둥근얼굴에 잘 어울린다.

- 아치형 : 여성적이며 요염하고 혹은 노숙한 느낌을 주며 이마가 넓은 사람, 턱이 각진사람, 역삼각형, 다이아몬드형에 어울리는 이 눈썹은 20~30년대에 가장 유행했던 눈썹이다. 그릴 때는 전체적으로 눈썹산을 1/2선에 두고 올려서 그린다.

- 처진 눈썹 : 온화하고 부드러움 또는 귀여운 느낌이 들게 하지만 때로는 어리석고 슬픈인상을 주기도 한다.

④ 눈썹의 색상에 따른 이미지

- 검정 : 강하고 고전적인 분위기를 띄며 피부가 흰 사람에게 어울린다.
- 회색 : 침착하고 차분한 느낌을 주며 가장 대중적이고 자연스러워 누구에게나 무난하게 어울린다.
- 갈색 : 지적이고 세련된 느낌을 주며 건강하고 약간 그을린 듯한 피부에 잘 어울린다. 그러나 가늘게 그릴 경우 다소 나이가 들어보일 수 있다.

(2) 아이섀도(Eye-shadow)

① 아이섀도의 역할

- 눈에 색감을 주어 입체감과 표정을 부여한다.
- 눈매를 수정하고 보완하는 역할을 한다.
- 아이섀도의 색상을 선택할 때는 계절, 이미지, 의상색이나 립 메이크업, 볼터치 색상과의 조화를 고려해야 한다.

② 제품의 종류

- 케익 타입(cake type) : 가장 일반적인 제품으로 색상이 다양하며 사용하기 편리하고 가장 대중적인 제품이다.
  그라데이션이 용이하여 색을 혼합하기 좋으나 지속력이 떨어지는 단점이 있다.
- 크림 타입(cream type) : 아이메이크업의 발색 ,지속효과가 뛰어나며 색상이 선명하다. 신부화장, 영화, 경극, 삐에로 분장, 가부기 메이크업 등에 좋다. 크림타입의 섀도를 사용한 후에는 같은 색의 케익섀도나 파우더로 고정을 해주면 지속력을 높일 수 있다.
- 펜슬 타입(pencil type) : 펜슬타입은 유분이 많으므로 사용 후에 케익 제품으로 덧발라주어야 한다. 간편하게 화장할 수 있으며 포인트 메이크업이나 선적인 느낌을 표현할 때 효과적이다. 휴대하기 편리하나 색상이 다양하지 않다.
- 파우더 타입(powder type) : 주로 아이섀도 위에 덧발라 펄감이나 글리터링 효과를 줄 때 사용한다.

③ 아이섀도의 기본 테크닉

- 하이라이트 컬러(highlight color) : 돌출되어 보이게 하거나 넓게 보이고자 하는 부위, 두드러지게 보이고자 하는 부위에 사용한다. 하이라이트 컬러는 팽창효과가 있으며 섀도 컬러와 조화를 이룸으로써 새로운 윤곽을 만들어낸다.
- 베이스 컬러(base color) : 아이섀도의 주색상을 나타내는 부분으로 눈을 떴을 때 어느 정도 보이도록 바르는 것이 일반적이다.
- 포인트 컬러(point color) : 포인트 컬러는 깊이감을 주어 눈매를 강조하는 역할을 하는데 이미지를 우아하게 혹은 샤프하게 보이게 하는 것은 포인트 컬러의 색상과 사용법에 따라 좌우된다.
- 언더 컬러(under color) : 눈 밑 언더라인에도 위 눈꺼풀에 바른 베이스와 포인트 색상을 발라주어 다양한 이미지를 표현한다.

④ 아이섀도의 색상 선택

의상색과 어울리는 유사계열이나 반대계열 등 조화로운 색, 계절, T.P.O, 선호색, 유행색 등에 맞추어 선택하고 눈의 형태를 고려해 메이크업 한다.

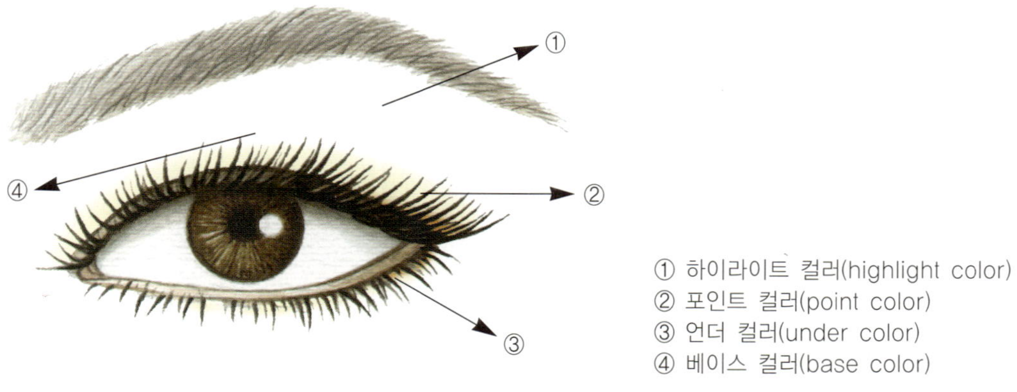

아이섀도의 기본 테크닉

(3) 아이라이너(Eye liner)

아이라이너는 눈매를 선명하고 뚜렷해 보이도록 하며 속눈썹이 나는 곳을 따라 섬세하게 그려주어야 한다. 아이라이너는 눈 모양에 맞게 선의 폭이나 굵기를 조절하여 눈매를 수정할 수 있으며 얼굴의 이미지를 변화시켜 주는 역할을 한다.

① 제품의 종류

- 리퀴드 타입(liquid type) : 안에 내장되어 있는 붓으로 그리기 때문에 가늘고 섬세하게 그릴 수 있고 농도가 이미 조절되어 있어 선명하며 또렷하게 아이라인을 표현해 준다.
- 펜슬 타입(pencil type) : 사용이 간편하고 그린 후에 그라데이션이 가능하여 눈매를 자연스럽게 표현할 수 있다.
- 케익 타입(cake type) : 물이나 스킨에 섞어서 사용하는 타입으로 물의 양에 따라 색감 조절이 가능하다.

② 기본형 아이라인과 비율에 따른 이미지

- 기본형 : 위 아래를 7 : 3의 비율로 하는 것이 좋으며 최대한 속눈썹 뿌리 부분에서 약 15° 정도 올려준다.
  눈아래 언더라인은 눈동자 바깥선에서 안으로 연하고 자연스럽게 그린다.
- 아래라인을 강조한 경우 : 아래쪽에 비중을 두고 그리면 눈의 위치가 내려와 보이고 매혹적인 눈이 된다.
- 위라인을 강조한 경우 : 위쪽에 비중을 두고 그리면 눈의 위치가 높아져서 어른스러움을 느낄 수가 있다.

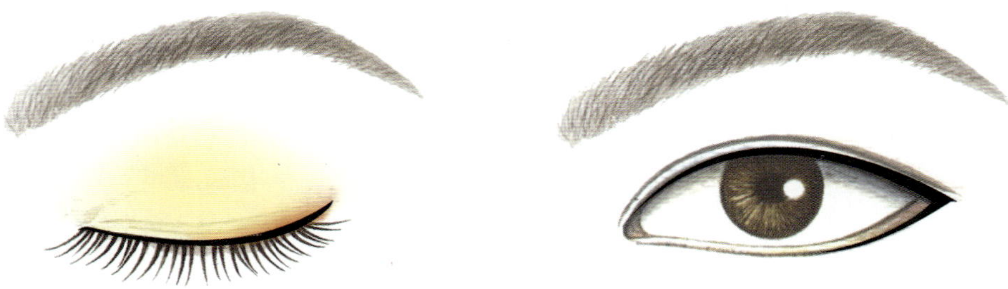

기본형 아이라이너 그리는 법

(4) 마스카라(Mascara)

속눈썹을 길고 풍부하게 보이게 하여 눈매를 선명하게 보이는 역할을 한다. 눈에 깊이감을 주어 신비로운 입체감을 연출한다.흑색이 일반적이나 밤색, 청색, 녹색, 와인색 등 아이섀도와 어울리는 색상을 선택하면 훨씬 매력적인 눈매를 연출할 수 있다.

① 제품의 종류

- 리퀴드 마스카라(liquid mascara) : 액상 타입이며 접착력이 뛰어나 속눈썹을 선명하게 표현해 주며 일반적으로 가장 많이 사용되는 제품이다.
- 롱래쉬 마스카라(long-lash mascara) : 섬유소가 들어있어 속눈썹이 길어 보이는 효과가 있다.
- 워터프루프 마스카라(waterproof mascara) : 건조가 빠르며 내수성이 좋아 땀이나 얼룩에도 잘 지워지지 않으며 주로 여름철에 많이 사용한다.
- 섬유질 마스카라(volume mascara) : 속눈썹이 짧고 숱이 없을 때 속눈썹의 숱을 풍성하게 해주어 눈매를 강조할 수 있다.

② 색상에 따른 이미지

일반적으로 선명한 색상에 가장 많이 쓰이는 블랙(black)과 부드러운 눈매를 연출하는 브라운(brown), 시원한 청량감을 준은 블루(blue), 우아하고 화려한 이미지에 어울리는 퍼플(purple)과 속눈썹이 많은 사람에게 적합하고 눈썹을 올려 줄때도 사용하는 투명(clear)한 색이 있다.

(5) 인조속눈썹

인조속눈썹은 마스카라와 같이 속눈썹의 숱을 많아 보이게 해주면서 길어 보이게 하는 효과가 있다. 눈의 길이나 모양을 결정하고 나서 선택하는 것이 좋으며, 한올 한올 심는 속눈썹 타입과 하나로 연결되어 있는 속눈썹 타입이 있다.

3) 립메이크업(Lip make-up)

입술화장은 얼굴전체에 포인트 역할을 해준다. 입술화장은 입술의 형태나 색감에 의해 얼굴 전체를 생동감 있게 표현해 주며 이미지를 전달하는 가장 강력한 수단이기도 하다. 립 컬러를 선택할 때에는 피부색, 의상색, 계절 등을 고려하여 선택하여야 한다.

(1) 제품의 종류

① 립스틱(lip-stick)

색상이 선명하게 연출되며 질감이 다양하고 사용이 간편하여 가장 일반적으로 많이 사용되는 제품이다. 매트한 질감은 침착하고 광택이 있는 제품은 신선하고 촉촉하며 부드러운 인상을 줄 수있다 .

② 립크림(lip-cream)

입술을 보호하는 목적이 강하고 장시간 동안 글로시한 입술을 표현해 준다.

③ 립그로스(lip-gloss)

오일 타입으로 입술에 윤기를 주어 촉촉하게 표현해 주며 입술을 보호해 준다. 지속력이 떨어지는 단점이 있다.

④ 립라이너(lip-liner) 펜슬

립스틱을 사용하기 전에 입술의 모양을 원하는 대로 교정하거나, 립스틱 시간이 경과한 후에도 립라인 밖으로 번져 나가지 않게 막아주는 역할을 하며 입술선이 더욱 뚜렷해 보이도록 한다.

⑤ 립밤(lip-balm)

보습효과가 뛰어나며 빠르게 흡수되어 입술이 건조할 때 바르면 효과적이다.

⑥ 립크레용(lip-crayon)

오일의 함유량이 적은 제품이며 립펜슬 보다 두꺼운 형태이다. 사용이 간편하고 휴대가 편리하다.

⑦ 립틴트(lip-tint)

리퀴드 타입과 크림타입 등이 있으며, 아랫입술과 윗입술 중앙에 바르고 그라데이션하여 자연스러운 입술을 표현할 수 있다.

(2) 립라인(Lip line)에 따른 이미지

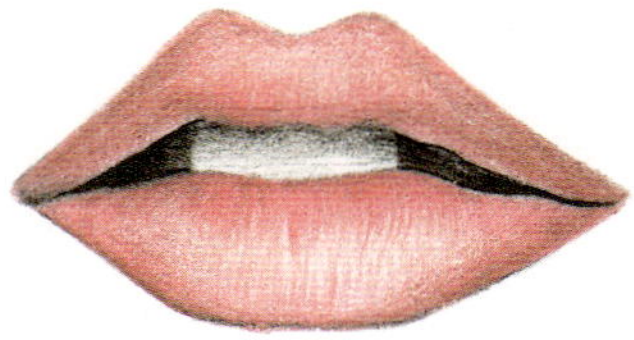

- 인 커브(in curve) : 귀엽고 여성스러운 이미지를 주는 라인으로 원래의 입술라인보다 1~2㎜ 정도 안쪽으로 그려준다.

- 스트레이트(straight) : 립라인을 직선으로 표현하는 테크닉으로 샤프하고 지적인 이미지를 나타내며 단정한 유니폼을 착용할 때 어울리는 입술모양이다.

- 아웃 커브(out curve) : 매혹적이고 관능적인 아름다움을 느끼게 하는 입술모양으로 성숙하고 섹시한 분위기를 연출한다. 원래 입술라인보다 1~2㎜ 정도 넓게 그려주며 립글로스를 덧바르게 되면 입술이 더 풍만해 보인다.

4) 블러셔(Blusher)

블러셔는 얼굴에 혈색을 부여하여 여성미와 건강미를 강조할 수 있다. 또한 얼굴형에 음영을 주어 결점을 보완시켜 주는 역할을 하며 블러셔의 색상에 따라 개성있는 이미지를 연출할 수 있다.

(1) 제품의 종류

- 케익타입(Cake type) : 브러쉬를 이용하며, 색감표현이 자연스럽고 손쉽게 사용할 수 있다.
- 크림타입(Cream type) : 파우더 바르기 전에 사용하며 손가락이나 퍼프를 이용하여 펴 바른다. 케익에 비해 지속력이 좋다
- 파우더타입(Powder type) : 색이 잘 섞여서 다른 색과 섞어서 사용할 때 좋으며, 자연스럽게 표현할 수 있다.

(2) 블러셔의 위치

블러셔의 위치는 모델이 정면을 바라보았을 때 눈동자의 바깥 부분에서 콧망울 윗쪽 이내에 광대뼈를 스치듯이 펴 바른다.

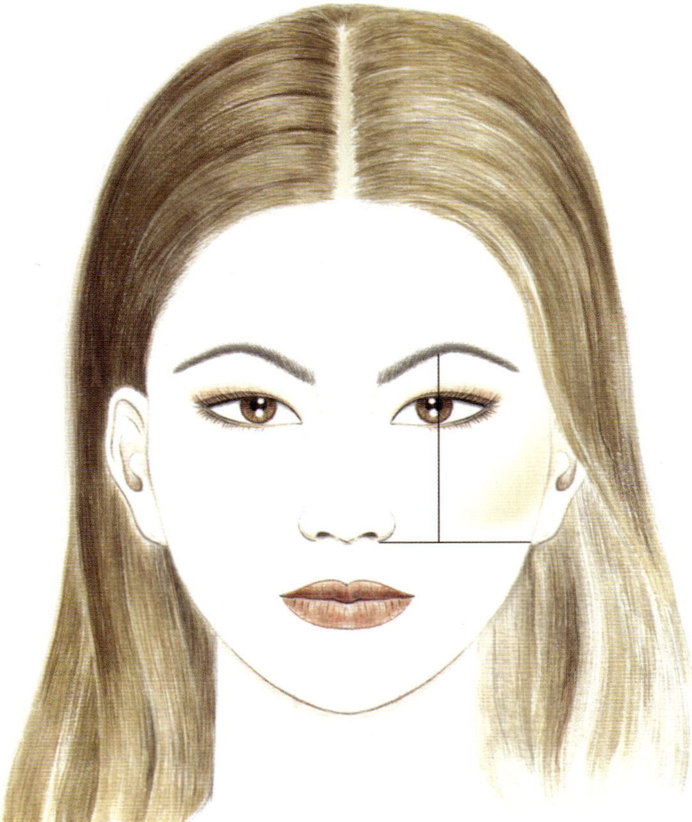

기본적인 블러셔의 위치

6. 메이크업의 분류

1) 뷰티메이크업(Beauty make-up)

(1) 데이 메이크업

최소한의 메이크업으로 자연스럽게 표현하며 더 밝고 건강하게 보이도록 한다. 눈과 입술에 포인트를 주더라도 너무 화장을 많이 한 것 같지 않게 보이게 하는 것에 초점을 둔다.

(2) 나이트 메이크업

대부분 붉은 기운의 백열등이나 인공조명으로 인해 컬러 톤이 감소되므로 일반 메이크업보다 조금 진하게 하는 것이 효과적이며 얼굴의 입체감이 살아나도록 음영을 넣어 준다. 펄 제품을 소량 활용하는 것도 효과적이다.

(3) 웨딩 메이크업

신부의 피부톤과 연령, 이미지를 고려하여야 하며 사진촬영을 위하여 입체감 있게 표현하되 진하지 않도록 한다. 여성스러우며 순결한 인상을 주어 최고로 아름답게 연출한다. 펄 제품을 많이 사용하거나 너무 패셔너블하지 않도록 주의한다.

(4) 한복 메이크업

밝고 화사하며 고전적인 단아함을 위해 최대한 절제하면서도 우아해 보이도록 한다. 메이크업 색상은 너무 강하거나 튀는 톤, 비비드한 색상은 피하며 전체적으로 은은한 느낌이 들게 하고 입술과 눈 가운데 한 곳에만 포인트를 준다.

(5) 광고 메이크업

광고 목적에 따라 확실한 메시지와 이미지를 전달하는 것이 중요하며 광고 촬영을 위해 섬세한 부분까지 광고주와 연출자, 전체 스텝회의를 통하여 완성시킨다.

(6) 포토 메이크업

사진 속 인물을 최대한 아름답게 보이게 하기 위하여 피부톤과 잡티 및 그림자를 커버하고 얼굴윤곽이 또렷해 보이도록 입체적으로 음영처리를 하며, 눈이 선명해 보일 수 있게 포인트를 조금 더 강조해 준다.

(7) 패션 메이크업

메이크업에 패션성과 유행의 의미를 부여한 것이다. 토탈 패션의 요소로써 시대 감각과 의상에 어울리는 메이크업을 연출하도록 한다.

(8) 파티 메이크업

럭셔리하고 화려한 파티를 위해 따뜻하면서도 무겁지 않은 컬러를 이용하고 화려하면서도 트랜디한 메이크업으로 얼굴에 볼륨감을 주고 블랜딩에 신경을 써 윤곽이 살아나도록 한다.

2) 스테이지 메이크업(Stage make-up)

(1) 무대 메이크업

배우와 관객과의 거리, 극장의 크기 등에 따라 강약을 조절해야 하고 조명을 고려하여 메이크업 색상을 선택하며 배우 성격과 연출자의 의도 등을 분석해 전체적인 느낌이 통일되도록 메이크업 한다.

(2) 아트 메이크업

얼굴 또는 신체를 바탕으로 그림, 형태, 장식 등을 이용한 강한 메이크업으로 자신의 생각이나 주제를 표현하거나 창의적으로 이미지화하여 메이크업을 예술의 경지로 만드는 분야로 환타지나 바디페인팅 등을 들 수 있다.

(3) 특수분장

연극, TV, 영화 등의 분야에서 노인분장이나 찰과상, 총상, 화상, 피부병 표현 등의 일반 분장에서 부터 ET나 혹성탈출의 외계인, S.F 영화에 나오는 로버트, 에어리언 등과 같이 특수분장의 영역이 점점 확장되어 지고 있다.

7. 아트 메이크업

1) 아트 메이크업의 정의

아트 메이크업이란 메이크업 아티스트가 인체 위에 시각적인 표현을 통해 창의적이고 독창적인 예술작품을 창조할 수 있는 메이크업의 영역이라 할 수 있다. 아트 메이크업에 대한 사전적 정의를 살펴보면 "얼굴 혹은 신체를 바탕으로 각양각색의 그림, 형태, 장식 등을 이용하여 강한 메시지를 전달하는 메이크업으로 자신의 생각이나 주제를 표현하거나 창의적으로 이미지화하여 메이크업을 예술의 경지로 만드는 분야"라고 정의하였다. 아트 메이크업의 국소적인 정의로는 "메이크업 아티스트가 인간의 육체를 통하여 시각적으로 창의적이고 독창적인 예술세계를 구현하는 메이크업의 한 영역"으로 보았으며 여러 연구자들의 아트 메이크업의 정의를 종합해 보면 아트 메이크업은 "인간의 신체를 매체로 하는 종합적인 표현예술"이라고 정의할 수 있으며 아트 메이크업 작업에 있어서 가장 강렬한 메시지를 전달하는 매체는 바로 인체라 할 수 있다.

2) 아트 메이크업의 특성

아트 메이크업에 있어서 표현 방법의 기본은 신체의 근육을 더욱 돋보이게 하거나 신체 각 부위의 부분적 특성을 개성적으로 표현하는 등 아트 메이크업 아티스트가 인체를 통하여 받은 영감을 표현하는 것을 중심으로 한다.

아트 메이크업은 인간의 미적 본능의 원초적인 표현이며, 나아가 그 사람의 생각과 느낌을 표현하기 위한 상징적 수단으로 오늘날 중요한 예술의 한 장르라 볼 수 있다. 이러

기하학적 선과 오브제를 이용한 아트 메이크업

한 미적 본능 중 하나인 아트 메이크업은 신체보호, 종교적인 욕구충족, 사회적 지위 등을 표현하고자 하는 것으로부터 시작되었다. 이는 현대에 와서 자신의 외모에 조화로운 색채를 배색하여 화려하게 표현하는 예술작품으로 보다 새롭고 독창적인 디자인을 표현하는 커뮤니케이션 수단으로 활용되고 있다.

3) 아트 메이크업의 역사

(1) 원시 아트 메이크업

원시인들이 언제부터 신체에 페인팅을 함으로써 미를 표현하고 색을 사용하게 되었는지 모르지만 자신을 아름답게 꾸미고자 하는 원초적 충동을 따랐음이 그 기원임을 추측할 수 있다.

먼저 구석기시대에서는 동굴 벽화와 붉은 황토 및 황토 무덤 도구 위에 놓여있는 유골을 통해 확인할 수 있는데 페인팅 된 조상은 구석기 시대 매장터에서 발견되었다. 또한 구석기 시대에 다채로운 마스크와 신체의 외형 변화 효과는 일상생활로 부터 애니미즘 animism 종교의 주술적인 요소를 제거하고 신에게 좀 더 가까이 가도록 했던 것이다.

자연의 색을 이용하였던 치장은 사냥, 원초적 자연 상태의 기초적이고 주술적인 힘들로부터 보호, 다산 숭배의 종교적 목적을 위해 인간, 동물과 식물을 자연계 및 우주와 결속시키기 위하여 사용되었다.

이 후 신석기시대 인간들은 사냥과 채집으로부터 농업과 목축으로 혁명적 변화를 가져왔고 그들은 자신의 신체를 변화시키는 것, 다른 혈연관계와 구별하는 것, 종교적 주술을 위한 것 등 모든 행위들이 구석기 보다 세련되어졌다.

(2) 고대 아트 메이크업

고대의 아트 메이크업은 다른 예술적 표현들이 우발적인 동기에 의한 행위였던 것에 반해 종교나 사회적, 정치적 개념을 가진 특수한 목적을 가지고 있다. 이것은 아트 메이크업에 배경으로 작용되어서 그 이해에 있어 분리될 수 없으며 '상상의 세계' 그 일부로 보아야 한다.

당시 페인팅에 사용된 색들은 근본적으로 모든 것이 하나의 중심세계와 연관이 있다는 개념에서 나오며 신과 성직자들도 그것을 통해서 영혼의 세계가 조직되고 표현된다고 생각하였다. 고대인들은 페인팅을 통해 현세와 내세가 서로 왕래한다고 믿었고 모든 현상은 인간이 노력하여 얻어낼 수 있는 초자연적인 힘에 의해 열려있다고 믿었다.

춤, 노래, 육체적 장식과 색칠의 모든 것들이 모두 의학이며 수호, 영혼, 은총을 얻기 위한 행위이자, 믿음이라 여겨졌다. 이러한 고대의 아트 메이크업 중 이집트는 문명적으로 커다란 발전을 했으며, 예술적으로도 가치기여도가 가장 큰 시대로 볼 수 있다.

이집트 시대의 여성들은 스스로 꾸미기를 즐겼고, 완성된 단계의 메이크업은 현대 메이크업의 시각에서 비추어보아도 손색이 없을 정도로 매우 우수하였다. 여성의 경우 아름다워지려고 하는 미의 추구는 절대적 염원이기 때문에 이를 충족시키기 위해서 BC 5세기경에 화장품이 생겨나게 되었는데, 처음에는 식물에서 추출한 천연물질과 어패류나 돌가루 등의 광물질에서 추출하여 사용하였다. 이 후 점차적으로 화장품이 발전하면서 초기 이집트 왕조 전기시대부터 화장품의 용기와 도구 또한 제작되고 사용하였다.

이집트인들은 몸과 마음을 깨끗이 하는 것을 필수 조건으로 여겼으며 화장은 주로 여자들사이에서 발달하였고, 향이나 몰약을 사용하였으며 많은 노출로 인한 자외선 자극을 회복하기 위해 피부 마사지를 했다. 또한 눈과 눈썹을 길게 보이게 하기 위해 화장먹을 칠했으며 초록이나 하늘색 아이섀도를 했다. 크레오파트라 여왕시대의 화장에서는 입술화장의 기록이 있는데 입자가 매우 고운 적토를 사용하여 입술과 뺨을 붉게 표현하였다고 한다.

이와 같은 모든 메이크업의 행위는 고대 문명에 있어 가장 발달된 형태의 메이크업으로 보여지며 그 표현방법 또한 제한적이지 않은 아트 메이크업에 가까울 수 있다. 고대인들의 모든 예술적 표현의 양식 중 아트 메이크업은 특별히 정의하기가 어렵지만 이와 같은 표현의 다양함과 과감함은 20세기 메이크업 아티스트들에게 새로운 아트 메이크업의 예술형태에 있어 많은 영감을 주고 있다.

이 후 화장에서 분장으로 발전하면서 고대 희랍시대에서는 자연광선 아래에서 가면극이 행해졌다. 그러나 가면극이 실외에서 실내로 옮겨짐에 따라 가면극이 가지고 있는 단점 중의 얼굴의 변화인 희, 노, 애, 락 등이 한정되게 표현되었기 때문에 그 내용을 이해하는데 많은 어려움이 따랐을 것이다. 이러한 가면극의 특징으로 인해 관객들 호응도가 점차 떨어지고 야외에서 행해진 노천극은 시간이나 날씨 등의 자연적인 제한을 받으면서 점차 실내로 이동하게 되었다. 실내로 이동되면서 여러 가지 단점을 보완하는 차원에서 가루 상태인 안료를 물에 녹여서 죽처럼 만들어 손가락으로 배우의 얼굴에 직접 그리기 시작했다.

(3) 근대 아트 메이크업

근대에 있어 아트 메이크업은 신분을 나타내는 경우가 대부분인데 그 신분에는 나이를 구별하는 나이집단 표시, 부족을 구별하는 부족집단의 표시, 직업을 나타내는 지위의 표시 등으로 다양하였다. 그것은 페인팅에 나타나는 색으로 구별하기도 하고 선의 형태로 구별하기도 하는데 페인팅에 나타나는 두 개 이상의 색은 그 동기와 해석을 모호하게 하는 동시에 다양한 암시와 깊은 의미가 부여된다.

근대인들은 자신의 창조성과 예술적 자질에 대한 매개로서 자신의 피부를 이용하는데 나무 조각가들처럼 피부의 표피가 갈라진 것처럼 표현하기도 하고 피부의 본성을 바꾸는 것으로써 예술적 표현을 한다. 장식된 피부는 몸을 생동감 있는 조형물로 바꾸어 놓고 하나의 예술작품으로 창조된다. 그들이 표현하는 육체의 의식적인 디자인은 비정형화된 자연스러움과는 확연하게 구별되는데 인간다운 문화의 표현으로써 확실히 특색을 이룬다. 이 예술의 규칙은 시대나 지역의 성격에 의해 변형된다.

(4) 현대 아트 메이크업

오늘날 아트 메이크업은 예술성을 추구하는 메이크업으로 표현상의 어떠한 구속도 받지 않는 실험적인 조형예술의 한 장르로 발전하고 있다. 마치 화가들이 다양한 소재를 이용하여 그림을 그리듯이 모델의 얼굴과 몸에 예술적 감각을 표현하기 위해 전통적이고, 전형적인 메이크업의 틀을 벗고 그 한계를 넘는 것이다.

현대에서 표현되고 있는 아트 메이크업의 경향을 보면 단순한 인간의 모습으로부터 탈피하려는 욕망으로부터 비롯된다. 현대의 아트 메이크업은 사이버적인 경향이 강해지고 있으며 이로 인하여 특수효과를 활용한 아트 메이크업이 등장하고 있다.

작품들을 살펴보면 인체에 행해지는 메이크업으로 색이나 표현, 주제, 기법, 재료 등에 구속을 받지 않고 단지 예술적인 이미지만을 중시하고 있다. 그리고 이들 대부분은 많은 예술사조와 흐름을 같이 하고 있으며, 특히 포스트모더니즘과 초현실주의적 경향의 작품들이 많이 나타나고 있다.

제16장 네일 관리

Nail Treatment

1. 네일(Nail) 관리

네일 관리란 손과 손톱, 발과 발톱을 깨끗하고 건강하게 관리하는 테크닉으로 매니큐어(manicure)와 패디큐어(pedicure)로 나뉘며 네일 서비스는 일반적인 손톱 손질과 건강관리를 목적으로 하는 네일케어(nail care)와 약한 손톱을 보강하거나 짧은 손톱을 길게 늘려주는 인조손톱(artificial nail), 각종 재료를 이용하여 디자인 하는 네일 아트(nail art) 분야로 나눌 수 있다.

1) 네일(Nail)의 정의 및 특성

네일(Nail)의 사전적 의미는 손톱, 발톱을 말하며 이는 척추동물의 손, 발가락의 말단을 덮는 판상의 각질형성물이다. 손 · 발톱의 의학적 용어는 오닉스(onyx)라 하며 네일은 피부의 부속물로서 모발과 같이 경단백질로 구성되어 있다. 정상적인 손톱은 하루에 대략 0.1mm 정도 성장하며 월 평균 4mm 정도 자라지만, 개인에 따라 여러 가지 요인에 의해 차이를 보인다. 손톱이 완전히 새 손톱으로 바뀌려면 5~6개월이 소요되고, 겨울보다는 여름에 성장이 빠르고, 가운데 손톱이 가장 빨리 자라나고 엄지손톱이 제일 늦게 자라난다. 손톱의 구성성분의 대부분은 케라틴이라 부르는 섬유단백질의 죽은 세포층으로 이루어져 있고 나머지 다른 물질에는 칼슘, 인, 크롬, 셀레늄, 아연 등이며 미네랄도 미량 포함되어 있다. 사람의 신체 중 피부와 머리카락도 같은 단백질로 만들어져 있으나 피부는 부드러운 케라틴으로 만들어져 있고, 손톱과 머리카락은 보다 단단한 타입의 케라틴으로 구성되어져 있다.

2) 네일(Nail)의 구조

네일은 다음과 같은 부분으로 구성되어 있다.

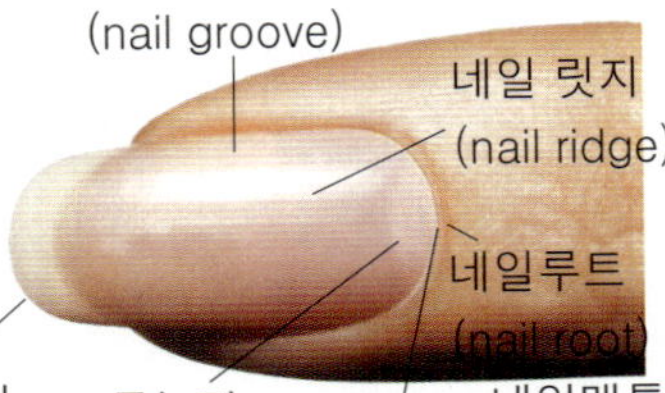

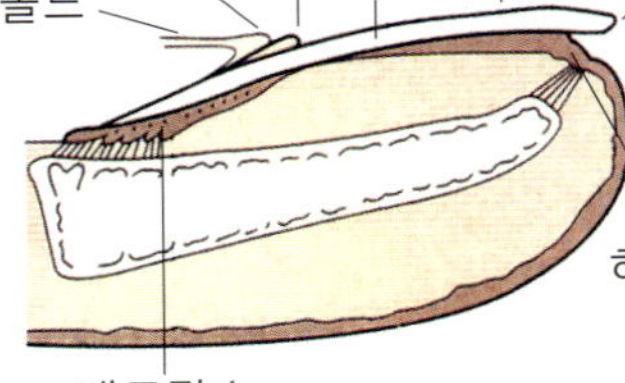

손톱의 구조

(1) 손톱

① 네일바디(nail body, 조체) : 네일 플레이트(조판)라고도 하며 손톱의 본체부분을 말한다. 손가락 끝의 등쪽에 붙어 있고 여러 층으로 구성되어 있으며 신경이나 혈관은 없다.

② 네일루트(nail root, 조근) : 눈에 보이지 않는 손톱이 자라나는 뿌리부분으로 손톱 베이스의 피부 밑에 묻혀 있는 얇고 부드러운 조근은 손톱의 새로운 세포가 만들어져 성장이 시작되는 곳이다.

③ 프리에지(free edge, 자유연) : 눈에 보이는 손톱의 맨 끝부분으로 네일베드(조상) 없이 손톱만 자라나온 곳이다.

(2) 손톱 밑

① 네일베드(nail bed, 조상) : 손톱 밑에 위치하여 네일바디(조체)를 받치고 있는 그 밑부분은 피부로 혈관과 신경이 분포한다. 손톱의 신진대사와 수분 공급의 역할을 한다.

② 매트릭스(matrix, 조모) : 네일루트(조근) 밑에 위치하여 손톱각질세포의 생산과 성장을 조절하고 혈관, 신경, 림프관이 분포한다. 매트릭스(조모)가 손상을 입게 되면 손톱 성장에 저해가 되므로 특별히 주의해야 한다.

③ 루눌라(lunula, 반월) : 완전히 케라틴화 되지 않은 네일바디(조체)의 베이스에 있는 유백색의 반달모양을 일컫는다.

(3) 손톱 주위의 피부

① 큐티클(cuticle, 조소피) : 손톱의 주위를 덮고 있는 피부를 말한다.
② 네일 폴드(nail fold, 조주름) : 네일루트(조근)가 묻혀 있는 손톱의 베이스가 피부가 깊게 접혀 있는 것을 말한다.
③ 네일 그루브(nail grooves, 조구) : 네일베드(조상)의 양 측면에 좁게 패인 곳을 말한다.
④ 네일 월(nail wall, 조벽) : 네일 그루브(조구)위에 있는 손톱의 양쪽 면의 피부를 말한다.
⑤ 에포니키움(eponychium, 상조피) : 표피의 연장으로 손톱의 베이스에 있는 피부의 가는 선을 말하며 루눌라(반월)를 부분적으로 덮고 있다.
⑥ 페리오니키움(perionychium, 조상연) : 손톱 전체를 에워싼 피부의 가장자리 부분이다
⑦ 하이포티키움(hyponychium, 하조피) : 프리에지(자유연) 밑부분의 피부이다.

3) 네일(Nail)의 이상 현상

건강한 손톱은 네일 베드(조상)에 강하게 부착되어 단단하고 탄력이 있으며, 매끄럽고 광택이 나며 반투명한 핑크빛을 띤 것으로 세균 등에 감염되어 있지 않아야 한다. 그러나 손·발톱에 외적 손상을 입었거나 질병 또는 인체의 불균형으로 인해 손·발톱에 이상 현상이 발생하는 데 그 증상에 따라 네일리스트가 시술할 수 있는 증상과 시술이 불가능한 증상이 있으며 그 내용은 다음과 같다.

(1) 네일 아티스트가 시술이 가능한 이상손톱

① 무른 손톱(brittle nail syndrome) : 손톱이 너무 얇거나 손톱 끝이 벗겨지는 증상으로 신체의 질병에 기인한다.
② 조갑연화증(onychomalacia) : 계란껍질처럼 손톱 전체가 희고 얇아 프리에이지가 밑으로 휘어져 지는 증상으로 부적당한 다이어트, 내과적 질병 또는 신경계의 이상, 영양실조나 허약 상태일 때 나타날 수 있다.
③ 홈이 패인손톱(furrow, corrugation) : 출산이나 급·만성 순환계의 이상, 염증이 있는 질병 또는 알코올 중독 등이 있는 경우 가로 홈이 생길 수 있으며 고열이나 임신을 경험한 사람이나 아연의 결핍 등이 있을 경우 세로 홈이 생길 수 있다.

④ 변색된 손톱(discolored nail) : 혈액순환이나 심장이 좋지 못한 상태에서 나타날 수 있으며 베이스 코트를 바르지 않고 유색 에나멜을 바를 경우에도 나타날 수 있다.

⑤ 표피조막(pterygium) : 손톱위로 큐티클이 성장하여 손톱 표면을 덮는 상태를 말한다.

⑥ 스푼형 조갑(koilonychia) : 손톱이 숟가락 모양으로 함몰하는 증상으로 철 결핍으로 인한 빈혈이 원인이 되며 강한 세제 등에 자주 노출되어도 발생하는 경우가 있다.

⑦ 무조증(anonychia) : 선천성 발육부전증이나 심한 감염 등에서 나타날 수 있으며, 영구적인 조갑 탈락이 발생하기도 한다.

⑧ 교조증(onychophagia) : 손톱을 심하게 물어뜯는 증상으로 습관이나 스트레스가 원인인 것으로 알려져 있다.

⑨ 조갑감입증(ingrown nail) : 손톱이나 발톱이 피부 속으로 파고 들어가는 현상으로 특히 발톱에 주로 발생한다.

⑩ 조갑비대증(onychauxis) : 내과적 질병에 의해 발생되기도 하며, 유전에 의하여 손톱의 끝이 과잉성장으로 두껍게 자라거나 네일베드(조상)가 휘어져 성장하는 증상이다.

⑪ 조갑위축증(onychoatrophy) : 손톱이 부서져 없어지는 현상으로 윤기가 없어지면서 오므라들고 떨어져 나간다. 이것은 매트리스(조모)가 심하게 상해를 입거나 내과적 질환으로 인해 발생되기도 한다.

⑫ 조갑종렬증(onychorrhexis) : 조갑이 갈라지고 찢어지는 부서지는 것으로 강한 세제의 사용, 네일 에나멜 리무버의 사용 등의 외부적 원인과 갑상선 기능저하증 또는 비타민 A, B의 결핍 등의 내부적 원인으로 발생될 수 있으며 정상인에게서도 나타날 수 있다.

⑬ 조백반증(leukonychia) : 손톱 표면에 비정상적인 각화가 점상으로 나타난다.

(2) 네일 아티스트가 시술이 불가능한 이상손톱

① 조갑주위염(paronychia) : 손톱 주위의 조직이 박테리아에 의해 감염되어 병든 상태이다.

② 조갑진균증(onychomycosis) : 잡진균이 원인이 되는 조진균증은 조갑의 변색, 변형, 광택감소, 비후의 증상이 있으며 조백선과 매우 비슷한 증상을 보인다.

③ 조갑염(onychia) : 손톱에 염증이 생겨서 빨갛게 붓고 고름이 생기는 상태로 이것은 도구나 기구를 소독, 위생처리하지 않고 사용 했을 때 발생하기도 한다.

④ 조갑구만증(onychogryphosis) : 손톱의 만곡상태가 심해지는 현상으로 손톱이 두꺼워지고 구부러진다.

⑤ 조갑탈락증(onychomadesis) : 손톱이 주기적으로 떨어져 나가는 상태로 염증, 외상 등의 원인이 되거나 당뇨병, 항암제 투여 같은 질환 때도 발생하기도 한다.

⑥ 사상균(mold) : 인조 손톱과 자연손톱사이의 틈으로 사상균이 서식하면서 습기 등이 스며들어 발생하는 상태이다.

⑦ 화농성육아종(pyogenic granuloma) : 매우 심한 염증상태로 손톱주위에 붉은 빛을 띄는 조직이 자라나온다.

⑧ 조갑박리증(onycholysis) : 손톱과 네일베드(조상)사이에 틈이 생겨 점차 벌어지는 증상으로 조갑이 분리되어 틈이 생기므로 이 틈 속에 세균이나 진균이 번식하기 쉽다.

2. 네일 서비스 실제

1) 네일 관리의 기기와 도구

(1) 네일 기구

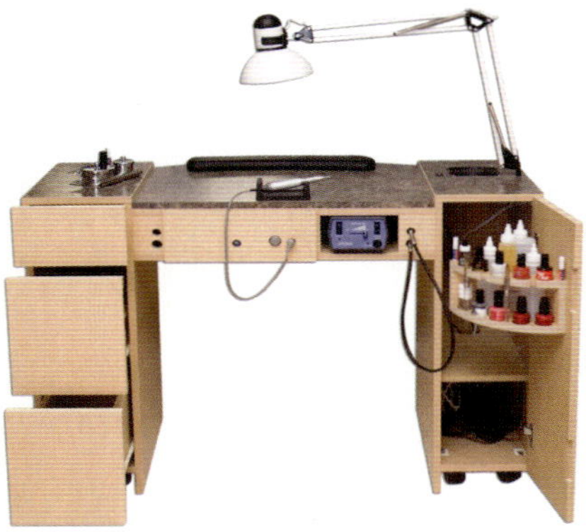

① 네일 시술 작업대 및 의자(nail table & chair)

② 전기 네일 건조기(electric nail dryer)

③ 재료받침대(supply tray)

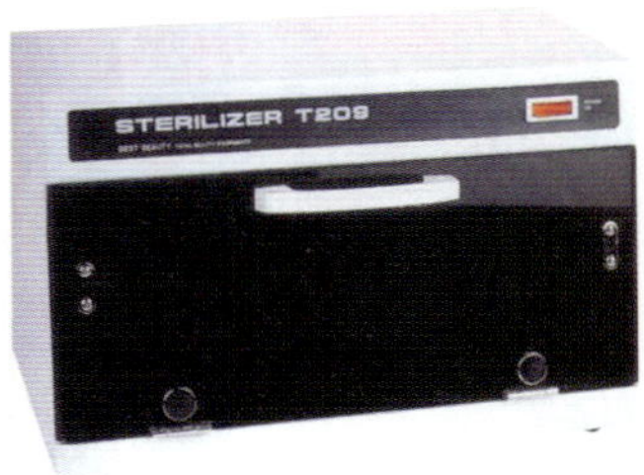

④ 습식소독기(wet sanitizer)

⑤ 소독솜 보관기(cotton container)

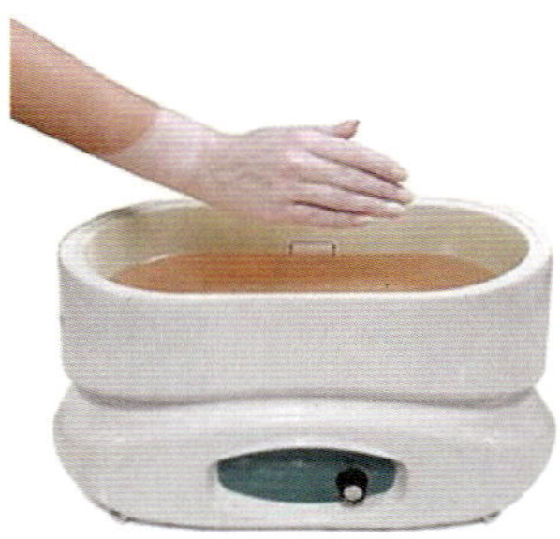

⑥ 파라핀 워머기(paraffin machine)

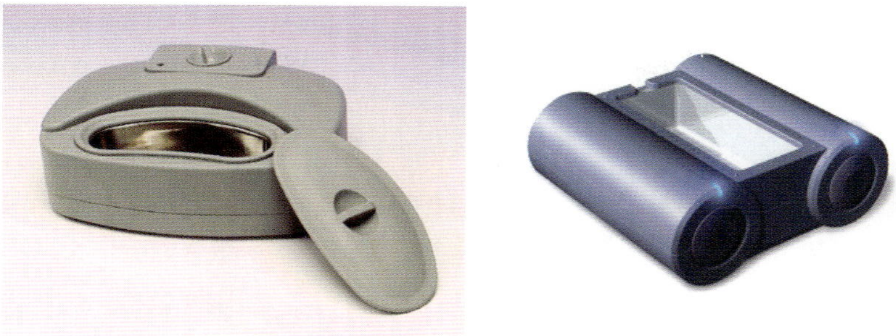

⑦ 팁 프리(tip rree)

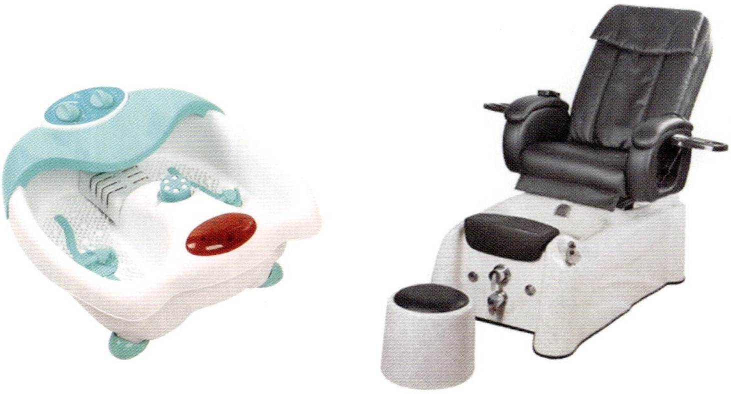

⑧ 족욕기(foot spa)

⑨ 고객용 손 받침 쿠션

⑩ 왁스 워머기(wax warmer)

(2) 네일 케어 도구

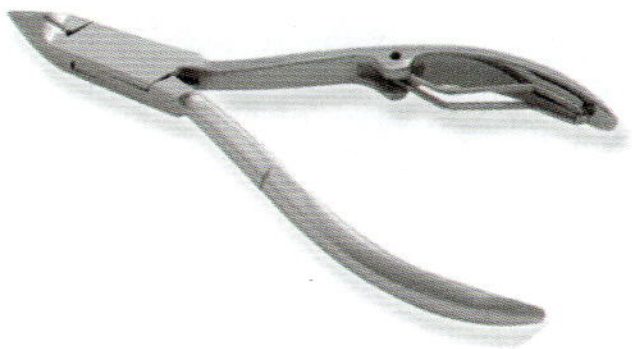

① 큐티클 니퍼(cuticle nipper) : 네일 주위의 큐티클을 정리할 때 사용하는 도구이다.

② 네일 클리퍼(nail clipper) : 자연 네일과 인조 네일의 길이를 자르는데 사용하며, 일자모양으로 된 것이 편리하다.

③ 팁 커터(tip cutter) : 인조 네일을 자르는데 사용하는 전문도구이다.

④ 네일 브러시(nail brush) : 네일 시술시 파일링 후 생기는 먼지를 털어내는데 사용하거나 습식 매니큐어 시술시 물에 담궜던 네일을 깨끗하게 세척할 때 사용한다.

⑤ 쿠션파일(cushion file) : 네일의 프리에지(자유연)를 매끄럽게 해주는데 사용되며 쿠션으로 되어 있어 다시 사용할 수 있으나 반드시 소독해야 한다.

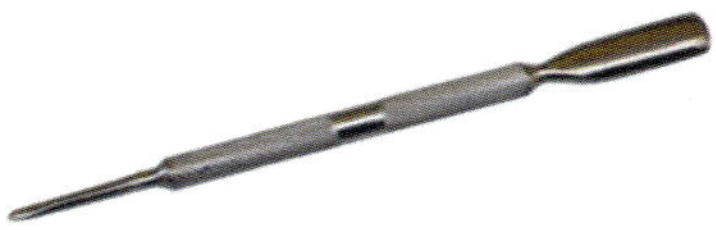

⑥ 메탈 푸셔(metal pusher) : 금속으로 되어 있고, 네일 주위의 굳은살이나 각질층을 밀어 올리는데 사용한다.

⑦ 스톤 푸셔(stone pusher) : 큐티클을 밀어 올리는데 사용하며 메탈 푸셔 사용후에 네일 표면의 각질과 거스러미 등을 좀더 깨끗하게 제거하는데 효과적이다.

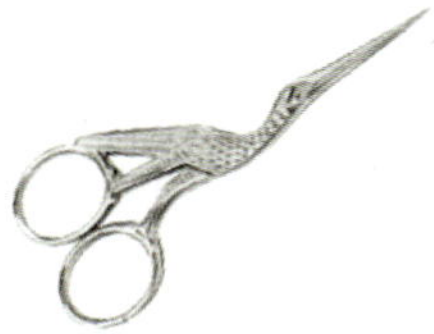

⑧ 랩 가위(wrap scissor) : 실크, 린넨, 파이버 글래스 등 천으로 만들어진 랩을 재단하는데 사용한다.

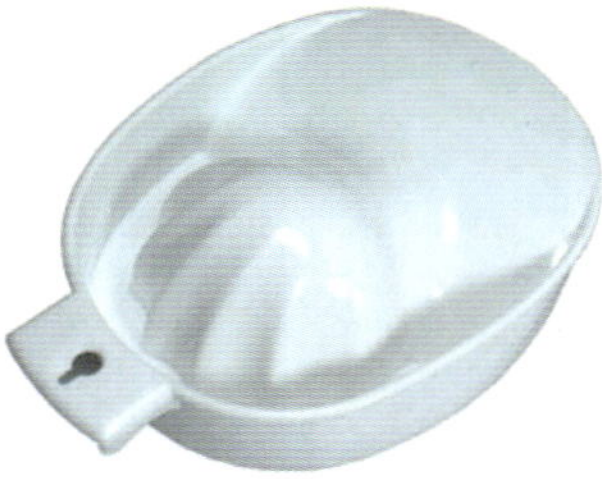

⑨ 핑거 보울(finger bowl) : 큐티클을 부드럽게 하기 위해 미온수를 담아 손끝을 물에 담글 수 있도록 하는 도구이다.

⑩ 오렌지 우드 스틱(orange wood stick) : 큐티클을 밀거나 글루 또는 젤을 네일 위에 얹을 때, 네일 주위에 묻은 에나멜을 제거할 때 등 다양하게 사용되는 것으로서 소독을 해도 재사용이 불가능하다.

⑪ 패디 파일(pedi-file) : 패디큐어 시술시 발바닥의 굳은살 제거 및 크레도 사용 후 발바닥의 버핑을 위해서 사용한다.

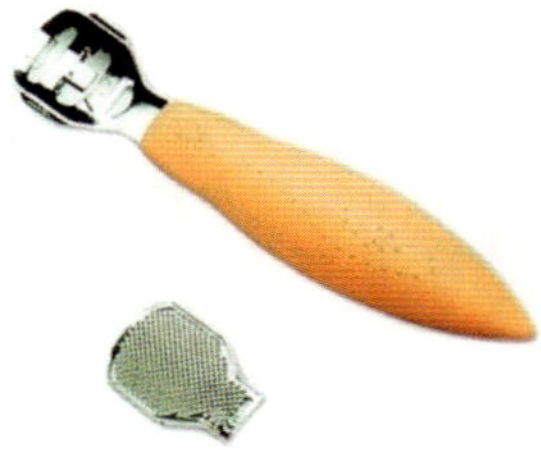

⑫ 크레도(credo) : 발바닥의 굳은살 제거를 위한 전문가용 칼로써 조심해서 사용해야 한다.

⑬ 파일(wood file) : 자연 네일과 인조 네일의 길이 조절 및 모양을 낼 때 사용하며 표면을 매끄럽게 할 때도 사용한다. 우드, 쿠션, 메탈 등의 소재로 만들며 그릿(grit, 거칠기)의 숫자가 클수록 입자가 가늘고 부드럽다.

⑭ 샌딩 블럭(sanding block) : 네일 표면의 거칠음과 기복을 매끄럽게 정리할 때 또는 랩핑이나 네일 팁 서비스시 글루나 젤을 바른 후 부드럽게 마무리할 때 사용한다. 화이트샌딩, 블랙샌딩, 3-way 샌딩이 있다.

⑮ 아크릴릭 브러시(acrylic brush) : 아크릴릭 네일 시술시 브러시에 아크릴릭 리퀴드를 적신 후 아크릴릭 파우더로 볼을 만들어 사용한다. +젤 브러시

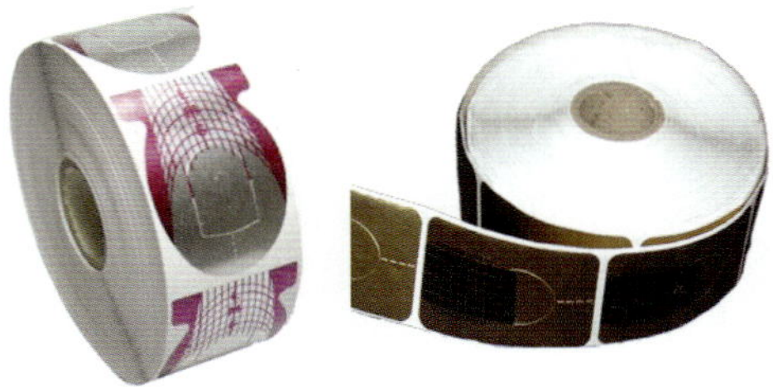

⑯ 네일 폼(nail form) : 스컬프처 네일(sculpture nail)에 사용되며 자연 손톱에 끼워 길이를 연장시켜주는 틀이다.

⑰ 디스펜서(dispenser) : 리퀴드 제품에 해당하는 아세톤, 로션, 알코올, 리무버 등을 담아 사용하기 편리하게 한 용기이다.

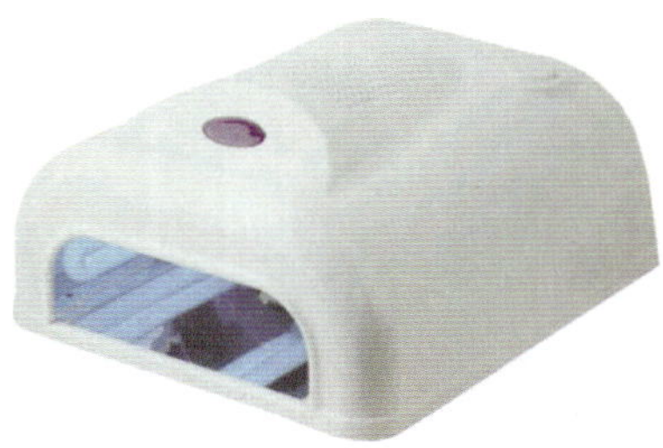

⑱ 큐어링 라이트(curing light) : 라이트 큐어드 젤을 굳게 할 수 있는 자외선 또는 할로겐 램프이다.

(3) 네일 케어 재료

① 손소독제(antiseptic) : 네일리스트와 고객의 손을 소독할 때 사용한다.

② 네일 에나멜 리무버(polish remover) : 에나멜 색상을 제거하거나 네일 팁 등을 녹이는데 사용한다.

③ 큐티클 오일(cuticle oil) : 네일과 큐티클 주위의 피부에 영양을 주고 부드럽게 해 주어 큐티클 제거 전후에 사용한다.

④ 베이스 코트(base coat) : 에나멜을 바르기 전에 바르는 것으로 자연 네일의 변색과 오염을 방지하고 에나멜이 잘 접착되도록 해 준다

⑤ 탑 코트(top coat) : 에나멜을 바른 후에 발라주는 것으로 광택을 주고 쉽게 벗겨지지 않도록 애나멜을 보호한다.

⑥ 네일 보강제(nail strengthener) : 잘 부러지거나 갈라지는 약한 네일에 발라 네일에 견고함을 주기위해 사용한다.

⑦ 네일 블리치(nail bleach) : 누렇게 변색된 자연 네일과 네일 주변의 착색된 얼룩을 제거 할 때 사용한다.

⑧ 네일 에나멜(nail enamel) : 폴리쉬(polish), 컬러(color)라고도 부르며 보통 네일 표면에 2회 정도 발라준다.

⑨ 네일 에나멜 띠너(nail enamel thinner) : 에나멜이 굳었거나 끈적끈적할 때 한두 방울 정도 떨어뜨려 묽게 해 준다.

⑩ 네일 팁(nail tip) : 인조 손톱을 말하며 자연 네일 위에 접착하여 네일을 길어보이게 하거나 아름답게 장식할 수 있다. 뒷면의 움푹 파여진 윗부분을 웰(well)이라 하며 스퀘어 팁, 레귤러 팁, 롱 커브 팁, 프렌치 팁 등 여러 종류가 있다.

⑪ 글루(glue)와 젤(gel) : 인조 네일을 자연 손톱 위에 붙이거나 네일 표면 전체를 도포할 때 이용되는 네일 전용 접착제 이다.

⑫ 글루 드라이어(glue dryer) : 네일 글루나 젤을 빠르게 건조시킬 수 있다.

⑬ 랩(wrap) : 네일이 갈라지거나 찢어질 경우 보강을 위해 실크나 린넨, 화이버 글레스 등으로 랩핑(wrapping)을 하거나 네일의 길이를 연장할 때 사용한다.

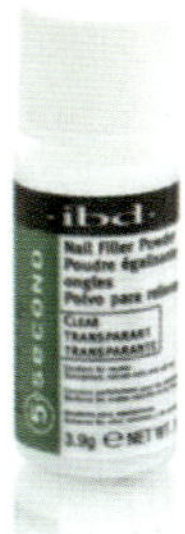

⑭ 필러 파우더(filler powder) : 갈라지거나 찢어진 손톱의 보강을 위해 인조 내일을 붙일 때 자연 손톱 위에 뿌려 손톱 표면을 고르게 할 때 사용하는 가루로서 글루나 젤을 함께 사용한다.

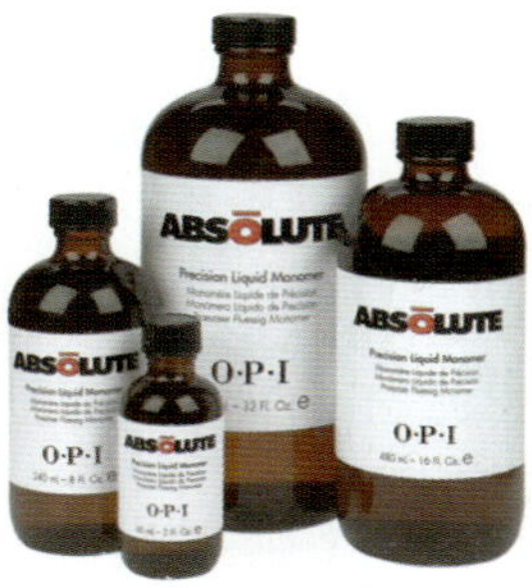

⑮ 아크릴릭 리퀴드(acrylic liquid) : 액체 아크릴로 아크릴릭 파우더와 함께 사용하여 아크릴을 굳히는 작용을 한다.

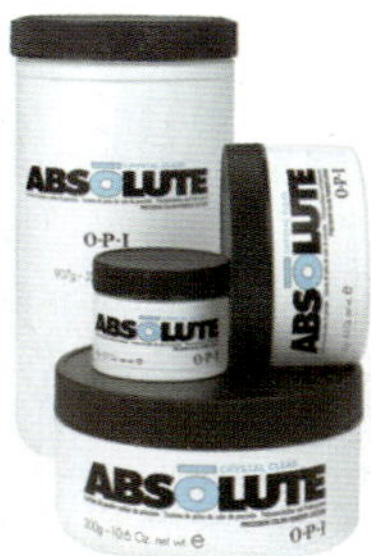

⑯ 아크릴릭 파우더(acrylic powder) : 아크릴릭 파우더는 네일 팁의 보강이나 네일 길이를 연장할 때 사용하며 여러 가지 색상이 있다.

⑰ 브러시 클리너(brush cleaner) : 아크릴릭 브러시를 세척할 때 사용하는 용액이다.

⑱ 프라이머(primer) : 네일에 아크릴릭 볼이 잘 접착되도록 네일에 발라 사용하며 주 성분은 메타크릴산(methacrylic acid)이라는 약산으로 사용시 피부에 닿지 않도록 주의한다.

⑲ 라이트 큐어드 젤(light cured gel) : 글루와 같은 성분이 있으며 강도가 조금 강한 접착제로 특수 광선이나 할로겐 램프의 빛을 사용하여 굳게 한다.

⑳ 지혈제(styptic) : 큐티클 제거 혹은 도구 사용 중 실수로 출혈이 생긴 경우 출혈 부위에 지혈을 위해 사용한다.

2) 네일 아티스트의 기본자세

손톱, 발톱의 미용이나 디자인을 하는 사람은 네일 아티스트(nail artist)라고 부른다. 또한 네일 서비스를 해주는 사람은 네일 아티스트(nail artist) 혹은 네일 리스트(naillist)라고 하며 서비스를 받는 장소는 네일 샵(nail shop), 네일 살롱(nail salon), 네일 바(nail bar)라고 부른다.

(1) 네일 아티스트의 자세

① 위생과 안전규정을 준수
② 단정한 외모(머리정돈, 입 냄새, 단정한 유니폼, 엷은 화장 등 청결한 이미지)
③ 예의 바르고 친절한 태도
④ 모든 고객에게 공평하게 대함
⑤ 고객에게 정직하고 약속을 잘 지킴

(2) 네일 관리시 주의 사항

매니큐어 뿐 아니라 패디큐어를 행할 때 특히 병원균의 감염 원인이 되지 않도록 주의할 필요가 있다. 시술자의 손과 손가락은 말할 것도 없이 기구도 잘 소독하고 청결하게 해야 한다. 또 손톱과 그 부근에 다른 질환이 있을 경우는 매니큐어 기술을 해서는 안된다. 그 외에 실수로 인해 피부에 상처를 입혔을 경우 응급치료가 가능하도록 상비약, 가제 등을 준비해 둔다.

① 깨끗한 유니폼과 마스크, 보호안경을 착용한다.
② 장비와 도구들은 사용전후에 위생처리 한다.
③ 장비와 도구들은 사용 전에 위생 처리 한다.
④ 화학제품을 혼합하거나 사용시 제조 회사의 지침을 따르고 화학제품이 피부나 눈에 닿지 않도록 하며 화학제품이 묻었을 경우 즉시 흐르는 물에 씻어낸다.
⑤ 화학제품 사용 후 반드시 손을 닦는다.
⑥ 살롱과 서랍, 케비넷 도구를 깨끗하고 깔끔하게 정리한다.
⑦ 시술 중 알레르기가 발생하거나 상처가 난 경우 적절한 응급처치 후 응급실로 보낸다.
⑧ 네일 샵 안에 환기시설을 설치한다.

(3) 네일 살롱에서의 안전

① 솔벤트가 들어 있는 네일 칼라, 리무버와 아크릴 네일 작업에 사용되는 프라이머, 젤, 접착제등의 물질에 노출되지 않도록 한다.
② 파일링할 때 아크릴 파우더, 아크릴 리퀴드, 프라이머에서 발산되는 증기로 인해 호흡시 흡입되어 건강에 문제를 일으킬 수 있다.
③ 네일 칼라와 리무버를 사용시 흡연을 하면 발화 위험이 있다.
④ 글루, 젤, 솔벤트는 피부를 건조시키며 껍질이 벗어지고 상처를 통해 침입한다.

(4) 네일 테이블 준비 절차

네일 전용 작업대는 늘 청결하게 유지되어야 하며, 고객에게 바로 서비스를 행할 수 있도록 편리하게 준비되어 있어야 한다.

기본적 준비절차를 정리해 보면 다음과 같다.

① 네일 테이블을 70% 소독용 알코올로 닦아 준다.
② 네일 쿠션을 네일 타월도 감싸서 테이블 중앙에 놓는다.
③ 시술자가 오른손잡이인 것을 기준으로 할 때 네일 에나멜을 비롯한 모든 병 제품들은 시술자의 왼쪽에 놓고, 그 밖의 니퍼나 손톱깍기 같은 기구 형태의 것들은 오른쪽에 가지런히 정리한다.
④ 네일 테이블 서랍 속에 자주 소모되는 기구 등을 넣어둔다.

3) 매니큐어(Manicure)

(1) 매니큐어의 기원 및 역사

매니큐어의 어원을 살펴보면 매니(mani)는 라틴어의 마누스(manus)로 손을 말하며 큐어(cure)는 큐라(cure) 즉 치료를 의미한다. 따라서 매니큐어(manicure)의 본래의 의미는 손의 치료를 하는 것이지만 이 후 손의 치료 뿐 아니라 손을 아름답게 하는 방법을 의미하게 되었다. 즉 매니큐어란 손톱에 색을 바르는 것만이 아니라 손톱의 모양을 다듬고 큐티클 손질, 손 마사지, 칼라링 등의 손톱 뿐 아니라 손 전체를 청결하고 아름답게 하는 것이 목적이다.

매니큐어의 역사적 유래는 조금씩 다르지만 문헌을 통해 많은 세월에 걸쳐 변화하여 왔으며 처음에는 일부계층인 집권층의 부호들만이 네일 케어를 시술받았지만 지금은 화장의 완성이라고 명명할 정도로 보편화되었다. 최초의 네일 케어는 B?C 3000년 전 고대 이집트와 중국에서는 네일 케어의 기록을 볼 수 있는데 고대 이집트에서는 높은 지위의 남녀가 손톱을 관목에서 나오는 헤나(henna)라고 하는 붉은 오렌지색으로 염색하였는데 왕과 왕비는 짙은색으로 물들였고 그 밖에 직급이 낮을수록 옅은색을 칠하였다고 한다. 이는 파라오 무덤에 미라에서 손톱이 빨갛게 물들인 흔적이 있는 것이 발견되어 그 사실을 입증하고 있다. 중국에서는 조홍을 이용하여 손톱에 물을 들여 특권층의 신분표시로서 상류층 문화에서 사용하였고 다양한 색상의 손톱용액을 제조하여 사용하였다고 전해진다. 이 후 그리스 · 로마시대에도 상류계급의 여성들 사이에나 네일 케어가 유행하였고, 중세에는 아랍 문화의 영향을 받아 화학이 발달하면서 네일 케어 기술도 더욱 한 단계 발전을 하게 되었다. 19세기 유럽에서는 개암나무 열매모양으로 불리는 오벌(Oval) 모양의 손톱이 유행하였고 영국의 상류층 여성들은 손톱에 장밋빛 파우더를 사용하였고 버프를 이용해 손톱을 반짝이도록 윤이 나게 한다는 것에서 폴리쉬(Polish)라는 손톱의 용어가 유래하였다고 한다.

우리나라에서도 손톱에 봉숭아 꽃잎을 백반과 섞어 만든 봉숭아물을 들이는 풍습이 현재까지도 전해 내려오는 것을 보면, 손톱 미용은 동서고금을 막론하고 여성들의 본능적인 관심사라 하겠다. 현대 네일 케어의 산업은 1800년을 기점으로 싹트기 시작해 1885년에는 에나멜의 주재료인 니트로셀룰로즈를 개발하였고 1900년에는 금속화일, 가위 등을 손톱 손질에 사용하였고 에나멜을 브러쉬로 칠하기 시작하였다. 1925년에는 네일 폴리쉬 시장이 활발해졌으며 1935년에는 인조손톱이 등장하였다. 이 후 1956년 미국의 헬렌 걸 리가 처음으로 미용학교에서 네일 강의를 시작하면서 네일 교육이 체계화 되었고 1957년에는 근대적인 페디 큐어가 등장하였다. 우리나라 네일 케어 산업은 1988년 경 이태원에 네일샵이 최초로 오픈하였고 1996년 압구정동에 잇는 백화점에 네일 샵이 입점하면서 일반인들에게 알려져 이후 1997년 네일 재표 납품업체 및 네일 학원이 생겨나면서 현재에 이르기 까지 네일 산업이 발달되어왔다.

(2) 손톱 형태에 따른 손톱정리방법

① 스퀘어형(square shape)

손톱 끝이 뭉클하며 네모진 손톱 형태로 다른 모양의 네일 보다 잘 부러지지 않으므로 약한 손톱에 적절하지만 굵은 손가락의 경우 손가락이 짧아 보일 수 있다.

② 세미 스퀘어형(semi square shape)

라운드 스퀘어형(round square shape) 혹은 오버 스퀘어형(over square shape)이라고도 한다. 스퀘어형과 라운드형의 장점을 모은 형태로 여성들에게 가장 아름답고 세련된 손톱의 모양으로 볼 수 있다.

③ 오벌형(oval shape)

손톱 길이를 길게 해서 양 모서리를 둥글게 처리한 형태로서 손가락 자체가 가늘고 세련되어 보이지만 끝이 약하고 파손될 수 있으므로 강한 손톱에 형태에 시술하는 것이 적합하다.

④ 라운드형(round shape)

양 모서리를 둥글게 처리하여 네일 끝이 둥근형이다. 가장 자연스러운 모양으로 약하고 부드러운 손톱에 적절하며 남녀노소 누구나 즐겨하는 모양이다.

⑤ 포인트형(point shape)

손가락이 가늘고 손톱의 넓이가 비교적 좁은 사람들에게 어울리며 손가락이 가늘고 길어 보이는 장점이 있지만 양 가장자리를 너무 갈아내어 네일 넓이가 좁아져 부러지기 쉬운 단점이 있다.

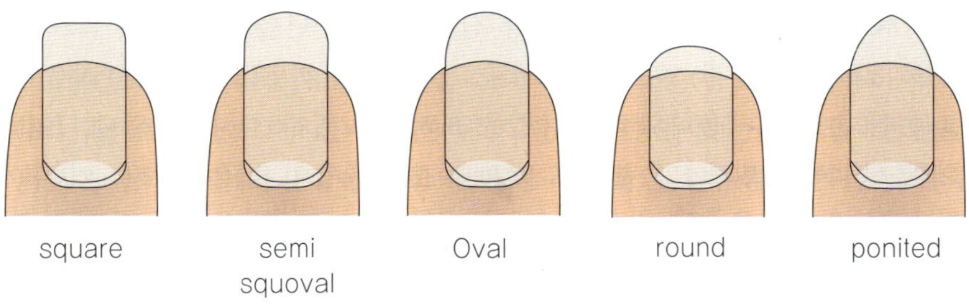

손톱의 모양

(3) 손 · 팔 마사지

① 로션 바르기
② 손바닥 마사지
③ 손등과 손목마사지
④ 손가락 마사지
⑤ 팔마사지
⑥ 마무리

(4) 네일 에나멜의 선택법

① 평범한 의상에는 자연스러운 색이나 투명한 색이 무난하다
② 화려한 파티, 또는 레저(leisure)시에는 의상색과 디자인에 따라서 빨강색이나 오렌지계의 선명한 색상이 잘 어울린다.
③ 한복일 경우에는 고상하고 차분한 핑크계열이 좋고, 피부가 비치는 엷은 옷의 경우에는 분위기에 따라서 진주빛이 섞인 것을 바르는 것도 세련됨을 나타내 준다.
④ 시원한 느낌을 주고 싶을 때에는 청색, 녹색, 흰색 계통의 네일 칼라를 바르고, 강렬하고 선명한 느낌을 주고 싶을 때에는 빨강색 등의 원색을 선택하여 발라 준다.
⑤ 특수한 에나멜로 스파클 브라이트의 펄의 빛남과 광택이 뛰어나 화려한 분위기를 연출해 준다.

(5) 레귤러 매니큐어 도구 및 시술방법

① 레귤러 네일 관리에 필요한 도구

타올, 고객용 팔 받침 쿠션, 솜, 리무버, 파일(우드파일, 쿠션파일, 삼색파일), 샌딩 블럭, 항균 비눗물, 네일 브러쉬 : 선택, 규티클 오일, 푸셔(메탈/스톤), 니퍼, 항균소독제, 페이퍼 타올, 로션, 오렌지 우드스틱, 베이스 코트, 네일 에나멜, 탑코트, 에나멜 드라이어, 안티셉틱(손소독제), 클리퍼, 70% 알코올, 지혈제, 라운드 패드

② 레귤러 네일 관리의 사전 준비

- 화학성분이 함유되어 있는 준비물에 이름표를 부착한다.
- 습식 매니큐어에 사용할 모든 도구를 소독한다.
- 습식 매니큐어 테이블을 70% 알코올로 닦는다.
- 매니큐어 테이블에 타올과 팔 받침 쿠션을 준비한다.

- 모든 준비물을 오른쪽에 진열한다.
- 시술자는 손을 깨끗이 닦고 고객에게도 손을 닦도록 권유한다.
- 따뜻한 물에 항세균 비눗물를 섞어 핑거볼에 담는다.

③ 레귤러 매니큐어 시술과정

- 시술자와 고객의 손을 소독한다.
- 네일 에나멜 리무버를 화장 솜에 묻혀 기존에 있었던 네일 칼라를 제거한다.
- 프리에지(자유연)가 너무 긴 경우 손톱 모양과 길이를 감안하여 파일링하고 손톱의 형태를 잡아 버프나 라운드 패드로 마무리한다. 손톱의 표면 정리는 모든 고객에게 반드시 하는 것이 아니고 유달리 네일 표면이 거칠거나 기복이 있는 고객에게 샌딩 블럭을 이용하여 네일 표면을 정리한다.
- 파일링 된 왼손을 큐티클을 불리기 위해 핑거볼에 담그고 큐티클을 유연하게 하는 동안 오른손의 형태를 잡는다.
- 왼손에 물기를 제거한 후 큐티클 오일을 이용하여 부위에 바르고 푸셔를 이용하여 손톱 뿌리 부분으로부터 굳은살을 밀어 주어 분리시킨다.
- 큐티클 니퍼를 이용하여 불필요한 큐티클을 정리해 준다.
- 정리된 큐티클의 주변이 세균으로 인해 감염될 우려가 있으므로 오렌지 우드스틱과 솜을 이용하여 소독한다.
- 오른쪽 손도 같은 방법으로 시술한다.
- 핫 타올로 마사지 전 손톱 관리에서 생겨난 잔여물을 제거하고 모공을 열어 준 후 핸드크림이나 로션을 이용하여 손 마사지를 한다.
- 네일 에나멜 리무버로 손톱의 유분기를 제거하여 네일 에나멜이 잘 발라지도록 준비한다.
- 네일에 베이스 코트(1회)를 바른 후 네일 에나멜을(2회) 바르고 탑 코트(1회)로 마무리한다.
- 네일 에나멜을 전기 네일 건조기를 이용하여 말려준다.
- 시술을 마친 네일 관리 도구를 알코올로 소독하여 정리한다.

(6) 핫 오일(로션) 매니큐어

핫 오일 매니큐어는 따뜻한 영양 및 보습용 네일 오일 또는 네일 로션을 이용하여 손상된 손톱과 손에 영양을 공급하여 건강을 되찾기 위한 네일 케어 방법을 말한다.

① 핫 오일 매니큐어에 필요한 도구

레귤러 네일 관리 준비물, 오일 워머, 1회용 플라스틱 오일 컵, 플라스틱 백, 오일, 로션 등

② 핫 오일 매니큐어 시술 과정

- 시술자와 고객의 손을 소독한다.
- 고객의 손톱에 발라진 네일 칼라를 지운다.
- 손톱을 파일링하여 형태를 잡고 버프로 마무리 한다.
- 핫오일 용기에 고객의 손을 담궈 손에 영양 및 보습을 공급한다.
- 담그고 있던 손을 꺼내 손에 묻어 있는 유분을 이용하여 손과 팔을 마사지한 후 플라스틱 백으로 보호한다.
- 큐티클 정리를 위해 큐티클 소프트너 혹은 오일을 바른 후 푸셔를 이용하여 큐티클을 분리한다.
- 분리된 큐티클을 니퍼로 정리하고 소독한다.
- 손과 손톱에 남아 있는 여분의 유분을 닦아낸다.
- 네일에 베이스 코트, 네일 에나멜, 탑 코트 순으로 칼라를 완성한다.

(7) 파라핀 매니큐어

파라핀 매니큐어는 핫 오일 매니큐어와 거의 유사한 네일 케어방법이며 핫오일이나 로션대신 녹인 파라핀양초를 사용한다는 차이점이 있다. 파라핀은 피부의 순환을 활발하게 해주어 물리치료용으로도 많이 활용되고 있으며, 모공을 확장하여 노폐물 및 독소를 배출하게 하여 탁월한 피부의 보습 및 영양공급의 효과까지 얻을 수 있는 손발관리 방법 중 하나이다.

① 파라핀 매니큐어에 필요한 도구

레귤러 네일 관리 준비물, 파라핀 워머, 파라핀 왁스, 플라스틱 장갑, 전기 장갑 혹은 면장갑

② 파라핀 매니큐어 시술 과정

- 레귤러 네일 관리 시술 과정 중 소독에서 마사지 단계까지 동일하게 시술한다.
- 파라핀 워머에 손을 담그기 전에 손톱에 베이스 코트를 발라 손톱에 파라핀이 스며드는 것을 방지한다.
- 손과 상박부위에 파라핀 로션을 바르고 파라핀 워머 안에 손가락을 편 채로 담그고 뺐다가 다시 담구는 과정을 3회 정도 반복한다.
- 열이 외부로 방출되는 것을 방지하기 위해 플라스틱 백이나 장갑을 손에 씌운 후 10분 정도 따뜻한 전기 장갑이나 면장갑을 씌워준다.

- 열감이 없어지고 파라핀이 응고된 후 파라핀을 벗겨낸다.
- 간단한 마사지를 통해 손에 유분기가 충분히 흡수되도록 한다.
- 유분기를 제거하고 베이스 코트를 지운 후 칼라를 바른다(베이스 코트, 네일 에나멜, 탑 코트).

(8) 남성 매니큐어

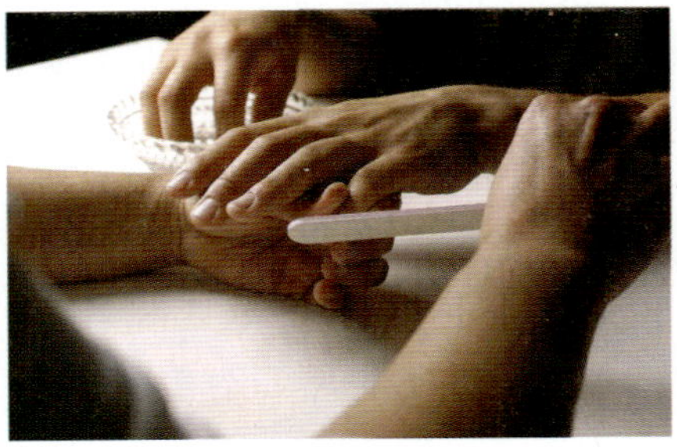

현대 남성들은 여성 못지않게 미에 대한 관심이 증폭되었으며 외모 관리에도 적극적인 것을 쉽게 확인할 수 있다. 특히 취업을 준비하는 남성이나 자신의 외적 이미지 향상을 위해 네일 관리를 받는 남성들이 늘고 있는 추세이다. 남성을 위한 매니큐어는 기본적으로 여성들이 받는 서비스와 비슷하나 여성들처럼 유색칼라를 바르지 않고도 건강하고 투명한 손톱을 드러내는 관리법으로 손톱의 길이는 프리에지(자유연)이 약간 보일 정도로 짧게 하며 모양을 네일 베이스와 같은 모양으로 자연스러운 형태를 유지하는 것이 기본적이다. 네일의 칼라는 투명 칼라를 사용하거나 광택제와 광택용 파일등을 이용하여 네일에 광택을 주는 정도로 마무리한다.

(9) 네일 랩(Nail wraps)

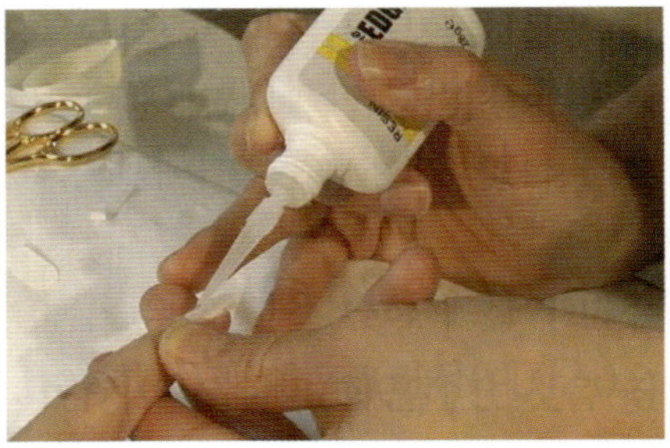

네일 랩이란 갈라지거나 깨지는 등의 손상을 입은 네일이나 약한 네일에 랩을 씌워 네일을 손상으로부터 보호하거나 강하게 만들어 주며 혹은 자연 네일 위에 네일 팁을 접착 한 후 랩을 씌워 네일을 보강해 주는 시술로 손톱을 씌워준다는 뜻으로 오버레이(overlays)라고도 한다. 네일 랩의 종류로는 사용 소재에 따라 패브릭 랩(fabric wrap), 페이퍼 랩(paper wrap), 리퀴드 랩(liquid wrap)이 있다. 이 중 가장 보편적으로 사용되어지는 랩 소재는 실크로서 재료의 특성상 조직이 깨끗하여 자연스러운 시술이 가능하다.

① 네일 랩에 필요한 도구

레귤러 네일 관리 준비물, 네일 랩, 글루, 젤, 랩 가위, 글루 드라이어

② 네일 랩 시술 과정

- 시술자와 고객의 손을 소독한다.
- 고객의 손톱에 발라진 네일 에나멜을 지운다.
- 큐티클 정리 : 큐티클 소프트너 혹은 오일을 바른 후 푸셔를 이용하여 큐티클을 분리하고 니퍼로 정리하고 소독한다.
- 버프를 이용하여 네일 표면을 정리한다.
- 네일 랩의 소재를 네일 크기에 맞도록 자른다.
- 네일에 글루를 바르고 네일 크기에 맞춰 자른 네일 랩을 붙인다.
- 파일을 이용하여 접착된 네일 랩과 자연 네일의 경계면을 갈아 부드럽게 연결해 주고 네일의 형태를 잡는다.
- 접착된 네일 랩 위에 글루를 발라 네일에 완전히 접착시킨 후 버프한다.
- 마사지 후 유분기를 제거한다.
- 네일에 베이스 코트, 네일 에나멜, 탑 코트를 바른다.

(10) 네일 팁(Nail tip)

네일 팁은 보통 플라스틱, 나일론, 아세테이트 아크릴 등의 재질로 만들어진 인조손톱을 자연 네일에 접착하여 네일의 길이를 길게 연장하거나 네일의 형태를 교정하고 보호하는 시술로 네일 팁은 여러 가지 종류의 모양과 사이즈가 있다. 고대 이집트와 중국에서는 손톱 끝에 반지 형식으로 된 금속을 붙여 손톱을 길게 했던 것으로부터 시작하여 현재의 네일 팁은 1954년대 미국 치과의사인 Fred Slack이 치아 보강용 아크릴 폴리머를 이용해 인조 네일을 개발하여 현재까지 사용되고 있다.

① 네일 팁에 필요한 도구

레귤러 네일 관리 준비물, 네일 팁, 글루, 젤, 팁 커터, 필러 파우더, 글루 드라이어

② 네일 팁 시술 과정

- 시술자와 고객의 손을 소독한다.
- 고객의 네일에 발라진 네일 에나멜을 지운다.
- 큐티클 정리 : 큐티클 소프트너 혹은 오일을 바른 후 푸셔를 이용하여 큐티클을 분리하고 니퍼로 정리하고 소독한다.
- 자연 네일의 길이와 형태를 정리한 후 네일 표면에 유분기를 제거한다.

* 에칭(Etching) 작업 : 손톱의 표면을 파일로 깨끗이 정리하여 제품을 접착을 높여준다.

- 자연 네일의 형태를 고려하여 네일 팁의 모양과 사이즈를 선택한다.
- 글루 혹은 젤을 이용하여 네일 팁을 자연 네일에 붙인다. 네일 팁 접착시 팁의 각도는 45°로 하여 공기가 들어가지 않도록 밀착시킨다.
- 팁 커터를 이용하여 네일 팁의 길이를 자른다.
- 네일 팁에 접착된 경계선을 파일로 갈아 부드럽게 연결해 준다.
- 전체적으로 자연스러운 네일의 형태 잡기 위해 네일 표면에 글루를 바른 후 필러 파우더 뿌리고 네일 상태에 따라 2~3회 반복 후 글루 드라이어로 말린다.
- 파일로 네일 표면을 매끄럽게 다듬고 네일 팁의 형태를 잡는다.
- 네일에 베이스 코트, 네일 에나멜, 탑 코트를 바른다.

③ 네일 팁의 제거 방법

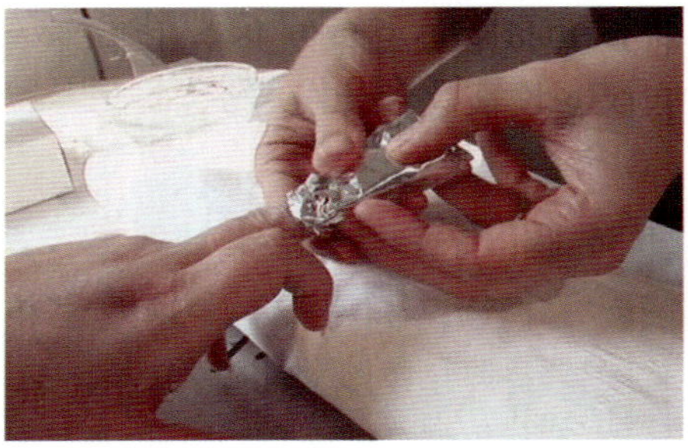

- 시술자와 고객의 손을 소독한다.
- 네일 에나멜을 리무버로 지운다.
- 자연 네일에 부착된 네일 팁의 윗부분을 클리퍼로 잘라낸다.
- 아세톤을 적신 솜을 네일 팁 위에 올리고 팁이 분리되도록 쿠킹 호일로 감싼다(5~10분 정도).
- 자연 네일에 부착된 네일 팁을 제거한 후 네일 표면을 버핑하여 남아있는 접착제 및 잔여물을 제거한다.
- 손상된 네일에 보습 관리 및 마사지를 한다.

(11) 아크릴릭 네일(Acrylic nail)

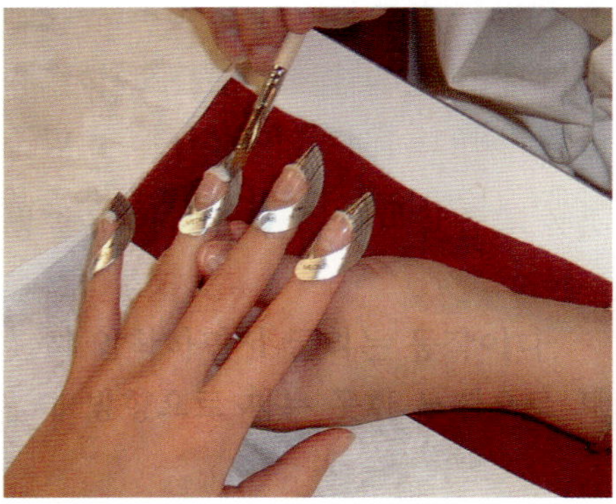

아크릴릭 네일은 아크릴릭 리퀴드와 아크릴릭 파우더를 혼합하여 만드는 시술로 다른 인조 네일 보다 견고하며 내수성이 강하여 지속성이 좋다. 아크릴릭 네일은 자연 손톱의 길이를 연장해주는 스컬프처 네일(sculpture nail)과 인조 네일을 보강하는 아크릴릭 오버레이(acrylic overlays)로 활용된다.

① 아크릴릭 네일에 필요한 도구

레귤러 네일 관리 준비물, 아크릴릭 리퀴드, 아크릴릭 파우더, 프라이머, 아크릴릭 브러시, 네일 폼, 브러시 클리너, 디스펜서, 눈 보호용 안경, 마스크

② 아크릴릭 네일 / 스컬프처 네일(sculpture nail) 시술 과정

- 시술자와 고객의 손을 소독한다.
- 고객의 네일에 발라진 네일 에나멜을 지운다.
- 큐티클 정리 : 큐티클 소프트너 혹은 오일을 바른 후 푸셔를 이용하여 큐티클을 분리하고 니퍼로 정리하고 소독한다.
- 네일의 길이를 정리하고 네일 표면에 유분기와 광택을 제거한다(etching).
- 프라이머를 발라 건조시킨다.
- 네일 형태에 알맞는 네일 폼을 선택한 후 손톱 밑 부분에 네일 폼을 끼운다.
- 프라이머를 바른 후 브러시를 아크릴릭 리퀴드에 적신 후 파우더를 묻혀 아크릴릭 볼을 만들어 프리에지(자유연) 부분에 얹어 스마일 라인을 만든다.
- 아크릴릭 볼을 만들어 얹는 작업을 반복하여 전체적인 네일의 형태를 완성한다.
- 네일 폼을 분리한 후 파일을 이용하여 네일 형태를 잡고 표면을 정리한 후 버프한다.

  * 핀치(Pinching) 작업 : 네일 폼을 분리한 후 네일의 양쪽 옆을 조여 커브를 자연스럽게 잡아준다.
- 큐티클 오일을 바른 후 3-way 파일로 네일 표면에 광택을 준다.
- 마사지 후 유분기를 제거한다.
- 베이스 코트, 네일 에나멜, 탑 코트를 바른다.

(12) 젤 네일(Gel nail)

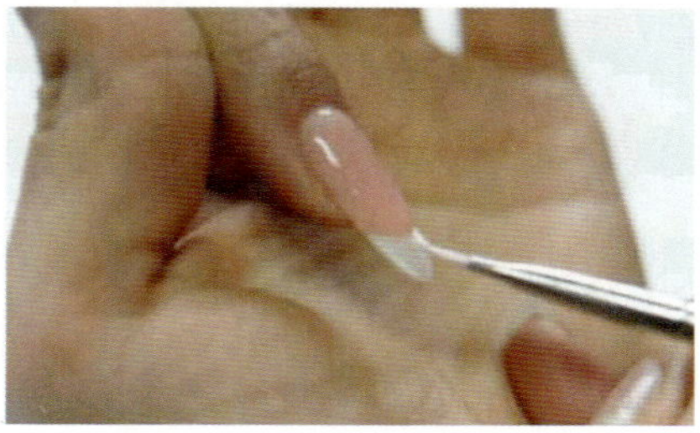

젤 네일은 아크릴릭 네일과 시술절차가 비슷하며 냄새가 없고 다른 인조 네일에 비해 투명하고 아름다운 네일의 표현이 가능하다. 젤 시스템은 라이트 큐어드 젤(light cured gel)과 노 라이트 젤(no light gel)이 있는데 라이트 큐어드 젤은 자외선 혹은 할로겐 램프의 빛을 이용하여 젤을 굳게 하는 방법이고, 노라이트 젤은 광선이나 빛을 사용하지 않고 응고제를 사용하여 굳히는 방법이다. 젤 네일은 표현 효과가 투명하고 반짝이는 장점이 있으나 금이 가기 쉽고 젤을 제거하는 데 많은 시간이 소요된다.

① 젤 네일에 필요한 도구

레귤러 네일 관리 준비물, 라이트 큐어드 젤, 큐어링 라이트, 브러시

② 젤 네일 시술 과정

- 시술자와 고객의 손을 소독한다.
- 고객의 네일에 발라진 네일 에나멜을 지운다.
- 큐티클 정리 : 큐티클 소프트너 혹은 오일을 바른 후 푸셔를 이용하여 큐티클을 분리하고 니퍼로 정리하고 소독한다.
- 자연 네일의 길이를 정리하고 네일 표면에 유분기와 광택을 제거한다.
- 네일의 길이 연장(overlays)을 목적으로 시술할 경우 네일 팁을 붙이거나 네일 폼을 끼워준다.
- 브러시로 네일 또는 팁의 표면에 젤을 얇고 고르게 바른다(1차 젤 코팅).
- 큐어링 라이트를 이용하여 젤을 굳힌다.
- 2번째로 젤(2차 젤 코팅)을 바른 후 큐어링 라이트에 젤을 굳힌다.
- 세척제로 네일 표면을 닦아준다.
- 큐티클 오일을 바른 후 파일로 형태를 정리한다.
- 마사지 후 유분기를 제거한다.
- 베이스 코트, 네일 에나멜, 탑 코트를 바른다.

4) 페디큐어(Pedicure)

페디큐어란 라틴어의 발(pedes)과 관리(cura)의 합성어로서 발톱을 자르고 매끄럽고 예쁜 모양으로 다듬어 준 후 마사지와 네일 에나멜을 칠하는 모든 시술과정을 의미한다. 즉 페디큐어는 발가락, 발톱 등을 가꾸는 것을 말하며 오늘날의 구두패션을 앞부분과 뒷부분을 노출시키는 것이 유행하기 때문에 페디큐어가 중요한 손질로 부각되고 있다. 손질되지 않은 발톱이나 거세고 방치된 발뒤꿈치는 우아한 신발 맵시를 살릴 수 없다, 발 손질은 겉모양을 할 뿐 아니라 발을 편하게 하기도 한다.

(1) 발 · 다리 마사지

① 로션 바르기
② 발등마사지
③ 발가락 마사지
④ 발바닥 마사지
⑤ 마무리

(2) 패디큐어 시술

① 패디큐어에 필요한 도구

레귤러 네일 관리 준비물, 고객용 의자, 네일 아티스트 의자, 발 받침대, 각탕기, 발세척 용기, 발톱 클리퍼, 살균 스프레이, 발 파우더, 발전용 스크럽, 발전용 로션, 토우 세퍼레이터, 패디 파일, 패디큐어 슬리퍼

② 패디큐어 시술 과정

- 시술자의 손과 고객의 발을 살균 스프레이로 소독한다.
- 발톱에 발라진 에나멜을 지운다.
- 클리퍼를 이용하여 발톱의 길이를 자르고 파일을 이용하여 발톱의 모양을 다듬는다.
- 왼쪽 발을 따뜻한 비눗물을 담근다.
- 항균 비누를 섞은 따뜻한 물이 준비된 각탕기에 발을 담그고 5~10분 정도 후에 타올로 발에 물기를 제거한다.
- 발톱의 큐티클 부위에 큐티클 소프트너 혹은 오일을 바른다.
- 푸셔로 큐티클을 밀어낸 후 니퍼로 잘라낸다.
- 발바닥에 크레도, 패디 파일 혹은 패디 스톤을 이용하여 굳은살이나 각질을 제거한다.
- 발을 깨끗이 씻고 물기를 제거한 후 소독한다.
- 로션으로 발 마사지를 한 후 따뜻한 수건으로 유분을 제거한다. 탈지면에 수렴화장수를 발라 피부를 수축 시켜준다.
- 네일 에나멜이 뭉치지 않도록 에나멜을 바르기 전에 토우 세퍼레이터를 발가락의 사이에 끼운다.
- 손톱에서와 같은 방법으로 베이스코트 – 네일 에나멜 – 탑 코트 순으로 네일 에나멜을 바른다.
- 사용한 기구들을 소독하고 정리 정돈하여 청결을 유지 한다.

5) 네일아트(Nail art)

네일아트는 네일의 미적으로 표현 뿐 아니라 나아가 예술적 표현을 말하며 네일 관리 이 외에 네일에 개성과 미를 창조하는 예술 작업으로 볼 수 있다. 따라서 다양한 네일 테크닉을 바탕으로 섬세함과 창조적인 능력을 통해 네일 아트를 표현 할 수 있다. 네일 아트의 대표적인 기법으로는 핸드 페인팅(hand painting), 라인스톤(rhine stone), 워터 데칼(water decals), 스트라이핑 테잎(striping tape), 마블링(marbling), 댕글(dangle), 에어 브러시(air brush), 3D(3 dimension) 등이 있다.

(1) 라인스톤(Rhine stone)

라인스톤은 다양한 형태와 색상의 모조 다이아몬드를 이용하여 네일을 장식하는 것으로 라인석 자체의화려한 광택을 이용하여 화려하고 세련된 네일을 표현할 수 있다.

(2) 핸드 페인팅(Hand painting)

브러시와 네일 전용 아트 물감을 이용해 네일에 디자인을 직접 그리는 기법으로 다양한 아이디어를 디자인하여 표현할 수 있다.

(3) 워터 데칼(Water decals)

워터 데칼은 이미 완성된 도안 또는 그림을 네일에 전사할 수 있도록 되어있는 판박이 형태의 제품을 이용하여 네일을 장식하는 방법으로 시술방법이 간편하고 시간이 짧은 장점이 있다.

(4) 스트라이핑 테잎(Striping tape)

다양한 색상의 라인 테잎을 이용하여 선을 이용한 디자인을 통해 세련되고 모던한 느낌의 네일 아트를 표현할 수 있으며 시술방법이 간단한 장점이 있다.

(5) 댕글(Dangle)

손톱 끝에 네일용 핸드드릴을 이용해 작은 구멍을 뚫고 장식이나 펜던트를 달아 네일을 장식하는 방법이다.

(6) 마블링(Marbling)

미술에서의 한 표현기법인 물과 기름이 서로 섞이지 않는 성질을 이용한 것으로 우연의 효과를 살려 작품을 제작하는 기법을 네일 아트에 적용한 것이다. 마블 효과를 내는 방법에 따라 워터 마블(water marble)과 에나멜 마블(enamel marble)로 나누어진다.

(7) 에어브러쉬(Air brush)

에어 브러시를 이용한 네일 아트는 수작업이 아닌 에어 브러시를 이용한 기계적 분사 작업을 통해 정밀하며 부드러운 그라데이션 표현이 가능하며 입체적인 이미지를 구사할 수 있다.

(8) 3D(3 Dimension)

3 Dimension 네일 아트는 평면적인 네일을 입체적으로 표현하는 기법으로 일반적으로 아크릴릭을 이용하여 네일에 입체적인 형태를 장식하거나 다양한 소재의 오브제를 이용하여 조형적인 예술 표현이 가능한 기법이다.

3. 제모

제모는 신체에 불필요한 털을 제거하는 일시적인 방법이며 주 고객은 여성으로 겨드랑이, 팔, 다리 등에 제모를 한다. 제모는 일시적인 제모법과 영구적인 제모법이 있는데 일시적 제모 방법으로는 면도, 족집게, 제모제, 왁스 등을 이용한 것이고 영구적 제모법은 전기요법을 이용하여 제모를 한다.

1) 제모에 필요한 도구

① 왁스(wax) : 탈모에 사용되는 왁스로 소프트 타입과 하드타입으로 구분된다.
② 왁스 워머(wax wammer) : 왁스를 데우고 일정한 온도로 유지시켜 준다.
③ 솜(cotton) : 제모할 부위를 소독할 때 사용한다.
④ 스파튤라(spatula) : 왁스를 덜어서 피부에 왁스를 바를 때 사용한다.
⑤ 오렌지 우드스틱(orange wood stick) : 눈썹 주위 같은 좁은 부위에 왁스를 바를 때 사용한다.
⑥ 광목(muslin) : 왁스를 바른 후 털을 제거할 때 사용한다.
⑦ 파우더(powder) : 피부의 수분과 오일의 흡수를 위해 파우더를 사용한다.
⑧ 오일(oil) : 왁스 제거 후 남아 있는 왁스를 깨끗이 닦아주고, 피부를 진정시켜준다.
⑨ 소독제(antiseptic) : 피부를 소독, 진정, 살균시킬 때 사용한다.
⑩ 족집게(tweezer) : 왁스로 제모 후 남아 있는 잔털을 제거할 때 사용한다.

2) 제모 시술시 주의사항

(1) 제모를 금하는 경우

① 피부 질환 부위
② 자극 부위
③ 생리전 · 후 민감한 상태, 알레르기성 피부
④ 당뇨병 환자
⑤ 정맥류 등 혈관 이상이 있는 경우
⑥ 간질환자

(2) 제모 후 관리

① 냉타월로 시술부위를 진정시킨다.
② 소염제(안티셉틱 로션)을 바른다.
③ 제모 후 하루 정도는 땀과 먼지, 목욕이나 사우나를 피하도록 한다.
④ 향이 있는 로션, 향수 등 알레르기를 유발할 수 있는 자극적인 제품의 사용을 금지한다.

3) 제모 시술 과정

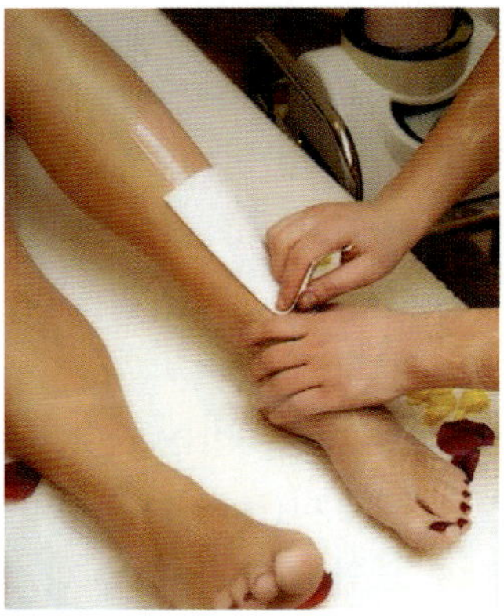

① 왁스는 20분전에 예열시켜 온도를 유지하도록 한다.
② 소독하기 : 시술자의 손과 고객의 시술 부위를 소독제로 소독한다.
③ 파우더 바르기 : 소독한 후 남아 있는 유분기와 수분을 파우더로 제거한다.
④ 왁스 덜어내기 : 스패튤라를 이용하여 왁스를 덜어내고 스패튤라의 한쪽 면을 훑어낸다
⑤ 온도 테스트하기: 시술자의 손목 안쪽에 왁스의 온도를 테스트 한다.
⑥ 왁스 바르기: 시술부위에 스패튤라를 45도 각도로 제모 할 부위에 펴 바른다.
⑦ 광목천 덮기 : 천을 왁스가 발라진 부위에 덮고 털이 난 방향으로 문질러 준다. 한손으로 광목천 상단 부분을 잡고 한손으로는 하단 끝부분을 털이 난 방향으로 잡아 당겨 보아 밀착성을 확인한다.
⑧ 광목천 떼기: 털이 난 방향으로 빠르게 광목천을 떼어낸다.
⑨ 진정시키기: 털이 제모 되면서 예민해진 피부를 차가운 수건으로 진정시킨다.
⑩ 오일 바르기 : 피부에 남아 있는 왁스를 닦아내기 위해 오일을 바른다.
⑪ 오일 닦기: 티슈로 가볍게 눌렀다 떼어내어 남아 있는 오일을 제거한다.
⑫ 잔털 제모 : 남아 있는 잔털을 족집게로 제거한다.
⑬ 소독하기 : 제모한 자리를 소독한다.
⑭ 파우더 바르기 : 소독한 후 남아 있는 유분기와 수분을 파우더로 마무리한다.

Part 03

AESTHETIC

제17장 피부미용

Aesthetic

1. 피부미용의 개요

1) 피부미용의 정의

피부미용은 피부질환을 앓고 있는 피부를 제외한 피부를 대상으로 안면 및 전신의 피부를, 정확한 피부분석을 통하여 화장품, 손의 테크닉, 미용기기 등을 이용하여 피부상태를 개선시켜 건강하고 아름다운 피부를 보호, 유지 하는 것이다. 피부미용은 피부 및 인체의 구조, 기능, 생리작용에 대한 과학적인 지식을 바탕으로 관리사의 손을 이용한 다양한 수기법과 화장품, 미용기기 등을 이용하여 이루어진다. 따라서 피부관리사는 피부미용학, 피부학 및 해부생리학, 피부미용기기학, 화장품학, 공중위생관리학 등에 대한 이론적인 지식과 안면과 전신에 대한 다양한 손의 테크닉을 습득하고 이를 실제 피부관리 과정에 적극 활용하여 임상경험을 축적함으로써 이론과 실기를 겸비한 전문 피부관리사로 성장할 수 있다.

2) 피부미용의 용어

한국에서는 피부질환(의학적인 영역)을 제외한 피부에 대한 관리(care), 혹은 처리, 처치(treatment)를 의미하는 용어로 피부미용, 피부관리, 에스테틱, 스킨케어, 코스메틱 등 다양하게 사용되고 있다. 미국은 skin care 또는 aesthetic/esthetic, 프랑스는 esthetique, 영국은 cosmetic, 일본은 esty라는 명칭을 사용하고 있다. 또한 독일에서는 kosmetik이 피부미용을 뜻하며 미용제제 및 미용용품을 의미하는 용어로도 사용되고 있다. 피부미용에 종사하는 사람 또는 화장품판매원의 경우 미국은 aesthetician /esthetician, 영국은 cosmetician 독일은 kosmetikerin이라 부른다. 한국은 피부미용사, 피부관리사, esthetician 등으로 혼용한다.

코스메틱(cosmetic)의 어원을 보면, 로마시대 화장품을 전문적으로 만드는 노예집단인 cosmetae에서 유래되었다는 설과 고대 그리스어 kosmos에서 유래되었다는 설이 있다. kosmos의 개념은 우주의 질서, 조화된 아름다움인데 이는 곧 피부관리를 통해 건강한 아름다움을 실천한다는 의미를 내포하고 있다. 에스테틱(aesthetic/esthetic)은 프랑스어인 esthetique에서 유래되었으며, 사전적인 의미로는 '미의', '심미적인' '미학의' 라는 뜻인데 오늘날에는 피부미용의 의미로도 사용된다.

3) 피부미용의 목적

피부는 연령, 건강상태에 따른 내적변화와 기후, 계절 등 환경에 따른 외적변화에 의해 끊임없이 영향을 받는다. 피부미용은 지속적인 피부관리를 통해 피부의 생리기능을 원활하게 함으로써 건강하고 탄력있는 피부를 유지하며, 문제성 피부의 경우에는 피부의 기능을 회복시켜 정상적인 피부상태로 개선함으로써 건강한 피부를 유지하는 것을 목적으로 한다. 그러므로 피부미용의 궁극적인 목적은 건강하고 아름다운 피부를 지속적인 피부관리를 통해 항상 보호, 유지하여 피부노화를 최대한 지연시키는 것이다.

2. 피부미용의 역사

1) 서양의 피부미용 역사

(1) 이집트시대

이집트인들은 고온건조한 기후에 노출이 많은 피부를 보호하기위해 향유를 많이 사용하였다. 향유로는 올리브오일, 아몬드오일, 양모왁스 등을 사용하였다. 현명함과 장식적인 세련미로 유명한 이집트여왕 클레오파트라는 오늘날의 머드(mud)나 클레이팩(clay pack)과 비슷한 진흙, 우유, 꿀, 계란노른자 등을 이용한 미용법을 즐겨하였다고 전해진다

(2) 그리스시대

완전한 미(美)에 대한 이상, 신체와 정신의 완벽한 조화(균형)을 동경했던 그리스인들은 건강한 정신은 건강한 신체에서 비롯된다고 생각했기에, 건강한 신체를 추구하는데 노력하였다. 식이요법, 운동을 통한 규칙적인 신체관리를 하였으며, 목욕, 마사지는 그리스인들의 일상생활이었다. 목욕 후 마사지는 매우 중요하였는데, 마사지(massage)라는 용어의 어원도 그리스어로 반죽하다, 주무르다, 문지르다를 의미하는 마세인(massein)이라는 단어에서 유래했다. 기원전 4세기경 히포크라테스는 건강한 아름다움을 위해 미용식, 일광욕, 다양한 목욕방법, 마사지 등을 권장하였다.

(3) 로마시대

로마인들은 그리스로부터 몸관리의 정신을 배웠고, 그 정신을 세련된 방법으로 개선시켰다. 매일의 목욕으로 몸을 청결히 하였을 뿐만 아니라, '한증목욕법' 과 '스팀미용법' 을 개발하였다. 피부를 희고 부드럽게 유지하기위하여 염소젖으로 세안을 하였고, 레몬과 오렌지즙을 이용하여 거친 피부부분을 마사지하였다. 이는 오늘날 무독성과일산(alpha hydroxi acid)의 미백 및 각질제거작용 원리와 비슷하다. 남녀 모두 희고 아름다운 피부를 가꾸기위해 다양한 목욕법(냉수욕, 온수욕, 약초욕)이 발달하였고 피부관리를 위해 우유, 효모, 레몬 등의 과일산도 사용하였다.

(4) 중세시대

중세는 로마시대와 비교하여 피부미용에 있어서 새로운 것은 거의 없다. 로마시대 이

미 알려진 식물과 채소의 효능을 이용하여 끓는 물에 여러 가지 약초를 넣고 맑고 깨끗한 피부를 얻기 위해 수증기를 쏘이는 방법등이 등장하였다. 스팀으로 모공이 열리고 피부가 깨끗이 세척되는 오늘날 미용기기 스티머의 원리이다.

(5) 르네상스시대

이탈리아에서 시작된 르네상스운동은 고대 그리스,로마문화의 재생,부활을 의미하며, 고전적인 아름다움의 이상을 추구하기 시작하였다. 남녀 모두 외모에 대해 관심은 많았으나, 중세 십자군전쟁 이후로 목욕이 금지되어 세수나 목욕하는 습관이 없었다. 신체에서 나는 악취를 제거하기 위해 향수가 유행하였으며, 세안은 물대신 알코올, 채소농축액, 우유와 꿀을 넣은 정제된 화장수로 닦는게 전부였다.

(6) 바로크시대

여드름이나 천연두의 흔적을 감추기위해 검은 비단조각(beauty patch)을 얼굴에 붙이는 것이 유행하였고, 중세부터 이어져온 씻지않는 습관으로 인해 피부의 건강한 아름다움을 추구하기보다는 파우더나 연지를 과도하게 사용하여 두꺼운 화장을 하는 장식적인 아름다움을 선호하였다. 독일의 의사 후페란트(christoph hufeland)는 젊음의 유지와 숙면을 위해 마사지를 권장하였고, 클렌징크림을 제조하여 피부에 사용하였다.

(7) 로코코시대

로코코시대는 남녀모두 연령을 구별하지 못할 정도로 머리에 분을 바르는 것이 유행하였고, 남성들은 여성들 못지않게 짙은 화장을 하였고, 목욕은 자주하지 않고 화장수나 향수를 과도하게 사용하였다. 딸기와 우유, 향수를 섞은 액체를 스폰지에 적셔 몸을 닦았다. 18세기 대학에 화학과정이 개설되면서 향장업이 본격적으로 발달하게 된다.

(8) 19세기

19세기에 들어오면서 인위적이고 유해한 화장품의 남녀불문한 과도한 사용을 자제하는 분위기가 확산되었고, 자연스러운 미를 강조하는 화장문화가 대두되면서 화장은 여성들만의 점유물이 되어갔다. 위생과 청결이 중요시되어 비누의 사용이 보편화되어갔고, 왕족이나 귀족 층에서 폐쇄적으로 사용되던 크림, 로션 등의 사용이 일반화되었다. 또한 1866년에는 산화아연의 개발로 여성들에게 해독을 주던 백납분이 사라지게 되었다.

(9) 20세기 초반

마사지크림이 1901년에 처음 만들어졌고, 1930년대 후반에는 인체에 해로운 자외선을 차단하는 제품이 개발되었고, 호르몬크림의 제조도 이루어진다.

2) 한국의 피부미용 역사

(1) 고조선시대

고조선인들은 흰피부를 선호하였고 이를 위해 오줌세안을 하였는데, 오줌을 피부 미백제로 사용한 것이다. 겨울에는 돼지기름을 발라 피부를 부드럽게 하고 동상을 예방하였다

(2) 통일신라시대

신라는 영육일치사상을 중시하여 깨끗한 몸과 단정한 옷차람을 추구하였고 외모를 아름답게 치장하였다. 불교의 전래로 향이 널리 보급되었고 목욕재계를 중시하여 목욕이 대중화되었다. 목욕세제로는 팥, 녹두, 쌀겨 등을 사용하였다.

(3) 고려시대

향문화가 더욱 확산되어 향나무로 침구와 향주 등을 만들었고, 청결관념이 더욱 강조되었다. 전신목욕이 성행하였으며, 부유층에서는 아이들을 복숭아꽃물에 세수와 목욕을 하게하여 희고 부드러운 피부를 간직하게 하였고, 여인들은 난초 삶은 물에 목욕을 하여 몸에서 향내가 나게 하였다. 또한 면약은 남녀 모두 사용하는 액상타입의 화장품으로 손과 얼굴을 부드럽게하는 피부보호제 겸 미백제로 사용되었다.

(4) 조선시대

내 · 외면의 미를 동일시하는 사상의 영향으로, 흰피부를 선호하는 동시에 단정한 몸가짐을 중요시하였다. 흰피부 선호사상은 일찍이 고조선시대부터 비롯된 것이지만 조선시대에는 기미, 주근깨와 흉터가 없는 투명한 피부, 즉 옥같은 피부를 추구하였는데 이러한 피부를 가꾸기 위해 미안수를 만들어 사용하고, 꿀 찌꺼기를 펴 발랐다가 일정시간 후에 떼어내는 미안법(오늘날의 팩)을 하는가 하면 오이꼭지를 안면에 문지르기도 하였다.

(5) 20세기 초반

유럽(주로 프랑스)에서 크림, 백분, 비누, 향수 등이 수입되었다. 박가분의 판매 이후 머릿기름, 연부액(미백로션), 유액(밀크로션) 등이 시판되었다. 가정에서는 수세미와 오이의 즙으로 화장수를 만들어 사용하였고, 살구씨, 미곡 등을 미백제로 사용하였다. 1920년대 말부터는 북을치면서 판매한 동동구리무가 큰 관심을 끌며 유행하였다.

(6) 현대의 피부미용

1981년 YMCA에서 처음으로 피부미용전문교육과정을 개설하고 그 과정을 수료한 자를 '피부관리사' 라 지칭하였으며, 피부미용 종사자가 증가함으로써 점차 전문직종으로 자리매김하게 되었다. 1986년에는 COMIT INTERNATION DESTETIQUE EDTE COSMETOLOGIE(국제피부미용협회) 일명 CIDESCO의 정식 회원국으로 가입하였고, 1991년에는 강릉영동대학 및 동주여자대학에서 미용과가 처음으로 신설된 이래 전국의 많은 대학에서 미용관련학과가 설치되어 피부미용 전문인력을 배출하고 있으며, 현재에는 4년제 학사 및 석 · 박사 학위과정도 개설되어있다. 2008년도 부터는 피부관리사 직무영역의 전문성을 강화하기 위해 미용사(피부)국가기술자격제도가 신설되었다.

최근 평균수명증가와 건강한 육체와 정신을 통해 행복을 추구하는 웰빙이 새로운 문화코드로 해석되면서 미(美) 에 대한 가치도 변화되고 있다. 건강의 개념 아래 아름다움을 추구함으로 투명하고 건강한 피부에 대한 관심이 증가하고 있다. 또한 수명증가로 남녀 모두 나이보다 젊어 보이는 외모를 중요한 사회경쟁력으로 생각하고 있으며, 그에 따라 과학적인 피부관리와 화장품시장을 원하고 있으므로 피부관리사의 서비스에 대한 요구와 피부미용관련산업은 지속적으로 증대될 전망이다.

3. 피부미용의 영역

1) 안면관리

(1) 일반 안면관리

피부관리는 피부유형에따른 미용상 문제점을 개선하고 건강한 피부를 유지하고 관리함으로써 노화를 최대한 지연시키는데 그 목적이 있다. 피부유형은 피부표면의 수분량, 피지분포, 혈액순환상태, 모공의 크기, 피부의 두께, 색소침착, 탄력정도, 주름 등에 의해 결정된다. 이는 건강상태와 연령에 따른 생리적인 요인, 생활습관(식생활, 운동, 수면습관 등)과 기후, 온도, 습도, 대기오염과 같은 외부환경적인 영향을 받는다. 일반안면관리는 피부에 특별한 문제가 없는 기본관리로써 보습, 보호, 유지를 목적으로 건성, 정상, 지성피부에 적용하는 관리이다. 관리방법과 순서는 제품의 종류에 따라 약간씩 차이가 있으나 대개 다음과 같다.

- 피부관리 준비작업(베드세팅, 헤어밴드감기, 사용할 화장품진열 등)
- 포인트 메이크업 지우기
- 클렌징(해면-스팀타월-토너)
- 피부분석과 판별
- 딥클렌징(해면-스팀타월-토너)
- 마사지(마사지 매개체에따라 후처리가 달라진다)
- 마스크 및 팩(해면정리-냉타월-토너)
- 마무리(아이크림-세럼-크림-자외선차단제)
- 두피마사지 및 스트레칭으로 관리 마무리

일반안면관리의 시간은 1시간~1시간30분 정도 소요된다.

(2) 특수 안면관리

기본적인 안면관리 외에 추가로 부가되는 관리가 안면특수관리이다. 여드름피부, 색소침착피부, 노화피부, 모세혈관확장피부 등 문제성있는 피부와 목과 눈 등 안면의 특정부위를 중점적으로 관리하거나, 일반안면관리 피부에 특수한 화장품이나 기기를 이용하여 특별한 프로그램으로 집중관리를 하여 피부의 문제점을 개선하고 건강하고 아름다운 피부로 가꾸어주는 것이다. 관리후 현저한 개선효과를 기대할 수 있다.

2) 전신관리

(1) 일반 전신관리

안면관리 외에 몸전체의 피부상태를 보호, 개선하고 혈액순환 및 신진대사를 증진시켜 신체조직의 기능회복과 체내 노폐물의 배설작용을 도와 몸의 피로회복과 건강한 피부, 건강한 몸을 유지하기위해 행하는 기본적인 전신관리이다.

(2) 특수 전신관리

전신에 행해지는 전문관리로 비만관리, 세룰라이트관리, 튼살관리, 체형관리, 탄력관리, 태닝(tanning) 등이 있다. 일반전신관리에서 이용하는 화장품과 피부미용기기는 물론 스파테라피, 아로마테라피, 색채테라피, 스톤테라피 등 보다 전문적인 지식을 요하는 다양한 관리방법을 사용하여 개선시키자하는 문제점과 욕구를 충족시킨다.

3) 경락미용

경락미용은 체표의 경혈과 경맥, 낙맥을 자극함으로써 기혈의 운행을 원활하게 하고, 외사의 침입을 방어하여 건강한 아름다움을 추구하는 것이다. 경락미용마사지는 경락의 순환을 원활하게 함으로써 오장육부의 기혈을 조정하고 음양의 평형상태를 유지하여 신체의 내적요인을 개선함으로 얼굴과 신체 각 부분의 결함을 개선 관리하는 것이다. 따라서 경락 피부미용에서 추구하는 아름다움은 건강미로써, 미용경락을 이용하여 건강한 피부와 균형잡힌 체형을 유지하는 효과가 있다.

4) 제모

미용상의 목적을 위해 신체의 털을 인위적으로 제거하는 것을 의미한다.솜털에 의해 메이크업의 밀착감이 떨어지거나, 노출부위에 털이 많아 외관상 아름다워 보이지 않을 때 한다. 제모부위는 얼굴(눈썹부위, 코밑 부위, 얼굴의 솜털, 이마의 헤어라인), 액와(겨드랑이), 팔, 다리 등의 부위이다.

5) 아로마테라피

'향기'를 의미하는 '아로마(aroma)'와 '요법'을 의미하는 테라피(theraphy)'의 합성어로 '방향요법' 또는 '향기요법'이라고도 한다. 향이나는 식물인 허브의 잎, 줄기, 뿌리, 열매, 꽃에서 추출한 휘발성 물질인 에센셜오일(essential oil)을 이용하여 신체의 기능회복과 건강을 유지하고 피부의 문제점을 개선시킨다.

6) 발관리(Reflexology)

기본적인 발마사지 외에 신체의 각 기관과 연결된 발반사구를 자극함으로써 신체건강을 증진하는 발반사요법과 발의 병변, 굳은 살, 티눈, 갈라진 발뒤꿈치 등으로 인한 발의 미용건강상의 여러 문제점을 개선하는 관리이다.

7) 피부미용 기기관리

피부관리시 관리사의 경험과 손의 테크닉(수기법)에만 의존하지않고 좀더 과학적이고 효율적인 피부분석, 화장품의 흡수, 탄력강화, 안티-셀룰라이트(anti-cellulite), 지방분해, 태닝(tanning) 등 피부관리의 효과를 증진시킨다.

4. 피부관리실의 환경 및 위생

1) 피부관리실의 환경

- 실내는 청결하고 잘 정돈되어 있어야 한다
- 바닥은 청소와 소독이 용이한 재질을 선택한다.
- 환기가 잘 되어야 한다.
- 소음이 없어야 한다.
- 조명의 밝기가 적절해야 한다.
- 냉 · 난방 시설이 되어 있어야 한다.
- 냉 · 온수의 사용이 편리해야 한다.
- 관리실의 분위기는 편안하고 안정된 느낌이 들도록 한다.

2) 피부관리실의 위생

- 제품 사용 시에는 스파튤라(spatula)로 떠서 사용하며, 남은 제품은 다시 화장품 용기에 넣지 않는다.
- 도구나 기구를 사용한 후에는 종류에 따라 자비소독이나 자외선소독기에 살균한다.
- 사용한 수건은 자비소독 후 햇빛에서 완전히 건조시킨다.

3) 베드준비

- 베드 : 오랜 시간 고객이 누워있어야 하므로, 안면관리시 사용되는 피부관리용 베드와 전신관리시 사용되는 구멍뚫린 베드가 준비되어야한다.
- 시트와 담요 : 청결하며 가볍고 감촉이 부드러운 것을 준비한다(예 : 대형타월 2장 100×80cm)
- 비닐,레자 : 데콜테(decolette)마사지시나 전신관리할 때 사용한다.
- 수건 : 흰색면으로 된 것으로 준비한다.
- 헤어밴드 : 머리카락을 감싸는데 사용한다.
- 가운 : 가슴 위까지 올라오는 고무밴드형 가운을 준비한다.

4) 피부관리준비 기본 물품

- 미용솜(puff, cotton pad) : 물에 적셔 물기를 짜낸 상태로 사용하며 알코올 또는 토너를 적셔 사용한다
- 면봉 : 포인트 메이크업을 지울 때나, 여드름을 제거할 때, 국소부위에 제품을 도포할 때 사용한다.
- 티슈 : 클렌징이나 팩 제거 시 사용하는데, 향이 있고 부드러운 것을 선택한다.
- 유리볼(glass bowl) : 클렌징 재료를 덜어 쓰거나 팩 재료를 혼합 시 사용한다.
- 해면 : 클렌징이나 팩 제거 시 피부에 남아있는 잔여물을 자극 없이 제거하는데 사용한다.
- 스팀타월 : 얼굴과 전신에 남은 잔여물을 제거 시 사용하며 부드러운 면소재로 준비한다.
- 소독용 솜저장통 : 알코올 솜, 젖은 솜 등을 보관하는데 사용한다
- 소독용 알코올 : 손을 닦거나 도구와 기구를 소독하는데 사용한다.
- 스파튤라(spatula) : 화장품을 덜어 쓸 때 사용한다.
- 팩붓 : 필링제나 팩제를 피부에 도포할 때 사용하는데 털이 부드러운 것으로 선택한다.
- 거즈 : 석고팩을 할 때 사용한다.
- 가위 : 눈썹정리시 길이를 자르는데 사용한다.
- 브러시 : 눈썹을 빗질할 때 사용한다.
- 족집게 : 눈썹정리시 남아있는 눈썹을 제거할 때 사용한다.
- 나무스파튤라 : 제모시 왁스를 바르는데 사용한다.
- 부직포 : 제모시 왁스를 붙이는데 사용한다.
- 장갑 : 제모시 손에 착용하며, 라텍스로 준비한다.
- 이동정리대(cart, wagon, carriage) : 화장품 및 피부관리용 도구들을 진열, 정리하는데 사용한다.
- 피부관리용 화장품

5. 피부관리사가 지켜야할 위생 및 태도

1) 피부관리사의 외모 및 위생관리

- 관리사 가운은 단정한 디자인의 흰색이나 부드러운 파스텔 톤으로 한다.
- 귀걸이, 반지, 목걸이 등의 악세서리는 피하도록 한다.
- 너무 짙거나 화려한 메이크업은 피하고, 피부는 건강하고 투명하게 표현하는데 중점을 둔다.
- 머리는 흘러내리지 않도록 업스타일이나 짧은 머리상태를 유지한다.
- 손톱은 짧게 깍고 폴리쉬를 바르지 않도록 한다.
- 실내화는 움직일때 끌리는 소리가 나지 않으며 편안한 신발을 선택한다.
- 매일의 목욕이나 샤워로 몸과 모발을 깨끗하게 유지한다.
- 체취와 구취에 주의한다. 치아와 잇몸을 건강하게 유지하고 필요하면 방취제 사용으로 나쁜 냄새를 없앤다.
- 고객관리 전이나 후에는 반드시 손을 씻는다.
- 수건, 물컵, 머리빗 등은 공동으로 사용하지 않는다.

2) 피부관리사의 작업자세

- 서서 관리할 때는 다리를 어깨 넓이로 벌리고 발을 나란히 놓지 말고 한발을 앞서게 놓는다.
- 구부려야 할 때는 허리를 구부리지 말고 무릎으로 높,낮이를 조절한다.
- 바디마사지를 할 때는 손가락이나 손의 압력보다는 체중을 이용한다.
- 앉았을 때에는 피부관리용 의자를 편안한 높이로 조절한다.
- 무릎높이로 의자를 평행하게 놓아 대퇴부분과 하퇴부분이 무릎에서 직각을 이루게 한다.
- 배는 당기는 듯한 자세를 취하고 허리는 곧게 편다.
- 관리시에는 팔을 적당히 벌려서 관리사의 손동작을 자유롭게 하고, 관리받는 사람에게 불필요하게 닿지않게 한다.

3) 피부관리사의 태도

- 고객에게 정직하고 공정하며, 친절하게 대하도록 한다.
- 고객에게 신뢰감을 줄 수 있도록 최선을 다하는 자세를 갖도록 한다.
- 고객 사생활보호의 의무를 다하도록 한다.
- 동료와 협조하는 자세를 갖도록 한다.
- 최신 미용정보 수집을 위해 항상 노력하여야 한다.
- 직업에 신념과 자신감을 갖도록 한다.
- 개인위생뿐만 아니라 살롱의 청결과 위생을 철저히 관리하도록 한다.

6. 세계 각국의 피부관리사 제도

1) 미국

미국은 각 주마다 정한 필수 이수시간이 있으며, 그 주에서 취득한 자격증은 그 주에서만 인정된다. 헤어, 피부미용, 메니큐어, 페디큐어를 다 할 수 있는 토탈미용인은 10개월 동안 1600시간 정도를 이수해야 하고, 피부미용만 원할 경우 600시간, 메니큐어, 페디큐어 만 원할 경우에는 300~400시간 정도만 이수하면 시험에 응시할 자격이 주어지며, 각 주에서 실시하는 이론과 실기시험을 통과하면 자격증을 취득하여 취업이나 살롱오픈이 가능하다.

2) 독일

독일의 피부미용학교는 대체로 2년 과정이며 1년은 이론위주의 교육이고, 나머지 1년은 실습을 중심으로 교육하여 평균 1500시간 이상의 실습교육을 받는다. 년 8회 이상 실시하는 필기시험을 통과해야 구두시험에 응시할 수 있으며, 구두시험에 합격하면 자격증을 취득할 수 있다. 자격증은 취득후 1년 동안 현장실습기간을 거쳐야 취업이나 피부관리실 운영이 가능하다.

3) 프랑스

6개월의 단기과정부터 3년까지 다양한 교육과정이 있으며, 대개 2년 과정을 마쳐야 디플로마가 수여되며, 필기시험과 실기시험으로 나누어 실시하는 국가기술자격 CAP(직업교육자격증)시험에 응시할 수 있다.

4) 영국

1600시간을 이수한 후 시험을 보게되는데, 각 과목당 65점 이상을 받아야 합격하며, 한 과목이라도 낙제시 재응시해야 한다. 근무하던 피부관리실에서 다른 관리실로 옮길 경우 추천서를 받아야만 재취업이 가능하며, 피부미용관리인들에 대한 관리가 철저하다.

5) 일본

일본 에스테틱 협회에서 인정하는 피부미용학원에서 600~1200시간을 이수한 뒤, 수료증을 받게되고, 국가자격증 시험에 응시할 수 있는 자격을 얻게된다. 시험에 합격하면 피부미용사가 될 수 있다.

7. 미용사(피부) 국가기술 자격제도

우리나라에 피부미용이 하나의 전문분야로 도입된 지 30여년이 흘렀다. 그 동안 피부미용 산업분야는 눈부신 발전을 이루었으며, 1991년도 전문대학에서 미용관련학과가 처음 개설된 이래 많은 대학에서 미용관련 학과가 신설되었다. 지금은 전문학사, 정규학사과정에 이어 대학원 석 · 박사 학위과정까지 신설되기에 이르러 피부미용 전문인력은 양적,질적으로 괄목할 성장을 이루었다. 피부관리사 직무영역의 전문성을 강화하고, 피부관리사의 신분을 보장하기위해 2008년부터 미용사(피부) 국가기술자격제도가 신설되었다.

국가기술자격시험 미용사(피부) 응시자격은 제한이없고 시험과목은 필기시험과 실기시험으로 이루어진다. 필기시험의 합격기준은 100점 만점에 60점 이상이며, 실기시험은 필기시험 합격자만이 응시할 수 있고 작업형으로 평가한다. 한국산업인력관리공단에서 시행하는 자격증 시험종목에 따라 필기시험은 피부미용학, 피부학 및 해부생리학, 피부미용기기학, 화장품학, 공중위생관리학 과목으로 구성되어 있으며, 실기시험은 제1과제 얼굴관리 및 피부분석표작성, 제2과제 전신관리, 제3과제 특수과제로 구성되며, 정해진 시간내에 모델을 대상으로 직접 작업수행하여 평가한다.

제18장 피부의 기초지식

1. 피부의 구조와 작용

몸의 표면을 싸고 있는 피부의 면적이나 두께는 개인에 따라 다소 차이가 있으나 총면적은 성인의 경우 약 1.6㎡에 이르고 두께는 평균 1.4mm(진피+표피의 평균)이며, 무게는 체중의 약 16%를 차지하고 있다. 이 거대한 피막으로 구성된 피부는 외부와 직접적 접촉을 하고 있으며, 외부로부터의 물리적 · 화학적 변화를 완충시켜 내부를 보호하는 중요한 기관이다.

1) 피부의 구조

(1) 피부의 표면

피부의 표면을 관찰해 보면 부위에 따라 구조의 차이가 있으며, 성별이나 연령에 의해서도 차이가 크다는 것을 알 수 있다. 피부의 표면에는 우묵한 곳을 피부고랑(또는 피구)이라고 하고, 높은 곳을 피부능선(또는 피능)라고 하며 이것에 의해 피부의 결이 형성된다. 피구가 교차하는 곳에 작은 구멍이 모공이며, 피능의 중심에 한공이 있다.

(2) 피부의 단면

피부 표면에서부터 심부를 향해 표피, 진피, 피하조직의 세층으로 나뉘어져 있으며, 부속기관으로 한선(에크린선, 아포크린선), 피지선, 손톱, 발톱, 털로 구성되어져 있다.

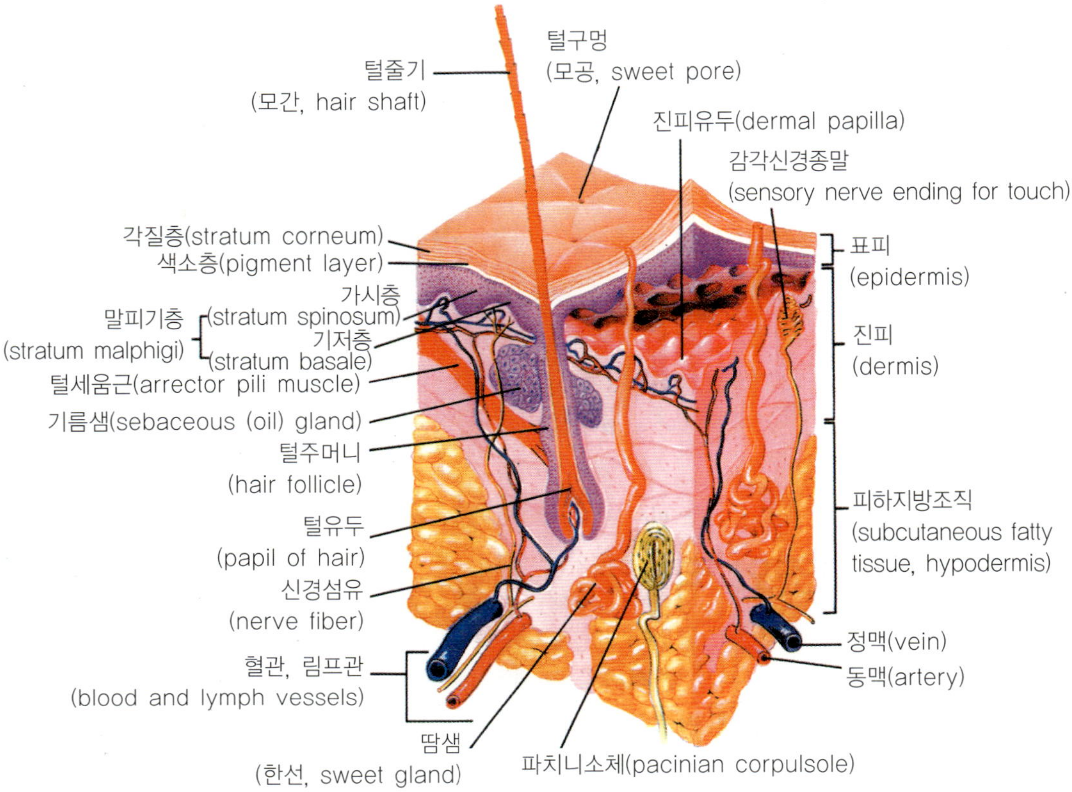

피부 구조도

① 표피(epidermis)

표피는 아래에서부터 기저층, 유극층, 과립층, 각질층으로 나뉘어져 있다. 최하층의 기저층에서 세포분열이 일어나 세포의 형태와 성질이 변화해 가면서 위를 향해 이동하여 최상층에 이르러서 각질로 되어진다. 이 형성기간은 4주간으로 각질(때)이되어 표면에서 탈락하게 된다. 이와 같이 탈락과 복구가 표피세포의 특징이며 표피세포 사이로는 혈관이 들어갈 공간이 없으므로 영양섭취는 아래층의 세포로부터 공급받게 된다.

ㄱ. 기저층(stratum basal)

표피의 최하부에 있으며 진피와 접촉하고 있으며 진피에 있는 모세혈관을 통해서 영양을 보충하며, 세포분열을 일으켜 표피 세포를 신생 · 증식한다. 피부의 색소인 멜라닌을 만드는 색소형성세포(멜라노사이드)는 기저층 사이에 존재하고 있다.

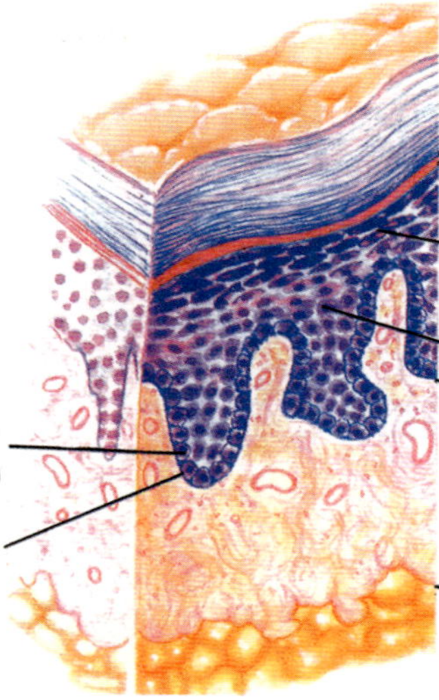

표피의 층상구조

ㄴ. 유극층(stratum spinosum)

이층의 세포는 가시가 돋힌 모양으로 세포와 세포사이의 다리 역할을 한다. 또한 림프액이 흐르고 있어 표피의 영양을 공급하고 있는 살아 있는 세포이다.

ㄷ. 과립층(stratum granulosum)

방추형의 세포로 뚜렷한 작은 낟알과 같은 세포로 구성되어 있으며 방어막이 있다. 이 방어막은 외부로부터의 이물질 통과 및 피부 내부로부터의 수분 증발을 저지하여 피부염이나 피부건조를 방지하는 중요한 역할을 하고 있다. 각화효소가 함유되어 있어 각화가 시작되며, 피부의 중요한 방어대의 역할을 한다.

ㄹ. 투명층(stratum lucidum)

생명력이 없는 투명한 세포층으로 주로 손과 발바닥의 두꺼운 부위에만 존재하는 층이다. 직접적인 외부로부터의 손상을 방어한다.

ㅁ. 각질층(stratum corneum)

피부의 제일 바깥층으로 기저층에서 생성된 세포가 각화 작용에 의해 죽은 세포로 되나 세포막이 존재하므로 물리적 자극이나 장애, 유해물질에 대해서 저항력을 가지고 있어 내부의 침입을 방어하고 있다. 또한 케라틴이라는 단백질로 구성되어져 있고 산이나 알카리 등의 화장약품에 강하고 한냉, 열등의 외부자극으로부터 피부를 보호하는 방어층이다.

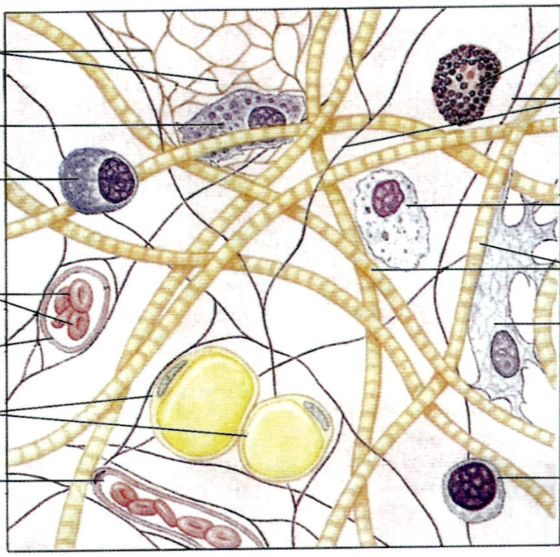

진피의 구성세포와 섬유

② 진피(dermis)

표피아래의 두꺼운 세포층으로 피부의 탄력, 윤기, 긴장도에 관여한다. 격자섬유, 탄력섬유, 교원섬유로 이루어져 있으며 한선, 피지선, 모세혈관, 림프관, 신경조직, 털 등이 존재한다. 진피는 상층에서부터 유두층, 유두하층, 망상층으로 나뉘어져 있다.

ㄱ. 유두층(papillary layer)

진피와 표피를 연결하며, 이부분에는 유두체와 모세혈관이 분포되어 표피에 영양공급을 한다. 또한 피부의 신경종말기관도 존재하는 층이다.

ㄴ. 유두하층

유두층의 밑바닥에 해당되는 곳이며 망상층과 이어지는 부분이다.

ㄷ. 망상층(reticular layer)

망상층은 결합조직(교원섬유, 탄력섬유)으로 이루어지고 있다. 이것의 주성분은 콜라겐, 엘라스틴 등의 단백질이고 피부에 긴장과 탄력을 유지시켜 준다.

③ 피하조직(suvcutaneous)

진피의 아래에 있고 진피에서 하강한 섬유에 의해서 형성된 망상조직으로 안에 지방을 함유하고 있다. 체형의 굴곡을 주고 쿠션(cushion)의 역할을 하며, 외상으로부터 보호를 한다. 또한 열의 투과성을 방지, 체온의 발산을 막거나 외부의 한냉으로부터 신체를 지키고 있다.

(3) 피부의 부속기관

피부에는 표피, 진피, 피하조직 외에 피부가 변형된 피부부속기관이 있다. 피부부속기관은 크게 각질부속기관(손톱, 발톱, 털)과 땀샘부속기관(한선, 피지선)으로 나뉜다.

① 각질 부속기관

손톱은 표피의 각질층이 변형된 것으로 그 주성분은 케라틴이다. 손톱은 거의 사각형으로 되어 있으며, 손 끝을 향한 부분을 제외한 다른 세개의 면은 조곽이라는 주름으로 싸여 있고, 조곽의 깊은 곳에서부터 손톱이 시작된다. 그리고 조곽을 지나 반달형이 악으로 나와 있어 겉으로 보면 희게 보이는 부분을 반월이라 한다. 이 반월은 아직 충분히 각화되지 않아서 빛을 투과하기 어렵기 때문에 희게 보이는 것이다. 손톱밑 부분의 피부를 조상이라고 한다.

손톱은 모발과 달라 성장주기라는 것이 따로 없고 항상 성장을 계속하고 있다. 손톱의 성장속도는 하루 0.1~0.15mm 정도이며 이것은 털의 성장속도의 1/3에 해당한다.

손톱에 함유되어 있는 수분의 양은 7~12%이고 탈수작용을 하는 물체가 작용하면 손톱은 부러지기 쉽게된다. 따라서 네일락카나 큐티클 리무버 등의 남용은 손톱을 부러지기 쉽게 하며, 균열을 만들기도 한다. 그리고 비타민C의 결핍으로도 손톱은 얇아지고 부러지기 쉽게 된다.

매니큐어 및 페디큐어를 할 때에 비누를 녹인 미지근한 물에 손톱과 발톱을 담근다. 이렇게 하면 손끝을 청결히 해주면서 수분을 주기 때문에 손톱을 부드럽게 하여 화장도 용이하게 된다.

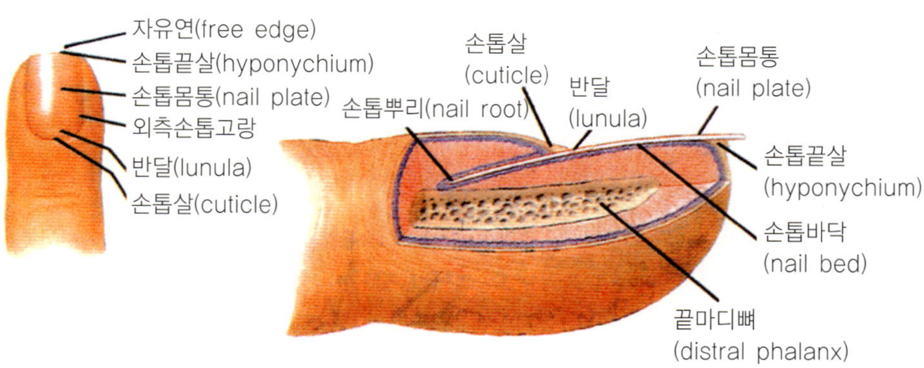

손톱의 구조

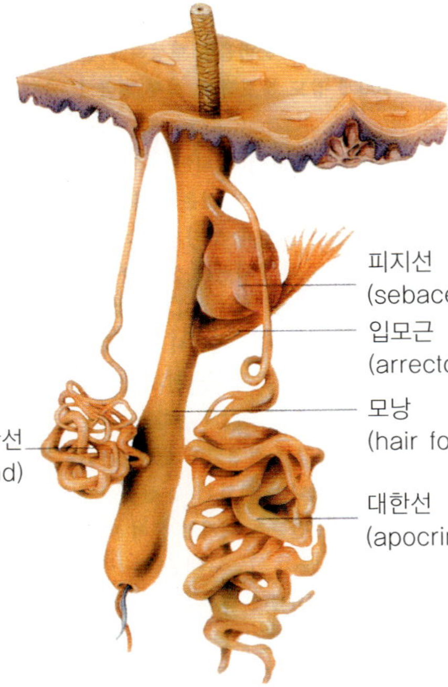

땀샘 부속기관의 구조

② 땀샘 부속기관

ㄱ. 피지선(sebaceous gland)

피지선은 피지라는 기름을 분비하는 샘으로 손바닥, 발바닥을 제외한 전신에 존재하며, 털 또는 모낭의 벽을 따라 피부 표면으로 나오고 피부나 털에 기름을 공급하여 보호하는 역할을 한다. 피지선 중에서 털과 관계없이 독립 피지선이 존재하는 곳으로는 입과 입술, 구강점막, 눈과 눈꺼풀, 젖꼭지 등에서 볼 수 있다.

ㄴ. 한선

한선에서 분비된 땀은 체온 조절을 담당하며, 각질층의 표면을 습하게 하여 마찰을 감소하는 작용을 하고 있다. 한선은 에크린선(소한선)과 아포크린선(대한선)으로 나누고 있다.

- 소한선(ecrine gland) : 일반 체부에 분포되어 있는 땀을 분비하며, 이 땀은 무색무취로 90% 이상이 수분이다. 이 작은 땀샘은 특히 손바닥, 발바닥, 머리, 얼굴에 잘 발달되어 있다.
- 대한선(appocrine gland) : 신체의 액와, 유륜, 항문주위, 외음부, 배꼽 등의 특정부위에 존재하며, 대한선에서 분비되는 땀은 농도가 짙고 독특한 냄새를 갖고 있다.

2) 피부의 생리적 작용

(1) 분비작용

피지선에서는 피지의 분비로 인하여 표면에 얇은 막을 만들어 피부와 털에 광택을 부여하고 수분이 증발하는 것을 막아주며, 한선에서는 땀을 분비하여 체온조절 기능을 담당한다. 이러한 땀과 기름의 분비정도에 따라 피부 상태가 결정되어지기도 한다.

(2) 흡수작용

피부에는 각질층과 과립층의 중간에 흡수 방어막이 있어 반흡수 역할을 한다. 건강한 피부는 물의 침투를 막아 각질층에서만 머물게 하나 유동성물질(성호르몬, 비타민A, 유황, 승홍 등)들은 모낭과 피지선을 통해서 흡수된다.

(3) 보호작용

표피 각질층의 케라틴은 탄력성과 유연성을 부여해서 외부의 자극으로부터 방어를 하며, 피지 표면의 약산성 보호막을 형성 세균 등의 발육을 방지하고 화학적 자극으로부터 피부보호 작용을 갖는다. 그리고 자외선의 과도한 영향으로부터는 멜라닌 색소가 보호역할을 담당한다.

(4) 지각작용

피부에 뭔가 닿았다든가, 아프거나 따뜻함, 차가움 등을 느끼게 하는 작용 즉, 외부에서의 자극에 대응한 촉각, 냉각, 온각, 통각 등으로 지각을 느끼게 된다.

(5) 호흡작용

피부의 호흡작용이란 혈액이 운반해 온 산소와 영양분이 조직 속에 들어오게 되어 거기서 발생한 탄산가스와 노폐물이 혈액 속에 방출되는 작용을 말하며, 피부는 폐호흡의 1% 정도의 탄산가스를 배출하고 산소를 흡수하고 있다.

(6) 체온조절작용

인체는 외기의 온도가 높거나 낮아져도 체온을 일정하게 유지하기 위하여 각질층이나 모발, 모세혈관, 한선이 중요한 역할을 한다.

따라서 외기의 온도가 높아짐에 따라 피부의 혈관은 확장되고 혈류가 왕성해져 체온을 밖으로 발산하고 발한이 증가되어 체온의 상승을 막게 된다.

반대로 외기의 온도가 낮을 때는 혈관이 수축되어 혈류를 감소시켜 체온의 발산을 막는다.

(7) 생성작용

기저층에서 만들어진 세포는 각질층을 향해 위로 밀려오면서 각질세포로 떨어져 나가게 된다. 이러한 세포 생성과정은 대개 28일을 주기로 계속 반복되고 있으므로 기저층이 손상되지 않는한 흉터없이 피부가 재생된다.

또한 생체내에서 만들어진 프로비타민 D는 일광중의 자외선에 의해 비타민 D로 전환되어 일광으로부터 피부표면의 보호작용을 한다.

(8) 표정작용

얼굴의 표정근의 움직임에 의해 희노애락의 표정을 만들어 내는 작용을 말한다.

2. 피부 분류

1) 피부 상태에 따른 분류

피부는 피지의 차이에 의해서 일반적으로 구분하나 성별, 연령, 환경, 기후, 내적건강 상태 등의 여러가지 요인에 의해서 변화될 수 있다.

(1) 정상피부(Normal skin)

① 피부특징

피부의 혈색이 좋고 피지와 땀의 분비가 적당하며, 피부가 촉촉하고 피부결이 매끄럽다.

② 피부관리

규칙적으로 매일 관리하며, 계절의 변화를 고려하여 관리를 한다. 수면을 충분히 취하고 규칙적인 식생활과 정신적 안정, 적당한 운동으로 현재의 상태를 유지 보호하는데 목적을 둔다.

(2) 지성피부(Oily skin)

① 피부특징

유동성 분비물이 많아 피부가 거칠고 외적 광택이 난다.
모공이 넓으며 조직이 두껍게 보이고 화장이 쉽게 지워진다.

② 피부관리

호르몬 분비의 불균형이나 식생활, 환경, 체질, 화장품 등 여러가지 요인에 의해 지성피부가 된다. 철저한 세안으로 청결하게 보호하고, 수분성 화장품을 사용하며, 순한 비누사용으로 자극을 피한다. 또한 지방성 음식이나 달고 자극적인 음식은 피하는 것이 좋다.

(3) 건성피부(Dry skin)

① 피부특징

피지 분비량이나 수분 부족으로 인하여 피부 당김 현상이 발생하고 특히 눈밑이 건조하여 잔주름이 많고, 피부 탄력이 없다. 피부에 윤기가 없어 화장이 잘 받지 않으며, 쉽게 지워지지 않는다.

② 피부관리

혈액순환이 나빠져서 신진대사가 원활하지 않을 경우나 피부표면의 수분이 증발하여 발생되므로 유분과 수분의 균형을 유지하며, 수분 · 영양공급과 동시에 혈액순환을 원활하게 하기 위하여 주기적으로 마사지와 팩을 실시한다. 또한 충분한 수면과 비타민, 미네랄류를 섭취하는 것이 좋다.

(4) 민감성피부(Sensitive skin)

① 피부특징

표피가 얇아 얼굴이 쉽게 붉어지고, 열이 쉽게 나며 실핏선이나 모세혈관이 확장되어 피부색이 일정하지 않다.

② 피부관리

외부의 심한 온도차나 자외선에 의한 외부 환경적 요인과 화장품, 향수, 비누 등에 의해서도 피부가 민감하게 되므로 피부를 외부자극으로부터 보호하고 진정 위주로 관리하기 위해 알콜이 함유된 제품이나 지나친 세안은 피하며, 피부의 저항력을 길러서 자극에 대한 민감도를 줄인다.

(5) 복합성피부(Combination skin)

① 피부특징

T-zone 부위에 피지 분비량이 많으며 눈밑은 건조하고 잔주름이 형성된다.

피부의 상태는 얇고 건조하며 이마와 턱 부위에 뾰루지 등이 나기도 한다.

② 피부관리

호르몬의 불균형과 정신적 스트레스(stress)가중과 외적 요인으로는 올바르지 못한 피부관리법에 의해서 발생되므로 건조되기 쉬운 눈과 입 주위는 유분을 공급하며, 계절이나 생태에 따라 피부관리를 실시한다.

유동성 분비물이 많은 T-zone 부위는 세안을 세심하게 하고 건조되기 쉬운 눈과 입 주위에는 영양 효과가 좋은 관리를 부분적으로 실시한다. 담배나 알콜 등의 기호식은 가급적 피하고 자외선으로부터 보호해 주며, 온도차의 변화에 주의해야 한다.

(6) 기타 피부

① 여드름(acne)

ㄱ. 피부특징

- 피부 전체에 유동성 분비물의 배출이 많으며 이로인해 모공이 넓고 피부가 두꺼워 보인다.
- 피부표면의 과각질화 현상에 의해 모공이 막혀 면포를 형성하거나 여드름균의 감염으로 인한 농포성 여드름을 형성한다.
- 피부의 결은 거칠고 안색이 거무칙칙하게 느껴진다.

ㄴ. 원인

여드름을 발생시키는 원인은 내 · 외적으로 나뉘어 볼 수 있다.

내적요인으로는 남성호르몬의 과다분비가 가장 큰 원인으로 볼 수 있으며 위장장애, 혈액의 혼탁화, 변비 등의 요인에 의하며, 외적요인의 작용으로는 자외선, 각종 화장품 등에 의해서 발생을 증가시킬 수 있다.

ㄷ. 피부관리

피부 표면의 유동성 분비물을 제거하기 위해 철저한 이중세안을 하여야 하며 유성의 화장을 피하고 살균성이 있거나 수분을 공급해주는 화장수를 선택하여 사용한다. 그리고 피부 표면의 피지를 손쉽게 제거하기 위해 점토(clay)와 진흙(mud) 성분이 함유된 팩제를 이용하며, 불결한 손으로 만지거나 짜는 행동을 주의하여야 한다.

② 기미(pigmentation)

ㄱ. 피부특징

피부표면이 얇게 보이며 외부자극에 예민하게 반응하여 쉽게 붉어지거나 열이 나기도 한다. 색소의 형태는 주로 무리를 이루어 산재되어 있으며 기미를 가지고 있는 피부는 대체로 건조하고 약한 피부상태이다.

ㄴ. 원인

기미를 발생시키는 요인은 내외적으로 다양하여 정신적 스트레스나 내장장애, 내분비계 이상이나 체질, 유전적인면도 작용된다. 또한 피부 표면의 색소 침착의 유발을 높히는 외적 요인으로서는 자외선이 가장 큰 요인으로 작용되고 있다.

ㄷ. 피부손질

- 기미는 완벽한 개선효과를 갖기 어려우므로 꾸준한관리를 필요로 하며 자극이 강한 성분이나 향료, 물리적 자극 등에 주의해야 한다.

- 신진대사를 원활하게 해주고 미백효과를 높여주기 위한 마사지와 팩요법을 주기적으로 실시한다.
- 비타민 C가 함유된 식품류를 섭취하고 정신적 스트레스를 완화하기 위해 충분한 휴식과 수면을 취하도록 한다.
- 기미관리는 자외선으로부터의 차단을 철저히하여 예방하는 것이 더욱 중요하다.

2) 계절에 따른 피부 손질법

외부 환경의 조건에 따라 피부 부속기관과 피부표면의 적응력이 작용하지만 피부 상태에 차이가 발생되므로 계절에 맞는 손질 방법이 필요하다.

(1) 봄철 피부

봄은 나날이 일조량이 증가 되면서 기온이 상승하는 변화가 심한 시기로 혈액순환이 좋아지고 한선이나 피지선의 활동이 활발해지며, 신진대사도 왕성해진다. 지성일 경우 하루 3~4회 최소한 아침 · 저녁 2회 세안을 하며, 보습위주의 화장수나 크림을 사용한다. 피부 저항력이 약해져 있는 상태이므로 화장품은 순한 것을 사용하고 자외선으로부터의 피부보호가 중요하다.

(2) 여름철 피부

고온다습이 절정에 이르므로 땀과 피지의 분비가 많아지고 염증, 부스럼, 여드름, 습진 등도 작은 부주위로 인해 발생하기 쉬운 계절이다.

또한, 땀을 많이 흘리면 땀속에 함유된 염분에 의해 자외선에 대한 저항력이 약화되며, 이는 색소침착의 원인이 되므로 자주 샤워를 하여 신체의 원기를 회복시켜야 한다. 한편, 냉방시설은 피부를 건조시키므로 피부에 적당한 수분을 공급하고 자외선의 차단효과를 갖을 수 있는 화장품을 사용한다. 그리고 일소에 자극이 심할 경우에는 차가운 상태의 진정팩을 실시해 준다.

(3) 가을철 피부

날이 갈수록 선선해지고 습기도 적은 계절이나 기분은 상쾌하지만 피부는 오히려 불안정한 상태가 된다. 여름에 햇빛에 탄 피부는 건조한 상태이므로 크림, 화장수 등을 사용하여 유분 · 수분의 균형을 이루게 해줘야 한다. 이때는 피부 형태에 맞춰 마사지와 수분공급을 위주로 팩을 주기적으로 실시한다.

(4) 겨울철 피부

피부에 한기가 돌고 저온저습 등에 의해 모세혈관이 수축하여 지선과 한선의 기능도 저하되어 피부가 거칠어진다. 특히 건성 타입은 친유성의 크림으로 계속적으로 손질을 해야 하며, 지성타입도 피부가 거칠어지므로 거의 모든 피부 타입에 피부 보호막과 같은 친유성의 크림을 사용하여 인위적인 보호막을 형성시켜 준다.

또한 영양공급 위주의 마사지와 팩을 주기적으로 실시하여 피부를 보호하여야 한다.

3) 피부의 pH

피부의 pH는 피부 표면으로 배출된 땀과 피지가 혼합되어 형성되는 피부 표면 보호막의 pH 이다. 이것은 땀중의 유산과 피지중의 지방산에 의해 형성된 것으로 보호막의 pH는 피지분비정도, 성별, 온도 등에 의해 다소 차이가 있지만 pH 4.5~5.5의 약산성을 유지하게 된다. 이 약산성의 상태는 피부 표면에서 세균에 대한 보호능력과 동시에 알카리를 중화 시키는 작용을 갖고 있다.

4) 피부 흡수

피부 표피를 통하여 실층부까지 도달하는 것을 경피 흡수라 한다. 각질층과 과립층 사이에 방어막이 존재하는 반흡수 작용을 가지고 있으나 어떠한 특정물질(호르몬 제제나 유용성 비타민류)에 대해서는 피부 표면에 흡수되는 선택적 흡수가 가능하다.

피부의 흡수경로는 주로 모공을 통해서 가능하나 물리적인 방법을 동원하여 물질 흡수를 촉진시키기도 한다. 그 방법으로 전기도입이나 피부 온도를 상승시키는 방법으로 팩요법 등을 실시하고 있다.

5) 피부와 색소

피부를 보호하는 색소로 기저층에서 멜라노사이드를 분열하여 멜라닌이라는 유기색소를 만들어 낸다. 이 멜라닌은 각질세포의 이동에 의해 각질층까지 도달하여 자외선을 흡수함으로써 피부를 보호하는 작용을 갖게 된다.

멜라닌은 각질세포와 함께 탈락하거나 단핵세포가 되어 진피내로 들어가 혈관과 림프관을 통해 체외로 배출된다. 인종에 따라 멜라노사이드의 수는 거의 동일하나 멜라노좀의 크기와 분열 정도에 따라 피부색이 달라지게 된다.

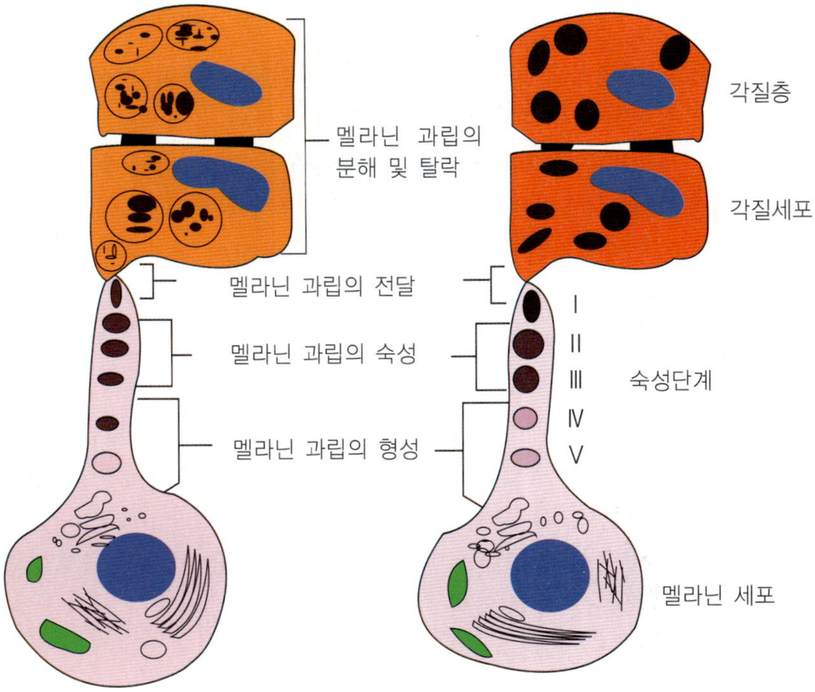

멜라닌소체(melanosome)의 각질형성세포로의 세포질 분비

6) 피부와 일광

태양광선 중에서 인체에 영향력을 미치는 것은 자외선, 가시광선, 적외선으로 분류된다. 이 태양광선의 대부분은 대기권 내에서 흡수되지만 적외선은 열선으로, 자외선은 광선으로 인체에 작용한다.

작용을 살펴보면 비타민 D의 형성과 살균소독작용, 혈액순환촉진 등의 효과를 갖으나 과잉조사시에는 피부의 색소 침착, 홍반, 수포, 피부암 등 여러가지 피부질환을 동반하게 된다.

광선의 이용으로는 치료와 살균목적으로 사용되어진다. 열선을 물질의 흡수촉진 및 혈액순환 촉진의 목적으로 사용하며 적외선을 살균소독을 목적으로 사용한다. 그러나 대기중의 오존층 파괴 등에 의해 태양광선의 피부표면에 대한 영향력이 커져 피부에 많은 문제현상을 동반하게 되고 광알러지현상을 초래하게 된다. 그러므로 태양광선으로부터의 피부보호를 위하여 자외선 차단이 강조되어 최근에는 자외선 차단 제품을 선호하고 있다.

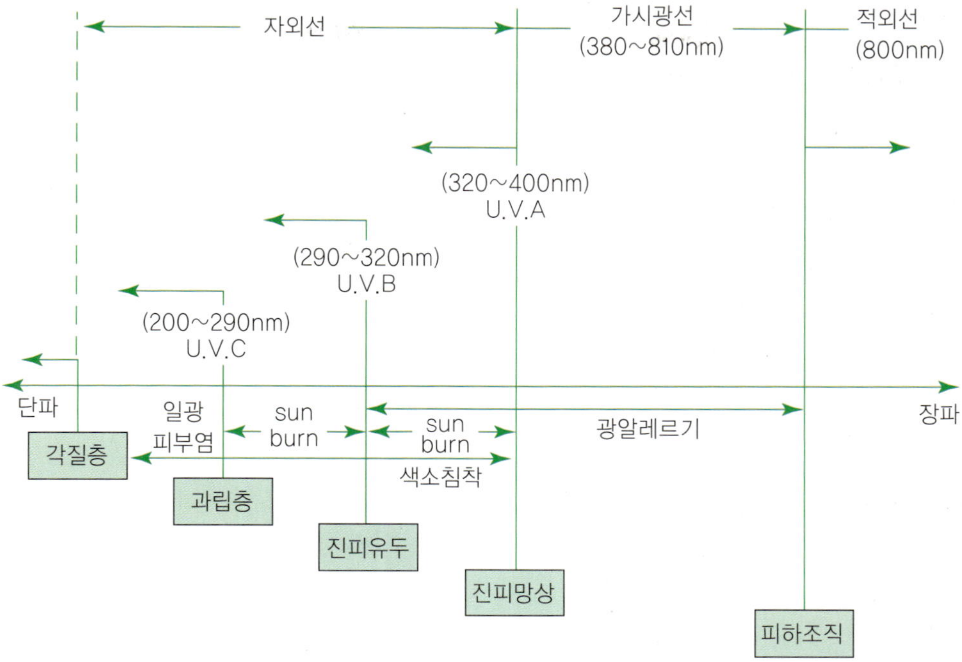

태양광선이 피부에 미치는 영향

7) 피부와 영양균형

피부의 영양은 피부표면을 통한 외부로부터의 공급이 아니라 신체 내부로부터 혈액을 통해 영양분을 공급 받게된다. 그러므로 균형있는 영양섭취는 건강한 피부를 유지하는데 중요한 요인이 된다. 건강한 피부 유지를 위해 주로 비타민, 미네랄, 단백질류의 성분을 섭취하지만 피부 형태별로 차이점이 있다.

(1) 색소침착형에 좋은 식품군

멜라닌 생성 억제작용을 갖고 있는 비타민 C 섭취가 가장 중요하며, 비타민 E나 아미노산류 섭취도 효과적이다. 그러나 자극성 음식, 향신료 등은 피하는 것이 바람직하다.

(2) 여드름형에 좋은 식품군

표피 각화의 정상화 작용을 갖는 비타민 A류, 항피부염인자를 갖는 비타민 B6, B5와 유산균 섭취가 효과적이다.

대표적인 식품군으로는 콩, 요구르트, 소맥배아, 맥주효모, 녹황색채소나 과일, 야채류, 쇠고기 간 등이 있다.

피해야할 식품은 당분류와 초코렛, 코코아, 콜라, 바나나, 파이애플, 돼지고기, 땅콩, 커피 등 동물성지방류나 자극이 있는 당분류가 있다.

(3) 노화피부

노화피부 방지용으로는 항산화 작용과 대사 촉진작용을 갖는 식품군으로 구성한다. 주영양소는 비타민, 미네랄, 아미노산류로 대표적 식품군은 과일, 야채류, 곡류, 두류, 배아유, 참깨, 인삼, SOD 함유물질이나, 칼슘, 철분이 함유된 식품을 주로 한다.

제19장
피부관리

1. 피부관리의 실제

1) 피부관리와 목적

피부관리의 목적은 안면, 목부분의 일부를 포함한 피부건강과 아름다움을유지 촉진하는 것이다. 이 때문에 피부관리시에는 피부 생리에 대해서 합리적이고 동시에 위생적으로 적절한 배려가 행해져야 할 필요가 있다. 미안술의 효과에는 물리적 효과와 화학적 효과가 있다. 물리적 효과를 가하는 방법으로써는 마사지와 전류, 광선 등에 의해서 피부와 근육에 열과 자극을 주는 방법, 팩(pack)과 마스크(mask)에 의해서 피부를 공기로 부터 차단하여 그층 사이에서 보습효과와 팩와 마스크에 포함된 유효성분의 효과를 얻거나, 각질을 유연하게 하거나, 피부에 영양공급과 피부의 자극을 가라앉히는효과를 얻는 방법이다.

이것에 대해서 화학적효과를 가하는 방법으로써는 피부의 구조와 피부표면의 성분에 기초를 두고 건강한 피부에 접근하도록 시술전의 피부와의 차이를 적절한 화장료에 의해서 조정하고, 건강하고 아름다운 피부를 유지하도록 한다. 재료가 되는 화장수와 로션, 마사지 크림, 팩료 등의 화장료 선택은 피부형태의 다양성에 의해 고려되어야 한다. 이상과 같이 피부관리는 물리적 효과와 함께 화장료의 작용, 즉 화학적효과가 더불어 작용함으로써 관리 목적이 달성되는 기술이다.

2) 피부관리의 방법

피부관리 방법은 다음과 같은 순서로 행하는 것이 이상적이다.

(1) 세안(Cleansine)

클렌징 크림이나 로션 등을 안면에 발라 피부표면에 붙어있는 파운데이션 또는 그밖의 더러움을 피부표면으로 뜨게한후 티슈 페이퍼(tissue papper) 등으로 제거한다.

(2) 피부의 보습

세안 작용에 의해 피부 보호막이 일시적으로 없어진 상태이므로 이때 피부표면에 액상의 물질을 통해 보습효과를 준다. 그러나 물의 형태로는 피부에 침투가 어려우므로 유액(로션)을 사용하여 유 · 수분의 균형을 유지해 준다. 이때 유연화장수를 사용하거나, 스팀 타올을 두번정도 얹어서 일시적으로 수분을 주어도 좋다.

(3) 페이셜 마사지(Facial massaee)

마사지는 손놀림과 마사지 크림(또는 오일)과의 상승효과에 의해서 피지분비를 조정하는 혈액순환과 림프의 순환을 활발하게 한다. 그 결과 혈액중의 산소와 영양분이 보급되고 노폐물의 제거 등이 행해져 피부의 신진대사를 촉진하는 효과를 얻을 수 있다.

마사지는 주로 크림 또는 오일을 피부에 발라 손가락에 의한 피부와의 마찰로 생긴 열과 자극으로 크림 또는 오일을 흡수시켜 피부에 고른 자극을 준다. 효과를 높이기 위한 방법으로 마사지와 함께 전류와 광선 등을 병용해서 사용한다.

마사지의 방향 혹은 시작점과 끝점은 혈류와 근육, 신경세포 등을 고려해서 결정되고 있다. 또, 남 · 녀의 성별에 따른 피부의 생리상의 차이도 고려된다. 예를 들면, 여성에 대해서는 쇠퇴하기 쉬운 눈주의 부분을 특히 고려해 두고, 남성의 경우는 면도 후의 손질에 대한 배려를 한다. 마사지 크림의 선택은 피부의 상황에 맞추도록 한다. 지성인 피부에는 유분이 적은 크림, 건성피부에는 유분과 함께 각질속에 정착할 수분을 보충하는 크림이 좋다. 크림의 사용량은 피부에 부담을 끼치지 않도록 손가락 끝이 원만하게 미끄러지는 정도로 한다.

(4) 유액의 도포

마사지 크림을 티슈 페이퍼 또는 세안을 하거나 스팀타올(습포)을 이용하여 닦아낸 다음 스킨(토너)을 이용하여 다시한번 파아내고 피부 유형에 맞는 로션을 발라준다. 이때 유액을 피부에 발라주면 마사지에 의한 안면에 부분적인 혈류의 차이를 적게 할 수 있다.

(5) 페이셜 팩(Facial pack)

팩을 일련의 피부 마사지에 포함 시킬때에는 (1)~(4)까지의 시술에 대해 부족한 부분을 보충하거나 피부 흥분을 가라앉히는 등의 목적으로 한다.

(6) 수렴성 화장수에 의한 패팅(Patting)

수렴화장수를 이용하여 마사지후의 피부표면의 온도률 저하시켜주고, 혈관도 수축시켜 주면 혈행이 좋게되고, 수축 · 확장의 자율신경이 자극됨에 따라피부는 바깥 기온의 자극에 대해 저항이 강하게 된다. 이때 약간 차갑게 하여 실시하는 것이 더욱 효과를 높여준다.

(7) 영양크림 도포

영양크림을 바르는 것은, 피부 마사지의 효과를 지속시키는 방법이다. 건성 · 지성피부에 각각 적합한 크림을 바르고 각질내의 수분조정 등을 한다.

3) 팩

(1) 팩의 개요

① 역사

기록에 의하면 고대 이집트 파라오왕 시대에 이미 팩이란 용어가 쓰였으며, 크레오파트라 여왕도 진흙과 같은 재료를 이용해 팩을 즐겼다고 한다. AD 4세기경 로마시인 오비디우스의 기록에는 양모의 지방분인 라놀린에 벌꿀, 밀가루, 달걀, 바다새 등의 배설물을 배합하여 팩으로 사용려다한다. 이후 로마인들에 의해 점차 보급되기 시작하여 천연물질의 이용범위가 넓어짐에 따라대중화 되었으며 효과와 방법에 따라 세분화 되고 있다.

② 어원

팩(pack)은 package 즉 "싸다, 둘러 막다"란 뜻에서 유래된 용어로서 피부를 팩제로 밀폐시키는 의미로 사용되게 되었다. 팩이나 마스크는 얼굴위에도포한 상태를 말하며, 요즘은 엄밀한 구별없이 팩과 마스크란 용어가 공통으로 통용되고 있다. 그러나 차이점을 보면 마스크는 건조된 후 어떤 형태나틀이 남아있는 상태를 말한다.

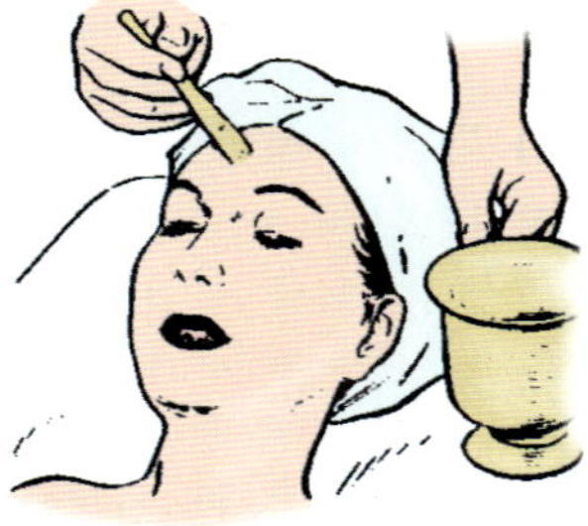

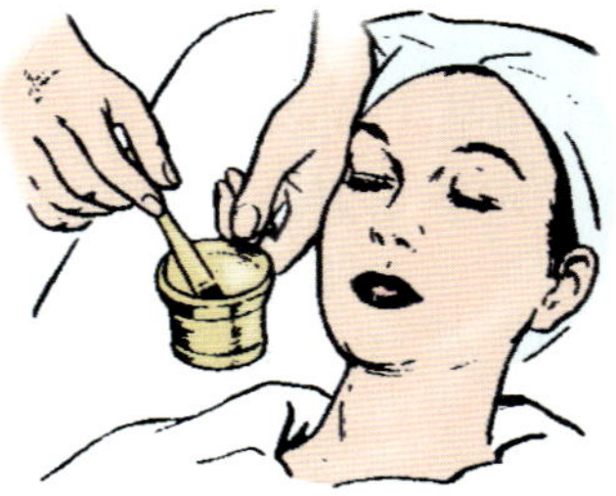

팩 도포법

(2) 팩의 목적

페이셜 팩의 목적은 피부의 더러움을 흡착 · 제거하고, 신진대사를 높이고, 또 팩료의 유효성분을 작용시켜서 피부의 건강과 아름다움을 유지하는 것이다. 팩료를 안면에 바르고 공기와의 접촉을 차단시켜 피부온도를 높여 혈액과 림프(iympha)의 순환이 왕성하게되고, 발한(發汗 : 땀을 내는 것)을 촉진시킨다. 따라서 피부표면에서 증발하는 수분이 팩료와 피부 사이에 고여, 표피각질층을 유연하게 함으로써 팩제에 함유된 유효성분을 침투하기 됩게 하여 보습과 보윤효과를 갖게 한다. 또, 팩료가 건조됨에 따라서 피부에 긴장감을 준다. 마지막으로 팩료를 떼어내거나 씻어낼때 제거하기 어려운 부분의 더러움과 노폐물도 없애주므로 피부를 청결하게 하는 기능이 있다.

페이셜 팩은 팩료에 함유된 내용과 각자 피부의 상태가 원하는 효과를 충분히 생각해서 사용해야 할 미용법이라 말 할 수 있다. 제거방법에 따라 다음과 같이 구분한다.

① 필 오프(peel-off) 팩

고분자 화합물(분자량이 큰 유기화합물)을 화학처리해서 액상 또는 겔상으로 한 팩료이다. 피부에 도포한 후 자연 건조되면 껍질을 벗기듯이 떼어낸다.

건조에 필요한 시간은 10~20분 걸린다. 팩료를 떼어낼 때에는 표피 각질의 벗겨지기 쉬운 부분도 제거되므로 더불어 신진대사를 촉진한다고 말 할 수 있다.

② 워시 오프(wash-off) 팩

분유, 밀가루 등을 기초로 유분과 수분 등을 섞어 페이스트(paste) 상태로 만든 것이다. 건조한 후에 미온수로 세안하거나 젖은 스폰지로 닦아내어 제거한다. 건조까지 걸리는 시간이 길므로 적외선을 조사해서 건조를 촉진시켜 시간을 단축시키는 경우가 많다. 닦아내는 타입은 시판품 외에 집에서 달걀,우유, 올리브유, 과즙 등을 넣어서 만들어 사용하는 것으로 옛날부터 즐겨하는 방법이다.

③ 티슈 오프(tissue-off) 팩

팩을 바른 후 적정시간이 경과하면 팩의 잔여물을 티슈 페이퍼로 닦아내어 제거한다.

(3) 팩제의 미용 효과에 따른 분류

① 청정팩

피부표면의 노폐물 등을 팩재료가 흡수하여 제거하는 방법으로 이것은 deep cleansing의 단계에서 이용된다.

계란 흰자팩, 진흙(머드 : mud)팩, 점토(클레이 : clay)팩, 사과팩, 효소팩

② 미백팩

피부를 맑고 희게 하는 작용을 하며 주로 비타민 C가 다량 함유된 오이팩, 레몬팩, 딸기팩 등이 있으며, 천연팩 재료에 필수적으로 섞게 되는 밀가루에도 미백효과가 있다.

③ 영양팩

건성피부나 노화피부에 많이 사용되는 팩으로서 피부 신진대사를 높여 노화를 방지하고 풍부한 영양을 공급한다. 이때는 물질의 흡수를 돕기 위해 스팀타올이나 램, 적외선 등의 열선 효과를 이용하면 효과적이다.

계란노른자팩, 벌꿀팩, 우유팩, 오일팩.

④ 소염, 진정팩

햇빛 등 외부에 의한 피부자극이나 가벼운 염증을 진정시키고 가라앉힌다. 햇빛에 노출된 후의 피부손질이나 트러블이 잦은 피부손질에 많이 사용된다.

해초팩, 감자팩, 수박팩, 살구팩, 알로에팩, 맥반석팩.

⑤ 수렴성팩

피부를 수축시키고 과잉피지를 제거한다. 지성피부나 모공이 넓은 피부에 많이 사용된다.

진흙팩, 명반팩, 안식향산팩(백색 무취의 과립상 분말로서 살균작용과 수렴작용이 우수함).

⑥ 석고팩

피부에 영양을 공급할 목적으로 주로 사용하며 피부 표면에 영양크림을 도포한 후 이 크림의 흡수촉진을 돕고자 석고를 발라 건조시키면 그 사이의 열이 발생 유지됨으로써 효과를 얻는 특수팩이다.

4) 물리적 요법과 미용

전기, 열, 빛 등의 에너지를 활용하여 몸에 일어나는 여러가지 증상과 장해를 치료·개선하는 것을 물리요법이라 말하며, 이것을 피부미용에 적용시켜 효과를 높이고 있다.

(1) 전기작용의 응용

① 고주파 전류

고주파란 보통 라디오와 무선에 이용 되어지는 전파보다 매우 파장이 짧은전파이다. 일반가정에서 사용하는 전류는 주파수 50~60Hz의 교류전류이지만, 미용에서는 이것을 1만Hz 정도의 고주파로 바꿔서 피부미용 등에 이용한다. 고주파의 자극에 의해서 혈액순환을 높이고 피부의 신진대사를 활발히하는 기능을 가지고 있다. 마사지 후에 이용하면 더욱 효과적이며 또한 살균작용이 있어 여드름을 짠 후에도 실시한다.

② 갈바니(galvanic) 전류

항상 양극에서 음극으로 흐르는 직류전류이다. 갈바니 피부 미용기에는 양극(+)과 음극(-) 두개의 전극이 있고, 각각 반대의 효과를 갖고 있다. 양극은 수렴화장수를 병용하면 상승효과가 있고, 모공과 한선(땀샘)을 수축시키며, 잔정작용이 있고, 혈관을 수축시켜 혈행이 느슨해진다. 반면 음극은 유연성 화장수를 병용하면 효과가 있고, 모공과 한선을 이완시켜 조직을 유연하게 하므로 피부를 매끄럽게 하고 혈관을 확장시켜 혈행을 좋게 한다.

③ 패러딕 전류

전류의 방향과 크기가 주기적으로 변하는 일종의 교류전류이고 기계적이며 갈바니 전류와 같은 화학적인 기능은 없다. 마사지 효과를 높이는 보조도구로써 사용된다.

(2) 온냉작용의 응용

온열효과, 냉각효과를 응용해서 피부혈행을 촉진 시키거나 얼굴이 화끈해진 것을 진정시켜준다. 또 온냉자극을 교대로 반복하는 것에 따라서 피부를 단련시켜 환경 적응력을 높인다.

① 스팀(steam)

스팀을 쬐어서 모공을 열어 더러움을 제거시키고 피지의 분비를 원활하게 함과 동시에 피부를 유연하게 하고, 수분을 보급해 준다. 사용시에 고온의 증기가 눈과 그외 부위에 집중적으로 쬐이지 않도록 사용전에 온도를 확인해서 이용하는 것이 중요하다.

(3) 빛의 응용

① 적외선

적외선은 가시광선의 바깥쪽에 있는 파장이 긴 전자파이나 눈으로 볼 수 없다. 적외선은 아무것도 없는 공간을 통과할 때에는 변하지 않지만, 어떤 물체(예를들어 피부)안을 투과할 때에는 전자파가 열에너지로 변화한다. 미용에서는 이 열작용의 성질을 이용한다. 마사지 전의 크림 도포 후에 5~6분 정도 조사해서 혈액의 순환을 높이고 영양 물질의 흡수를 돕는데 작용되고 있다.

(4) 물리작용의 응용

전리, 온냉, 빛 이외에 이른바 물리적인 작용을 하여 미용효과를 높이는 방법이 다음과 같이 있다.

① 흡인(吸引)

모공에 잔뜩 쌓였던 피지를 빨아들여서 노폐물의 배출을 촉진시킨다.

② 회전 브러시

클렌징 크림으로는 제거하기 어려운 메이크업과 모공에 쌓인 더러움을 제거할 때 이용한다. 미세하고 고른 상태의 브러시를 피부표면에서 회전시켜 모공내에 쌓인 노폐물을 제거할때 이용된다. 이 브러시는 피부의 부위별, 목적별로 사용할 수 있도록 여러가지 형태가 있다.

(5) 사용상 주의사항

피부미용을 목적으로 한 기기(機器)를 이용할 때는 다음과 같은 사항을 주의해야 한다.

① 모델의 몸 상태와 피부상태가 어떠한가?
② 기기는 정상으로 작동하고 있는가?
③ 전기기기(電氣機器)는 접촉부분 등이 안전한가?
④ 모델의 몸과 피부가 닿는 부위가 청결한가 등 주의가 필요하다.

5) 핸드 마사지(Hand massaee)의 기본동작과 효과

(1) 경찰법(Effleuraee)

피부를 가볍게 문지르는 동작으로서 손가락끝의 부드러운 부분과 손바닥을 사용하여 느리고 규칙적이며 가볍게 피부를 쓸어주는 동작방법이다. 경찰법은 지각신경을 자극하고 모세혈관을 확장시켜 헐액순환을 좋게 하며,피부의 영양공급을 돕는 효과가 있다.

① 표면 경찰법(superficial effleurage) : 마사지의 처음에 행하는 방법으로 펴바르는 듯한 동작이다.

② 심부 경찰법(deep effleurage) : 약간 힘을 넣어 문지르는 방법이다.

(2) 강찰법(Strokine)

피부를 강하게 문지르는 동작으로서 손가락끝 또는 손바닥을 이용하여 원형을 그리면서 피부를 누르고 강한 자극을 주는 방법이다. 주름에 대한 수직 방향으로 행하면 효과적이다. 강찰법은 소혈관의 충혈을 높혀 신진대사를 촉진시키며, 피부의 노폐물을 제거시키는 효과가 있다.

(3) 유연법(Kneadine)

피부나 근육을 손 안에 세게 쥐었다가 다시 가볍게 주무르는 동작으로서 보통 등이나 어깨, 팔에 사용한다. 유연법은 혈행과 림프액의 흐름을 좋게하며, 피부의 노폐물을 제거 시키는데 효과가 있다.

① 강한 유연법(petrissage)

손가락과 손바닥 사이로 피부와 근육조직을 집어들어 올리면서 지속적인 압박을 가하는 동작으로 주로 팔, 다리, 등, 어깨, 배에 이용된다. 원형운동과 함께 이용되어 서큘러 니이딩(circuler kneading)이라고도 한다.

② 압박유연법(friction)

유연법(kneading)과 같이 피부를 집어서 하는 방법이 아니고 일종의 마찰법을 이용하여 피부에 작은 원을 그리거나 쓸어주는 동작이다.

· 롤링(rolling) : 양 손바닥을 팔이나 다리를 단단히 압착하면서 굴리는 동작이다.

· 린징(wringing) : 양 손에 간격을 두고 서로 반대 방향으로 짜는 듯한 느낌으로 세게 누르는 동작이다.

· 쳐킹(chucking) : 한 손은 팔이나 다리에 고정시키고, 다른 한 손은 관절뼈를 따라 위 · 아래로 움직이는 동작이다.

(4) 고타법(Tapotement or Percussion)

가볍게 두드리기, 찰싹 때리기, 치기 등의 가장 자극적인 동작이다. 그러므로 신중하게 해야 하며, 특히 얼굴 마사지를 할 경우에는 손가락으로 가볍게 두드리는 방법만을 사용하는 것이 좋다. 고타법은 전신에 적절한 자극을 전달하여 쾌감을 주고 영양분이 피부에 고루 공급 되도록 하는 효과가 있다.

① 태핑(tapping) : 손의 옆면을 이용한 고타법
② 슬래핑(slapping) : 손바닥을 이용한 고타법
③ 커핑(cupping) : 손바닥을 우묵하게 하여 행하는 고타법
④ 해킹(hacking) : 손등을 이용한 고타법
⑤ 비팅(beating) : 살짝 귄 주먹을 이용한 고타법

(5) 진동법(Vibration)

손의 떨림으로 피부를 진동시키는 동작으로서 손가락끝 부분을 마사지 할 부분에 단단히 고정시키면서 손과 팔 부분을 진동시켜 그 바이브레이션이 피부에 파급되도록 하는 방법이다. 진동법은 전기 진동기를 사용할 수도 있으며, 자극적인 방법이므로 한 군데에 몇초 동안만 머무르도록 해야 한다. 진동법은 자각신경에 쾌감을 주고 혈행을 촉진시켜 경련이나 마비에 특히효과적이다.

(6) 압박법

피부를 누르거나 밀어내는 동작으로 대부분 경찰법이나 유연법과 병행하여 이용된다. 압박법은 충혈과 신경활동을 조절하는 효과가 있다.

(7) 관절운동

손목, 발목, 팔꿈치 관절 부분에 제한된 동작으로서 원을 그려 관절을 운동시킨다.

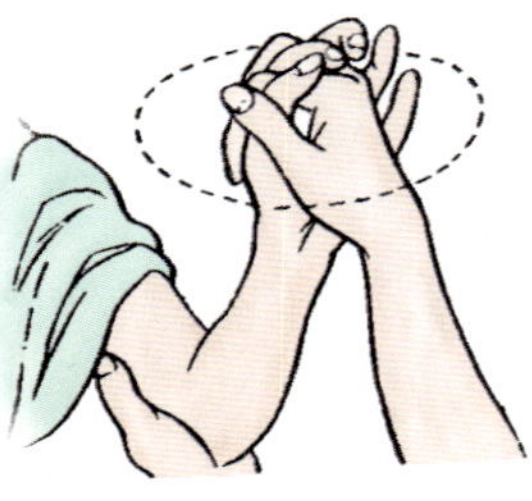

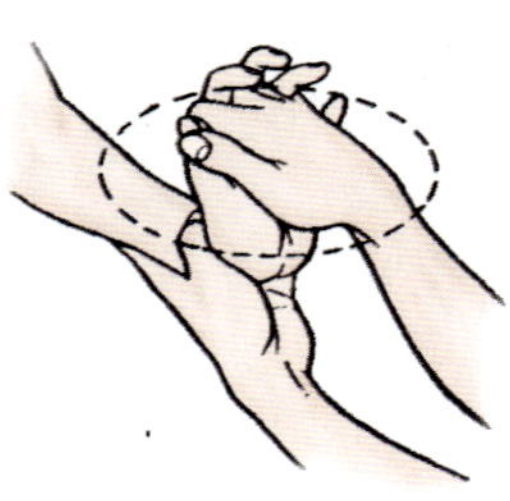

손목의 관절운동

향장품학 Ⅱ

제2편
향장품학

1. 향장품의 기초지식

1) 향장품의 기원과 정의

(1) 향장품의 기원

인류가 언제부터 향장품을 사용하게 되었는가 정확하게 알수는 없지만 사냥을 할때 동물로부터 보호 목적이나 신에 대한 신성함을 표현하기 위해 향을 피워 제선을 모시기도 했으며 신분을 표현하는 목적으로 사용되기 시작 되었다.

(2) 향장품의 정의

향장품이란 향을 내는 향료제품과 화장품을 총칭하여 말하며 약사법 제2조에 의해 화장품이란 “인체의 청결 또는 미화, 피부 또는 모발을 건강하게 유지하기 위하여 도찰, 살포 기타 이와 유사한 방법으로 이용하는 물품으로 인체에 대한 작용이 경미한 것을 말한다.” 또한 “이러한 목적 외에 동물의 질병의 진단, 치료, 경감, 처치 또는 예방의 목적과 사람 또는 동물의 구조기능에 약리학적 영향을 주기 위한 목적으로 사용되는 것은 제외한다”고 정의하고 있다.

2) 향장품의 구성과 특징

(1) 용액(Solution)

물이나 알콜 등의 용매에 기타 성분을 용해한 투명하고 균일한 용액의 상태를 말한다. 투명한 화장수, 헤어 토닉, 헤어 리퀴드, 향수, 액상팩, 네일 에나멜 등이다.

(2) 유제(Oil)

유지나 납, 광물섬유에 기타 배합 성분을 첨가하여 융점의 차이에 따라 상온의 액체인 것에서부터 고체상태에까지 있다.

(3) 에멀젼(Emulsion)

수분과 유분에 유화제를 넣어 안정한 상태로 유화시킨 상태를 말한다. 그리고 물과 기름이 주원료이기 때문에 친수성의 성분과 친유성의 성분도 배합할 수 있다.

유화제의 종류와 사용법에 따라 로션, 크림상태가 있다.

(4) 산제(Powder)

불용성의 분말 물질에 기타 성분을 배합한 것이다.

물이나 기름 등 기타 성분의 배합에 따라 분말, 고체, 페이스트상을 이루고, 훼이스 파우더, 콤팩드, 파우더팩 등이 있다.

(5) 에어졸(Aerosol)

밀폐된 용기에 분사제를 넣어 생기는 압력으로 분사시키는 형태이며, 향수분무, 헤어 스프레이, 면도용 거품, 무스 등이 있다.

3) 향장품의 기본원료

(1) 수성원료

① 물(water)

오일분자를 유화시키는 기초 물질로 사용하며, 천연의 물은 다른물질, 금속염류에 의해 화장품의 색상을 변화시키거나 부패를 빠르게 하는 등 안정성을 낮게 하므로, 증류수나 이온교환수지에 통과시켜 금속염을 제거하여 연수로 만들어 쓴다.

② 알콜(alcohol)

발효법, 수화합성법에 의해 얻어지고 방향성이 있는 휘발성 액체로 피부에 바르면 증발하고, 그때에 피부표면에서 기화열을 빼앗으므로 건조작용과 청량감, 가벼운 수렴작용을 보인다. 다른물질과 혼합하여 용해하는 기본 용제로써 사용된다.

③ **보습제(moisturizing)**

공기중의 습기를 흡수하는 작용으로 피부 표면에 수분을 보유하여 피부나 털의 건조를 막아주므로 보습성, 습윤성을 목적으로 사용한다.

종류로는 프로필렌글리콜, 글리세린, 솔버톨, P.C.A, 나트륨 등이 있다.

(2) 유성원료

① **유지류**

생물체, 동물의 피하조직이나 식물의 종자에 함유되어 있으며 보통 상온에서 고체 또는 반고체인 지방 액체를 오일이라고 하며, 물이나 알콜에는 거의 녹지 않고 에테르, 휘발유 등의 용제에 녹는다. 피부의 유연성, 에몰리엔트 효과와 건조방지, 피부보호를 목적으로 사용된다.

종류를 분류해보면 동물성유지로는 우지와 돈지류, 식물성유로는 건조상태에 따라 지방, 건성유, 반건성유, 불건성유로 나뉜다.

② **납(wax)**

고급지방산과 고급 알콜 화합물로 이루어진 에스테르를 일반적으로 납이라고 한다. 향장품의 원료가 되는 대표적인 납으로는 밀납과 라놀린 등의 동물성 납외에, 식물성 납으로는 카루나우바납과 캔데리라납 등이 있다. 액체유지와 고체유지의 중간형적인 성질을 가지고 있으며, 유지와 같이 물에 녹지 않고 알콜, 클로르포름 등에 녹는다.

식물성, 동물성, 카드바나왁스 등으로 분류된다.

③ **광물성유(mineral oil)**

석유, 광물에서 추출한 오일로 납이나 유지류의 효과를 갖지만 피부에 흡수되지는 않는다.

주로 메이크업이나 클렌징 제품에 사용되며 파라핀, 유동파라핀, 와셀린, 세린신 등이 있다.

④ **합성유**

식물성 오일, 동물성 오일을 합성한 것이나 I.P.M., 유나놀G 등이 있다.

(3) 계면활성제

비누와 세제의 주성분으로 크림, 로션 등의 에멀젼 제품의 유화제로 사용되고, 립스틱의 색소 분산제, 거품효과, 용매효과, 유화효과, 세정효과, 살균효과 등이 있다.

계면활성제로는 음이온, 양이온, 양성이온, 비이온 계면활성제가 있다.

(4) 분말원료

안료가 주종을 이루며 물이나 기타 용매에 녹지 않는 불투명한 착색료를 말한다. 백색 안료는 백분류를 주성분으로 하며 그밖의 유색의 착색료를 배합하여 메이크업 화장품에도 사용된다. 또한 수분이나 유분을 흡수하고 증발시키는 효과로 팩제의 기본원료로 사용되고 있다.

종류로는 산화아연, 이산화티타늄, 잴크, 카올린 등이 있다.

(5) 점증제

피부의 보습과 성사의 점도를 높혀 자극의 둔화와 안정성 향상을 목적으로 사용하며 천연수용성류와 합성수용성 고분자 화합물로 분류되며 카제인, 젤라틴, 펙틴, 스타치 등의 천연물과 폴리비닐알콜(PVC), 폴리비닐피리돈(PVP), 카복시비닐폴리머 등의 합성물 종류가 있다.

(6) 기타

향과 색의 효과를 부여하는 목적으로 향료와 색소류가 있다.

4) 화장품의 분류

화장품은 일반적으로 사용목적이나 성상에 따라 다양하게 분류되고 있으며 사용부위에 따른 종류와 그 특징을 간략하게 분류하면 다음과 같다.

(1) 기초화장품

① 세정제

- 피부의 노폐물과 화장품, 먼지등을 제거하여 청정효과를 얻을 목적으로 사용한다.
- 클렌징 폼, 클렌징 로션, 클렌징 크림, 클렌징 워터, 클렌징 오일, 훼이셜 스크럽

② 화장수

- 피부표면의 보습과 수렴효과를 부여하고 피부의 생리작용을 도우며, 피부의 pH 발란스를 목적으로 사용한다.
- 스킨 로션, 스킨 소프너, 토너, 토닝 로션, 리후레쉬 토너, 토닝 프로쎄서, 스킨 발란서, 아스트리젠트

③ 유액 · 크림(emulsion & cream)

- 일부를 제외하고 일반적으로 에멀젼으로서 유동성이 없는 것을 크림, 유동성이 있는 것을 유액이라 하며, 피부표면의 보습 · 보온효과로 피부 건조함을 방지하여 보호효과를 얻을 목적으로 사용한다.
- 모이스춰 로션, 밀크 로션, 로션, 에몰리엔트 로션, 콜드 크림, 마사지 크림, 영양크림, 베이비 로션, 베이비 크림, 핸드 크림, 아이 크림

④ 팩 · 마스크(pack & mask)

- 피부표면위에 도포해 놓은 상태로 청정 및 보습 또는 영양공급을 목적으로 사용한다.
- 후레쉬 팩, 모이스춰 팩, 내츄럴 팩, 나리싱 팩, 리프레시 팩, 리화이닝 마스크, 컨트롤 마스크

⑤ 파우더(powder)

- 피부의 거칠음을 방지하기 위하여 사용한다.
- 후레쉬 파우더, 보디 파우더, 화이트 파우더

(2) 일소용 · 일소방지용 화장품

① 일조용 화장품(썬텐 화장품)

- 피부를 자외선으로부터 곱게 태워주기 위해서 사용한다.
- 선탠 크림, 선탠 젤, 선탠 리퀴드

② 일조방지용 화장품(자외선차단 화장품)

- 자외선으로부터 피부가 타는 것을 방지하여 피부 보호작용을 갖기 위해 사용한다.
- 선스크린 크림, 선스크린 젤, 선블록 크림, 선스크린 리퀴드

(3) 메이크업용 화장품

① 파운데이션(foundation), 메이크업 베이스(make-up base)

피부색을 보완 · 표현할 목적으로 사용되며, 피부상태와 화장의 정도에 따라 사용될 수 있도록 액상에서부터 크림 상태까지 다양하다.

메이크업 베이스, 언더 메이크업, 리퀴드 파운데이션, 크림 파운데이션, 스킨 커버

② 훼이스 파우더(fase powder)

피부색을 정돈하고 파운데이션 등의 유분기를 해소해주기 위해 화장 마무리용으로 사용된다. 고형 · 반고형상의 파우더가 있다.

소프트 파우더(soft powder), 훼이스 파우더(fase powder), 콤펙트(compact), 투윈 케익 (twin cake)

③ 볼연지

볼에 색조효과와 음영효과를 주어 혈색을 좋게 하거나 입체감을 줄 목적으로 사용된다. 고형, 크림상, 스틱상의 종류가 있다.

④ 립 크로즈, 립스틱

립스틱은 유성기제와 착색료로 구성되며 유성기제로는 유지, 납, 지방산, 에스테르, 계면활성제로 구성되어 있다. 입술에 색조효과와 윤기를 주어 입술의 건조를 방지하는 목적으로 사용한다.

립 샤인, 립 크로즈, 스틱 크로즈, 립 스틱, 립 라이너, 립 칼라

⑤ 아이 새도(eye shadow)

눈에 음영과 색조효과를 주어 입체적인 악센트를 주는 것을 목적으로 사용한다.

아이 새도, 아이 새도믹싱, 칼라 새도, 캐이크 새도, 트래플 새도

⑥ 아이브로우 펜슬(eyebrow pensil)

주로 눈썹의 형태를 그리는 목적으로 사용되며 연필모양, 막대모양 등의 종류가 있다.

아이 펜슬, 아이브라우 펜슬

⑦ 아이 라이너(eye liner)

눈의 윤곽을 선명하게 표현하기 위해 사용한다. 고형 · 액상 · 펜슬모양의 종류가 있다.

라이너 리퀴드, 아이 라이너, 라이너 펜슬

⑧ 마스카라(mascara)

속눈썹을 길고 진하게 보이도록 하여 눈매를 아름답게 표현하기 위해 사용한다. 눈 주위에 사용하기 때문에 독성과 자극성이 없는 안정성이 높은 원료를 사용해야 한다.

고형 · 크림 · 액상의 종류가 있다.

⑨ 메이크업 픽스(make-up fix)

메이크업을 고정시키거나 건조를 방지하는 목적으로 사용하며 주로 에어로졸(aerosol) 상태의 액상이다.

(4) 메니큐어용 화장품

① 베이스 코트, 언더 코트, 탑 코트(base coat, under coat, top coat)

네일 에나멜을 바르기전에 밀착성을 좋게 하거나 바른후에 색감의 광택을 좋게 하기 위해 사용한다.

② 네일 크림(nail cream)

손톱에 유분과 영양을 보충할 목적으로 사용하며, 손톱을 보호하는 효과를 갖는다.

네일 로션, 네일 크림

③ 네일 폴리시(nail polish)

손톱표면을 갈아서 편편하게 하는 동시에 광택을 부여하는 효과를 갖는다. 손톱을 갈기 위해 광석의 작은 분말을 사용하며 광택을 부여하기 위해 안료가 사용된다.

④ 네일 에나멜(nail enamel)

손톱을 아름답게 하기 위하여 사용되며, 최근에는 액상에서부터 인조형태까지 다양한 종류가 있다.

네일 에나멜, 네일 칼라, 네일 뷰티, 메니큐어

⑤ 네일 에나멜 리무버, 네일 폴리시 리무버
(nail enamel remover, nail polish remover)

손톱화장을 지우는 목적으로 사용되며 손톱 표면위의 피막때와 유분 등을 제거하는데 사용되는 큐티클 리무버 종류가 있다.

(5) 두발용 화장품

① 샴푸, 린스

두피와 모발의 더러움을 세정하고 손상모를 예방 · 보호하며, 모발에 윤기와 정전기 발생을 방지하여 빗질을 용이하게 하여 준다.

분말, 고형, 액상, 크림, 페이스트상으로 종류가 다양하다. 현재는 액상 타입을 가장 선호하고 있으며 린스겸용제품도 다양하다.

린스류는 본래 헹구다는 뜻으로 모발의 윤기를 부여하기 위해 사용된다.

② 양모류

두피 · 모발용으로 두피를 자극하여 가려움을 없애고 모근을 강하게 하여 두피의 혈액순환을 촉진시키는 동시에 균으로부터 보호 목적으로 사용한다.

헤어 토닉(hair tonic), 스페셜 트리트먼트제(special treatment)

③ 정발료

모발에 광택과 영양효과를 주며, 머리형태를 잡아주는 목적으로 사용한다.

헤어 오일, 헤어 크림, 헤어 로션, 헤어 리퀴드, 포마드, 헤어 스프레이, 헤어 무스, 헤어 왁스, 헤어 광택제

④ 염모제

모발의 색을 변화 시키는 효과로 모발의 표면에 염료를 부착시켜서 색을 표현하거나, 산화제를 사용하여 멜라닌색소를 산화하여 탈색효과를 갖는 목적으로 사용한다.

산화염모제, 영구염모제, 반영구염모제, 일시적염모제, 헤어 브리치제

⑤ 퍼머넨트 웨이브제

모발의 형태를 변화시키는 목적으로 약제에 의한 환원 · 산화반응 효과로 모발에 컬을 만드는데 사용된다.

(6) 방향 제품

체취의 특유한 냄새를 제거하거나 향을 내는 목적으로 사용하며, 에어로졸 타입이나 액체 · 고체 방향제품에 향분이 있으며, 파우더나 배스 퍼퓸(bath perfume) 등의 종류가 있다.

향수, 오데코롱, 샤워코롱, 토일렛 워터

(7) 목욕용 제품

목욕시 욕조에 넣어 사용하거나 피부의 세정과 유연 · 보호작용을 갖는 목적으로 사용하며, 제품의 종류가 다양하다.

배스오일, 에몰리엔트 배스오일, 샤워 오일, 배스 캅셀, 바디 클렌저, 바블바스

(8) 전신용 제품

목욕후에 전신피부의 건조를 예방하고 유분을 공급하여 피부를 윤기있게 보호하는 작용을 갖게 한다.

바디 로션, 바디오일

2. 기초 화장품의 특징

1) 세정용 화장품

피부표면에 천연의 피부보습, 보호기구가 작용하고 있다해도 피부에서 분비되는 피지나 땀과 때 등의 대사물질은 배출된후 일정시간이 지나면 산소와 박테리아 같은 미생물들의 영향을 받아 산화 · 분해되어 버린다. 그러므로 건강한 피부를 유지하는데 있어 세정을 가장 중요한 단계라 할 수 있다.

피부세안은 세정대상물이 피부에 부착해 있는 오염물, 피지와 각질의 때와 그 산화 분해물 또는 메이크업 화장품의 잔류물이 대부분이므로 피부 생리작용에 나쁜 영향력을 미치지 않으면서 효과적으로 피부 표면의 노폐물을 제거하는것이 중요하다.

클렌징의 종류는 계면활성제의 계면장력의 저하를 이용한 세정력과 노폐물을 용해하여 제거하는 용제형으로 나뉠 수 있다.

(1) 세정제의 종류

① 계면활성제형

비누류 : 화장비누, 약용비누, 투명비누, 액체비누, 세안 폼

② 용제형

클렌징 워터, 클렌징 오일, 클렌징 로션, 클렌징 젤, 클렌징 크림

2) 화장수

화장수는 투명한 액상의 화장품으로 피부 각질층에 수분과 보습을 보급함과 동시에 피부의 생리작용을 정돈하는 목적으로 사용한다.

그 목적에 따라 유연 · 수렴 · 세정화장수 등으로 나뉘고 있다.

(1) 유연화장수

세안제 사용후 피부 표면의 pH 균형을 조절하거나 보습성분에 의해 수분 공급을 목적으로 하는 화장수로, 보통 스킨류가 유연화장수이다.

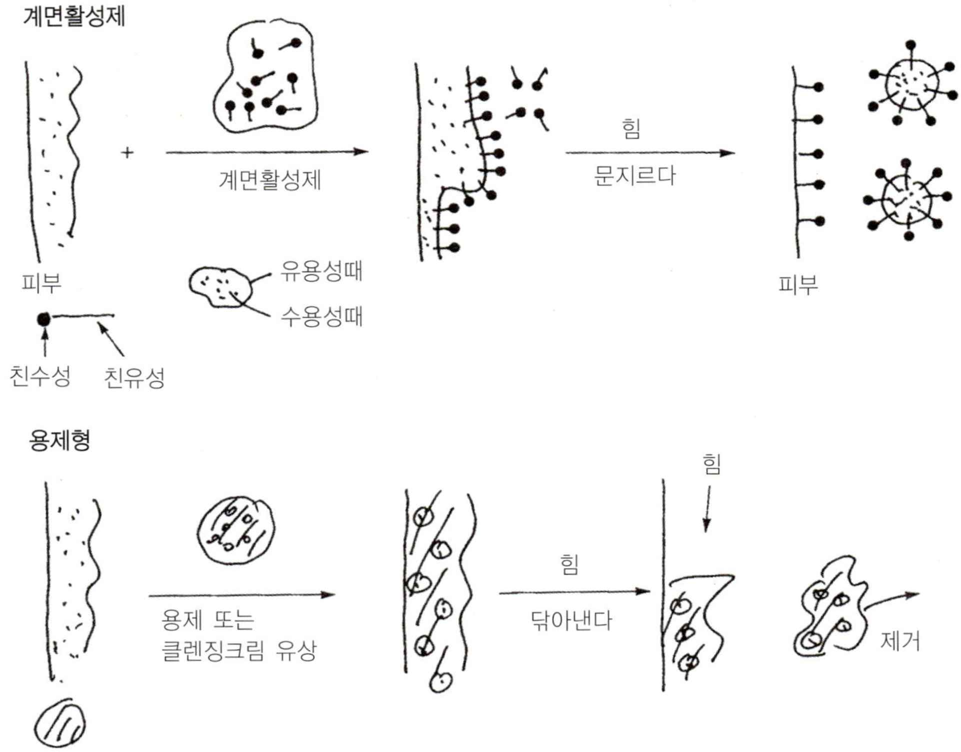

세정제의 종류

(2) 수렴화장수

화장수에 함유된 알콜 성분의 증발로 피부의 온도를 일시적으로 저하시켜 모공이나 한공을 수축시키는 물리적 작용과 유기산이나 단백질 응고작용을 하는 물질에 의해 모공이나 한공 입구를 수축시키는 화학적 작용이 있다.

또한 피부표면의 pH의 균형을 조절하며 일반적으로 아스트리젠트라고 명칭한다.

(3) 세안화장수

부분 메이크업을 수정하거나 세안후 잔여물을 제거할때 사용되는 화장수로 일반 화장수에 비해 알콜보습제 함량이 많고 pH는 알칼리이다. 또한 이 알칼리성 화장수는 각질을 연화시키는 작용을 가지고 있다.

3) 유액과 크림

피부는 천연 피지막을 형성하여 보습·보윤 역할을 담당하게 한다. 유성성분과 수성성분이 적당한 비율로 포함되어 있는 제품에서부터 유성성분이 더 많이 함유되어 있는 여러종류의 화장수와 크림의 중간단계인 유액과 크림의 상태까지 만들어 낸다. 이로인해 피부표면에 인위적인 막을 형성하게 하여 영양공급과 보호를 목적으로 사용한다.

(1) 종류

① 유액(로션)

크림과 화장수의 중간 타입이며, 유분과 수분으로된 에멀젼이다. 유분량이 30% 이하로 거의 수중유적형(o/w, oil in water)이다.

에몰리엔트 로션, 모이스춰 로션, 클렌징 로션

② 크림

- 유성크림(w/o type, water in oil) : 유분량 50~85%, 수분량 10~15%
  콜드크림이나 에몰리엔트크림(o/w type, oil in water) : 유분량 50~75%, 수분량 50~25%
  클렌징, 마사지 크림
- 유성크림(o/w) : 유분량 30~50%, 수분량 70~50%
  에몰리엔트 크림, 핸드 크림, 베이비용 크림류
- 약유성크림(o/w) : 유분량 10~30%, 수분량 70~90%
  나리싱 크림, 에몰리엔트 크림, 메이크업 베이스

4) 팩(Pack)

팩은 오래전부터 이용된 화장품으로 분말을 갠 페이스트(paste)상에서 부터 유동성이 있는 젤(gel)상의 것까지 있다. 원리는 분말 또는 피막물질로 이 물질을 피부의 표면에 적당한 두께로 바르고 일정기간 경과후 제거하는 형태이다. 피부와 팩사이에 있는 피부각질층은 피부에서 나온 수분에 의해 보습효과를 갖거나 피막을 형성하며, 분말의 건조과정에서 피부에 적당한 긴장감과 청정효과를 목적으로 사용한다.

팩은 형태나 사용방법 및 목적에 따라서 다음과 같이 분류된다.

(1) 젤(Gel)

투명 또는 반투명의 젤상으로 통상 피막을 형성하여 박리되는 비닐 형태이지만 피막 형성을 낮게 하여 씻어내도록 하는 것도 있다.

(2) 페이스트(Paste)상

불투명한 페이스트상은 피막을 형성하는 것과 분말 함유량이 많아 닦아내는것, 또는 씻어내는 것이 있으며, 주로 크림타입의 것이 많다.

(3) 파우더(Powder)

분말을 주체로 이루어져 있으며 사용할때 물 등으로 균일하게 녹여 사용하며, 피부표면의 피지와 노폐물을 흡착하는 효과를 갖는 머드팩 종류와 건조 후 두꺼운 막을 형성하여 영양물질을 흡수 · 촉진하는 효과를 주는 석고팩 등이 대표적이다.

해부생리학 III

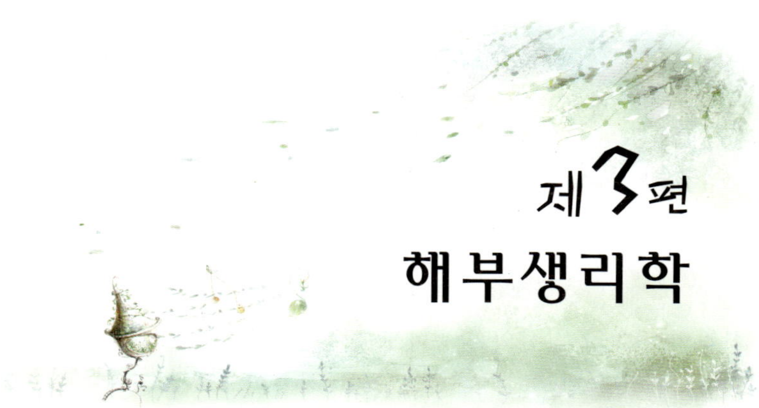

제3편 해부생리학

인체는 일련의 대사과정과 세포의 분열에 의해 성장과 번식을 하면서 환경이나 여러 가지 자극에 대한 적응력을 유지하는 특성을 가지고 있다. 세포의 분열을 통해 성장하며, 세포가 모여서 육체의 조직을 형성하여 신체의 기관을 이루고 이러한 기관은 여러 가지 기관계를 형성하게 된다.

피부는 이러한 일련의 과정을 거쳐 인체를 외부작용으로부터 보호 · 유지하는 기관이며 경우에 따라서는 인체내부의 질환이 표출되는 장소이기도 하다. 따라서 미용인은 피부의 관리에 앞서 인체의 구조나 그 기능에 대해서 이론적 배경의 확립이 요구되어지는데, 여기서는 미용을 공부하는데 도움이 될 수 있는 부분을 위주로 하여 기술하였다.

1. 인체의 일반적인 특징

1) 인체생리의 특성

(1) 항상성 유지작용(Homeostasis)

환경의 여러 자극에 대해 인체는 신체적 혹은 정신적으로 적절한 반응을 일으켜 환경과의 조화를 위해 조정한다. 이와같이 외부환경으로부터 내부환경을 일정하게 보호 · 유지하는 기능을 항상성이라고 한다.

(2) 대사작용(Metabolism)

체내의 세포가 영양공급을 받고 그들의 각종 활동을 수행하는데에 필요한 에너지를 공급하는 일련의 복합적인 화학 변화의 한 과정이다.

(3) 성장과 번식(Growth & Reproduction)

세포의 분열 작용으로 생물개체의 양적증가, 즉 성장이 수반된다. 이 성장은 결국 인체내의 연속성을 유지하게 되며 이것은 생명현상 중에서 가장 중요한 것 중 하나이다.

(4) 적응(Adaptation)

인간의 신체가 갖고 있는 항상성을 유지하기 위한 조정능력에는 한도가 있으며, 어떠한 환경의 변화나 심신의 활동에도 대응되는 것은 아니다.

그러나 여러번 반복되거나 오랫동안 계속되므로서 조정능력이 점차 발달하고 조정되는 범위도 확대되며, 이와 같은 것을 적응 또는 순응이라 한다.

2) 인체의 구성성분

인체의 구성성분은 수분이 60% 이상을 차지하며, 단백질, 지질, 광물질(무기섬유)과 미량의 원소로 구성되어져 있다.

3) 인체의 해부학적 구조와 작용

(1) 세포(Cells)

① 정의

생물체의 생명의 기본단위로 사람은 약 30여 억조의 세포로 이루어져 있으며, 이들 세포는 분화과정, 생활상태에 따라 그 모양과 크기가 매우 다를 뿐만 아니라 수명과 기능에도 큰 차이가 있으나 하나하나의 세포는 한 개의 생물로서 다양한 생명활동을 영위하여 일정한 역할을 가지고 있으며, 그 역할을 수행하는데 적합한 형태와 구조를 가지고 있다. 인체의 복잡한 기능도 각기 다른 세포의 기능 집합체라고 할 수 있다.

② 구조와 기능

세포의 형태와 기능은 조직과 기관의 특성에 따라 다르게 분화되어 있으며 인체의 조직에 따라 약간의 차이가 있으나 공통적인 구조와 기능은 다음 그림과 같다.

기능으로는 세포가 필요한 물질을 받아들여 이것으로 단백질을 합성하며 불필요한 물질을 배출하고 세포내에 저장하고 있는 물질을 분해하여 에너지를 발생시킨다.

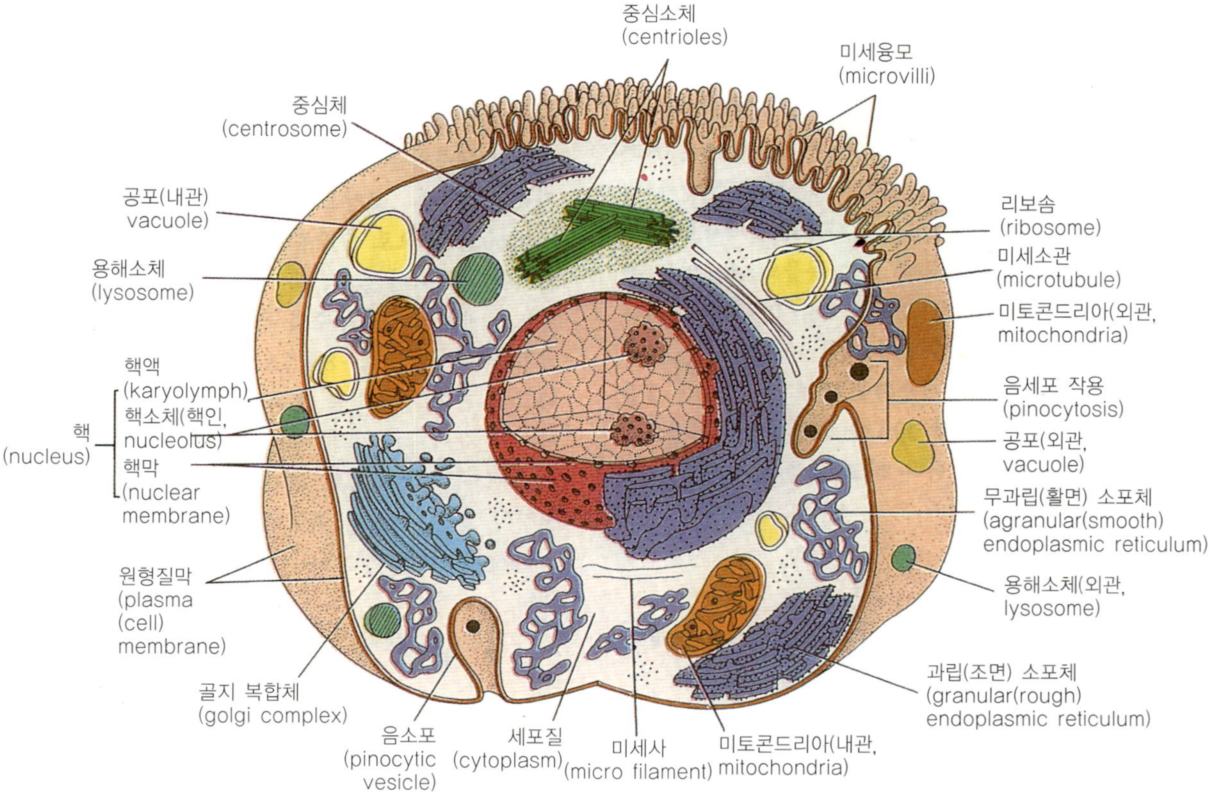

세포의 구조

4) 조직

특정한 기능과 역할을 가지고 있는 세포와 세포사이물질(세포간질)의 집합체끼리는 한곳에 모여서 큰 집단을 만드는데 이 세포들의 집단을 조직이라 한다. 조직에는 크게 상피조직, 결합조직, 근육조직, 신경조직 등으로 구분된다.

① 상피조직 : 피부, 점막, 심장의 내층 소화기관 및 호흡기관, 샘과 같은 육체 표면을 둘러싼 보호막 작용을 하며, 방어, 흡수, 분비, 감각인지, 생식세포 생산 등의 기능을 가지고 있다.

② 결합조직 : 조직과 기관을 연결시키며 틈새를 메꾸기도 하며 조직과 기관을 받쳐주기도 하는 것으로서 우리 몸의 형태와 장기의 윤곽을 유지할 수 있도록 지지적인 역할을 한다. 뼈, 연골, 혈액, 지방조직이 이에 해당된다.

③ 근육조직 : 신체의 여러 부위에서 수축 · 이완하여 운동성을 갖는다. 골격근, 심장근, 내장근

④ 신경조직 : 뇌로 정보를 전달하고 신체의 모든 기능을 관리 조절작용을 한다.

5) 기관(Organ)

다수의 세포 또는 조직이 모여 기관을 구성하며 일련의 기관이 협동해서 통일된 기능을 구성하고 있는 경우를 기관계(organ system)라 한다.

신체의 기관계로서는 다음과 같다.

① 소화기계 : 구강에서부터 식도, 위, 소장, 대장 및 항문에 이르는 소화를 담당하는 장기와 부속기관인 췌장, 담낭, 소화샘 등으로 구성한다.

② 호흡기계 : 코, 인두, 후두, 기관, 기관지 및 폐 등으로 구성되며, 신체의 호흡을 담당한다.

③ 순환기계 : 심장, 동맥, 정맥, 모세혈관 등의 혈관개통과 림프관, 림프절, 비장, 흉선, 편도등의 림프계통으로 구성되며, 영양분과 가스 및 노폐물을 운반하고 림프구 및 항체의 생산으로 신체의 방어작용을 담당한다.

④ 비뇨기계 : 신장, 요도, 요관 및 방광으로 구성되며, 용의 생성과 배설을 담당한다.

⑤ 생식기계 : 남성의 고환, 부고환, 정관, 정낭, 전립선, 음경등의 생식기관과 부속기관, 여성의 자궁, 난소, 난관, 질, 음부 등의 생식기관과 부속기관등으로 구성되며, 성호르몬과 정자 및 난자를 생산하는 기관을 말한다.

⑥ 신경계 : 중추신경계와 말초신경계로 구성되며, 신체의 감각과 운동 및 내외환경에 대한 적응 등을 조절하는 기관이다.

⑦ 내분비계 : 뇌하수체, 송과체, 갑상선, 부갑상선, 부신, 췌장 및 신체의 선조직으로 구성되며, 호르몬의생산과 분비에 관여한다.

⑧ 감각기관 : 피부, 눈, 코, 입, 귀, 혀 등으로 구성되며, 신체의 감각을 감수하는 장기이다.

⑨ 골격계 : 뼈, 연골, 관절로 구성되는 신체의 수동적 운동기관으로 신체를 구성하고, 지주 역할을 담당하며, 장기를 보호한다.

⑩ 근육계 : 골격근, 내장근, 심장근, 근막, 힘줄 등으로 구성되며, 신체의 능동적 운동을 담당하고 주로 골격계통에 부착하여 그 수축에 의해 운동을 일으키는 기관이다.

2. 인체의 구조와 특징

여기서는 피부관리에 밀접한 관계를 갖는 골격, 근육, 신경, 내분비계에 대해서만 다루어 보도록 한다.

1) 골격계

인체에는 206개의 뼈가 있으며 그들은 서로 연결되어 골격계라는 하나의 계통을 이루고 있다. 골격계는 신체를 지지하고 근육을 부착시켜 각종 운동을 할 수 있게 한다. 또한 생명유지에 필요한 기관들을 보호하고 신체에 필요한 칼슘을 저장하며, 혈구세포를 생산하는 조혈기능을 갖고 있다.

(1) 뼈의 형태상의 분류

형태상으로 분류해 보면 장골, 단골, 편평골, 불규칙골, 함기골(공기뼈) 등으로 나눌 수 있으며, 부위에 따라 두개골, 체간골, 상지골, 하지골로 나눈다.

(2) 조직상의 분류

① 경골 : 지주, 보호, 운동, 수동적기관, 조혈작용으로 골수에서 백혈구, 혈소판 등을 만들며 무기질 저장 기능을 갖는다.

② 연골 : 혈관이나 신경분포가 없으며 골의 관절연과 뼈사이의 결합부위를 이룬다.

③ 관절 : 뼈와 뼈가 맞닿아 일정한 결합조직으로 둘러 싸여 있는것

④ 건 : 치밀한 결합조직의 비탄력성 밴드로 연골 또는 다른 구조와 연결되어 있다.

⑤ 인대 : 두뼈를 관절에서 연결시키는 강인한 섬유성 결합조직

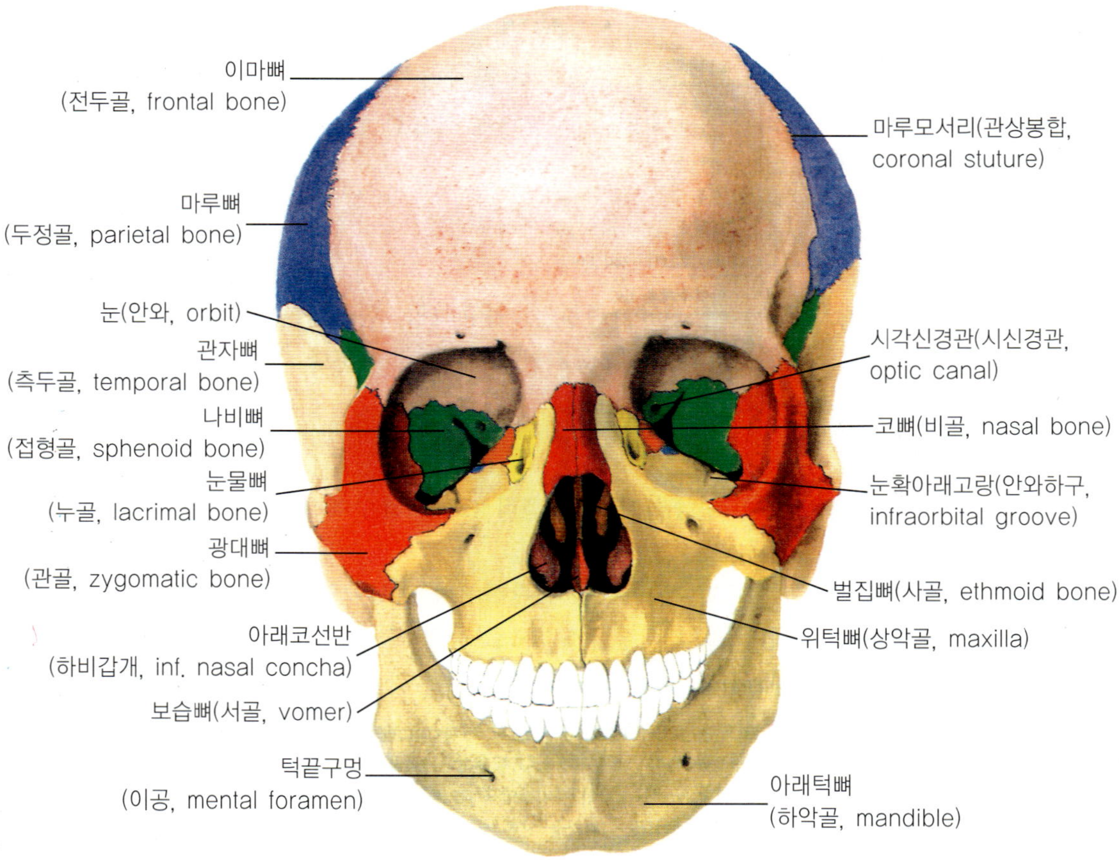
이마뼈
(전두골, frontal bone)
마루모서리(관상봉합,
coronal stuture)
마루뼈
(두정골, parietal bone)
눈(안와, orbit)
관자뼈
(측두골, temporal bone)
시각신경관(시신경관,
optic canal)
나비뼈
(접형골, sphenoid bone)
코뼈(비골, nasal bone)
눈물뼈
(누골, lacrimal bone)
눈확아래고랑(안와하구,
infraorbital groove)
광대뼈
(관골, zygomatic bone)
벌집뼈(사골, ethmoid bone)
아래코선반
(하비갑개, inf. nasal concha)
위턱뼈(상악골, maxilla)
보습뼈(서골, vomer)
턱끝구멍
(이공, mental foramen)
아래턱뼈
(하악골, mandible)

머리뼈의 앞면

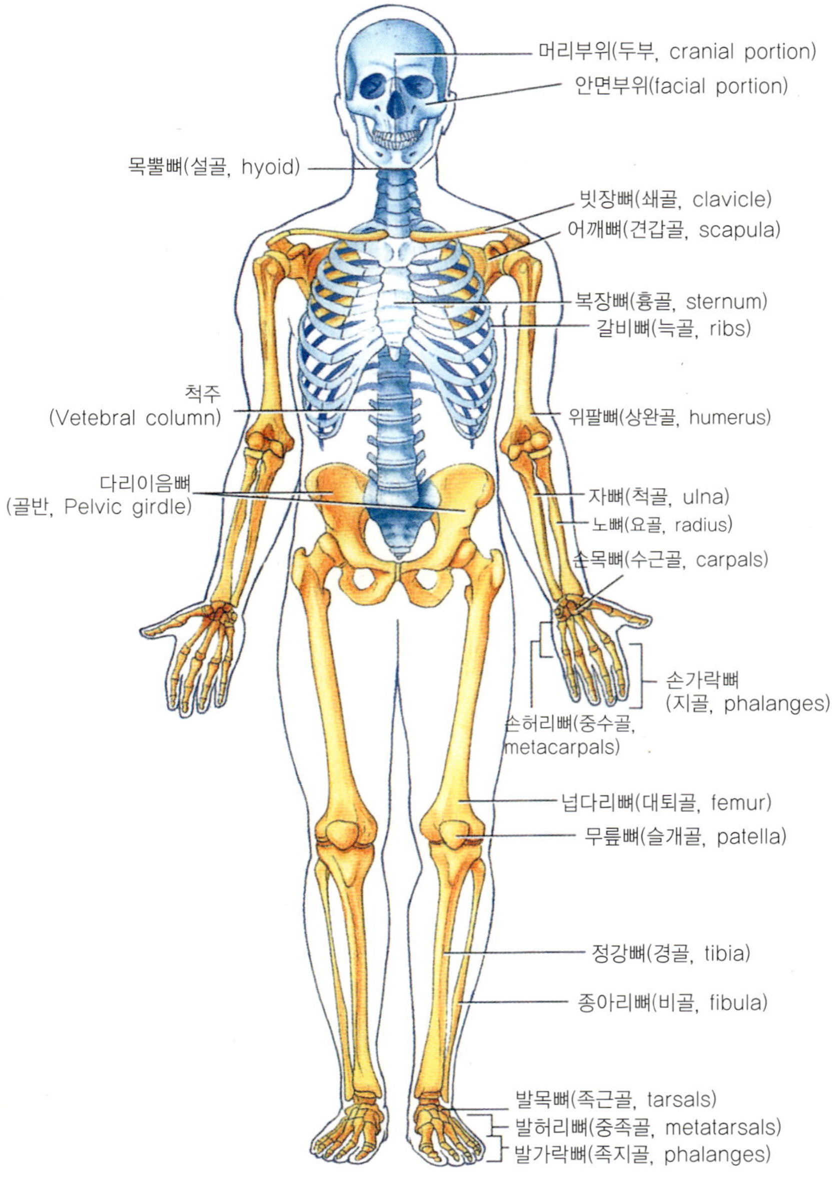
머리부위(두부, cranial portion)
안면부위(facial portion)
목뿔뼈(설골, hyoid)
빗장뼈(쇄골, clavicle)
어깨뼈(견갑골, scapula)
복장뼈(흉골, sternum)
갈비뼈(늑골, ribs)
척주
(Vetebral column)
위팔뼈(상완골, humerus)
다리이음뼈
(골반, Pelvic girdle)
자뼈(척골, ulna)
노뼈(요골, radius)
손목뼈(수근골, carpals)
손가락뼈
(지골, phalanges)
손허리뼈(중수골,
metacarpals)
넙다리뼈(대퇴골, femur)
무릎뼈(슬개골, patella)
정강뼈(경골, tibia)
종아리뼈(비골, fibula)
발목뼈(족근골, tarsals)
발허리뼈(중족골, metatarsals)
발가락뼈(족지골, phalanges)

골격의 앞면

2) 근육계

인체 체중의 40~50%를 차지하는 근육은 신체가 변화하고 행동하는 다양한 움직임이 일어나는 신축성 있는 섬유조직이다.

(1) 근육의 분류

① 골격근

골격과 건에 부착되어 있고 운동신경의 지배를 받아 자신의 의지대로 움직이는 근으로 이것을 수의근이라 한다.

② 내장근

근육의 구조상 가로무늬가 없으므로 평활근이라 한다. 모든 내장의 운동에 관여하며 자율신경의 지배를 받아 자신의 의지대로 움직일수 없는 불수의근으로 자동능력을 갖고 주기 및 수축강도를 조절하고 있다.

③ 심근

자율신경의 지배를 받는 불수의근이며 심장벽을 이루는 근육으로 구조상 횡문근이다.

(2) 안면근육분포

안면근은 두피와 안면의 피부밑에 위치하는 근으로 사람의 심리를 나타내는 표정에 관계되므로 표정근이라고도 한다.

① 천재성 표정근

두개골에서 시작되어 피부에 부착하며, 그 주행이 복잡한 여러방향으로 되어 있는 비교적 가는 근이다.

- 전두근 : 눈썹을 치켜올리거나 두피를 악으로 잡아당겨 이마를 가로지르는 주름이 생기게 한다.
- 안륜근 : 안구의 가장자리를 둘러싸고 있으며 눈을 감게 한다.
- 협근 : 윗턱과 아래턱사이에 있는 근육이다.
- 소근 : 입술가장자리를 들어올릴때 움직이는 근육이다.
- 구륜근 : 입 주위를 둘러싸고 있으며 입을 열거나 오므릴때 움직이는 근육이다.

② 심재성 저작근

입안에서 있는 물체를 십거나 깨무는 작용을 하는 강력한 근으로 전신근육중 단위 길이나 면적당 가장 큰힘을 나타낼 수 있다.

- 교근 : 아래턱, 하악골을 움직이는 근육이다.
- 측두근 : 턱을 닫을때 교근의 보조역할을 하는 근육이다.

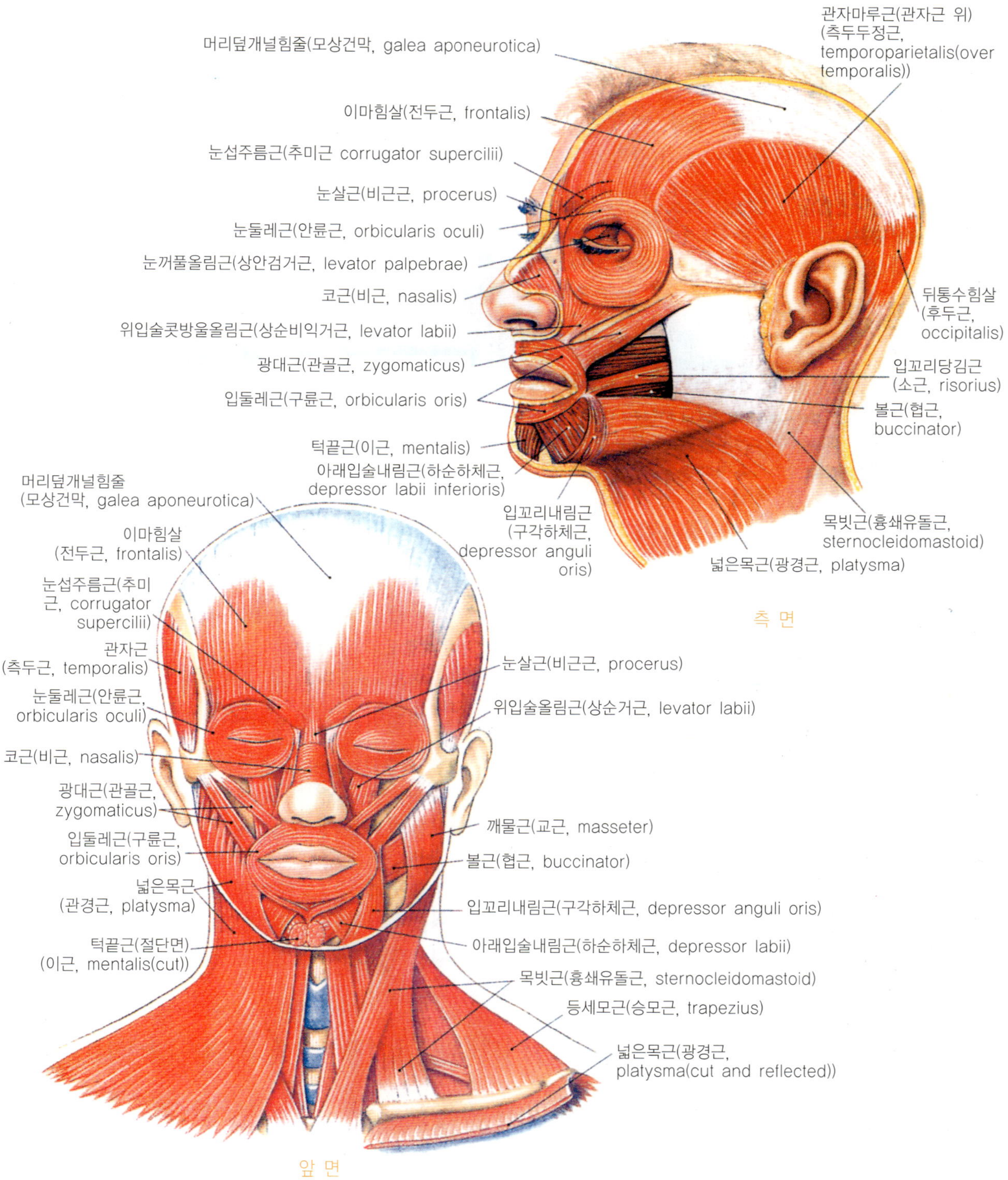
머리덮개널힘줄(모상건막, galea aponeurotica)
관자마루근(관자근 위)(측두두정근, temporoparietalis(over temporalis))
이마힘살(전두근, frontalis)
눈섭주름근(추미근 corrugator supercilii)
눈살근(비근근, procerus)
눈둘레근(안륜근, orbicularis oculi)
눈꺼풀올림근(상안검거근, levator palpebrae)
코근(비근, nasalis)
위입술콧방울올림근(상순비익거근, levator labii)
광대근(관골근, zygomaticus)
입둘레근(구륜근, orbicularis oris)
뒤통수힘살(후두근, occipitalis)
입꼬리당김근(소근, risorius)
볼근(협근, buccinator)
턱끝근(이근, mentalis)
아래입술내림근(하순하체근, depressor labii inferioris)
입꼬리내림근(구각하체근, depressor anguli oris)
목빗근(흉쇄유돌근, sternocleidomastoid)
넓은목근(광경근, platysma)
측 면
머리덮개널힘줄(모상건막, galea aponeurotica)
이마힘살(전두근, frontalis)
눈섭주름근(추미근, corrugator supercilii)
관자근(측두근, temporalis)
눈둘레근(안륜근, orbicularis oculi)
코근(비근, nasalis)
광대근(관골근, zygomaticus)
입둘레근(구륜근, orbicularis oris)
넓은목근(관경근, platysma)
턱끝근(절단면)(이근, mentalis(cut))
눈살근(비근근, procerus)
위입술올림근(상순거근, levator labii)
깨물근(교근, masseter)
볼근(협근, buccinator)
입꼬리내림근(구각하체근, depressor anguli oris)
아래입술내림근(하순하체근, depressor labii)
목빗근(흉쇄유돌근, sternocleidomastoid)
등세모근(승모근, trapezius)
넓은목근(광경근, platysma(cut and reflected))
앞 면

얼굴근육(안면근)

3) 신경계

내분비계와 함께 생물의 모든 생활환경을 통제하는 기능으로 뇌와 전신의 모든기관은 신경섬유로 연결되어 있다. 이와같이 연결의 기능을 가진 신경섬유를 총칭해서 신경계라 한다. 즉, 전신의 수용기(감각기)에서 정보신호를 수신하고 이에 대응해서 적절히 사령신호를 발신하는 통로라 할 수 있다.

(1) 신경계의 분류

① 위치상 분류

- 중추신경계 : 의식과 모든 정신적 활동을 조절한다. 시각 · 후각 · 미각 · 촉각 · 청각 등의 오감의 자발적인 기능을 조절하며, 모든 신체활동과 안면 표정과 같은 수의근의 활동을 조절한다.
- 말초신경계 : 지각신경과 운동신경 섬유질은 뇌와 척수로부터 뻗어 있고 신체의 모든 부분에 포함되어 있어서 말초신경이라 부른다. 기능은 중추신경으로부터 또는 중추신경에 메시지를 전달하는 것이다.

② 작용상 분류

- 자율신경계 : 소화, 호흡, 순환, 분비, 생식 등의 생명유지에 필요한 여러기능을 무의식적으로나 자율적으로 조절한다.
- 체성신경계 : 인체와 그 주위환경 사이를 조절하며, 외계로부터 자극을 받아들이는 수용작용과 이에 대응하여 적절한 반응을 신체 여러기관에 일으키게 하는 작용으로 감각과 운동에 관여하는 신경이다.

(2) 마사지(Massage)에 영향을 미치는 신경

① 삼차신경(제5뇌신경)

뇌신경중 가장 크며 안면, 구강, 치아의 감각작용 및 저작근 등의 안면근의 운동성을 지배하는 혼합성 신경이다.

② 안면신경(제7뇌신경)

안면근을 지배하는 운동신경과 미각과 타액분비에 관여하는 중간 신경으로 이루어져 있다.

③ 부신경(제11뇌신경)

연수근과 척수근에 있으며 목과 어깨근의 운동에 관여하는 운동성 신경이다.

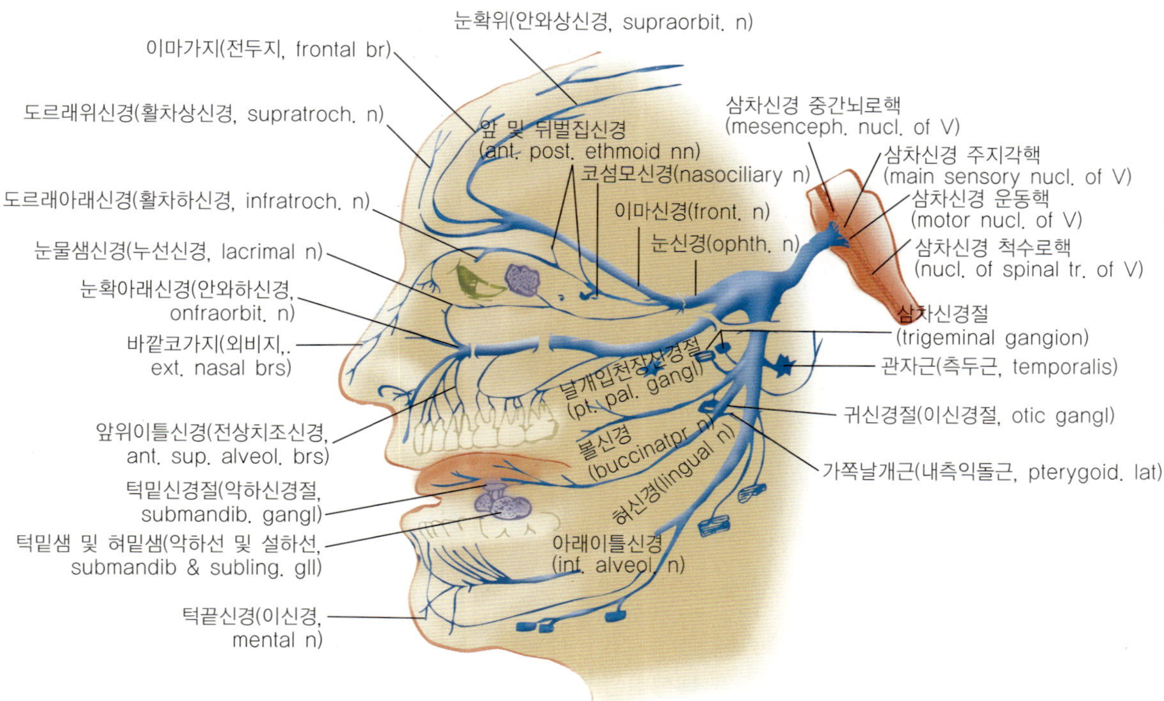

삼차신경의 분포

4) 내분비계(Endocrine glands)

인체는 여러종류의 내분비선들로 구성되어 있으며, 여기서 분비되는 특수한 화학전달물질을 호르몬이라 한다. 내분비선이 적절한 활동을 하여야만 인체는 성장 · 분화 및 내 · 외적 환경에 대한 적응이 가능하다.

(1) 뇌하수체전엽(Anterior pituitary)

간뇌의 시상하부와 연결되어 있으며, 다음과 같은 6가지 호르몬이 분비되고 있다.

① 성장호르몬(growth hormone)

성장기 때는 다량 분비되고 성인이 되면 소량 분비되지만 평생을 통해 분비된다.

② 부신피질자극 호르몬(adreo-cortico-tropic hormone)

물질대사나 체내기능에 영향을 미치며, 약 40여종의 피질스테로이드를 분비한다.

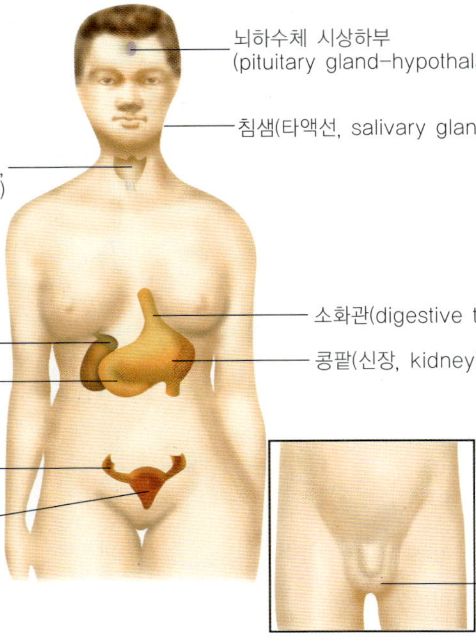

내분비샘의 위치(남 · 여)

③ 갑상선자극 호르몬(thyroid stimulating hormone)

근육, 간장, 신장 등의 조직에서 산소 소비량을 증가시키고 체열을 발생시켜 전신의 활동을 항진시킨다. 갑상선 기능저하시 점액수종현상이 나타나며 갑상선 기능항진시 안구 돌출성 바세도우병과 갑상선종의 현상이 나타난다.

④ 성선자극 호르몬

뇌하수체의 지배를 받으며 정자 및 난자를 형성케하는 호르몬으로 난포자극 호르몬, 황체자극 호르몬, 안드로겐 등의 호르몬이 있다.

⑤ 색소자극 호르몬

멜라닌이라는 유기색소인 색소세포를 자극하는 호르몬으로 임신을 했을때는 분비가 증가되어 피부가 검게되며 기미 등이 발생되게 된다.

(2) 뇌하수체후엽

시상하부 악부분의 세호에서 형성된 호르몬이 신경섬유를 따라 뇌하수체후엽에 저장되어 혈액으로 방출되며 그 종류로는 항이뇨호르몬, 옥시토신 등이 있다.

5) 순환계

신체의 각부위에 산소와 영양분을 공급하고 노폐물을 배출하기 위해 혈액 및 림프액이 순환되는 기관계를 말한다.

(1) 혈액의 순환경로

① 폐순환(소순환)

공기중의 산소를 체내의 탄산가스와 바꾸어 방출하는 것이 폐순환의 역할로 주요 경로는 우심실 → 폐동맥 → 폐의 모세혈관 → 폐정맥 → 좌심방이다.

② 체순환(대순환)

각조직이나 기관에 산소와 영양물을 보급하고 이를 조직에서 배설된 노폐물이나 탄산가스를 방출시키는 역할로 경로는 좌심실 → 대동맥 → 동맥 → 전신의 모세혈관 → 정맥 → 대정맥 → 우심방이다.

③ 피부순환

피부에는 일반적인 동맥 → 모세혈관 → 정맥순환 이외에 체온을 조절하기 위한 동맥 → 정맥 → 문합순환이 있다. 문합을 통과한 혈액은 체온을 유지하기 위해서 피하정맥총으로 순환된다. 즉 평상시에는 닫혀있던 문합혈관은 체온이 상승하면 피부순환에 참여해 혈류량을 2배까지 증가시켜 체온을 발산한다.

피부순환은 주로 체온조절을 목적으로 하기 때문에 영양혈류량은 소량에 불과하다. 정상인의 피부혈류량은 정상시 1분당 400ml 정도이나 체온상승시에는 약 800ml/분 정도까지 상승하며 반대로 극심한 한냉상태에서는 50ml/분까지 감소한다.

(2) 림프액의 순환경로

림프는 혈장과 비슷한 맑은 액체로 조직액에서 모세림프관으로 스며들어가 신체의 여러곳으로 퍼져간다. 모세림프관이 점차 합쳐져서 림프관이 되며 최종적으로는 림프관줄기가 되어 정맥각에서 정맥으로 유입된다. 이와같은 경로과정을 림프계라고 하는데 림프계는 혈관계, 특히 정맥계의 보조순환으로 이해되며 주요 림프관은 주로 정맥과 나란히 달리고 있다.

림프액은 모세림프관에서는 투명한 액체이나 중심부로 갈수록 지방성분을 흡수하여 다소 혼탁해지며 많은 림프구를 함유하게 된다. 림프구는 그 생성유래에 따라 골수에서 유래하는 골수유래림프구(B림프구)와 흉선에서 유래하는 흉선유래림프구(T림프구)로

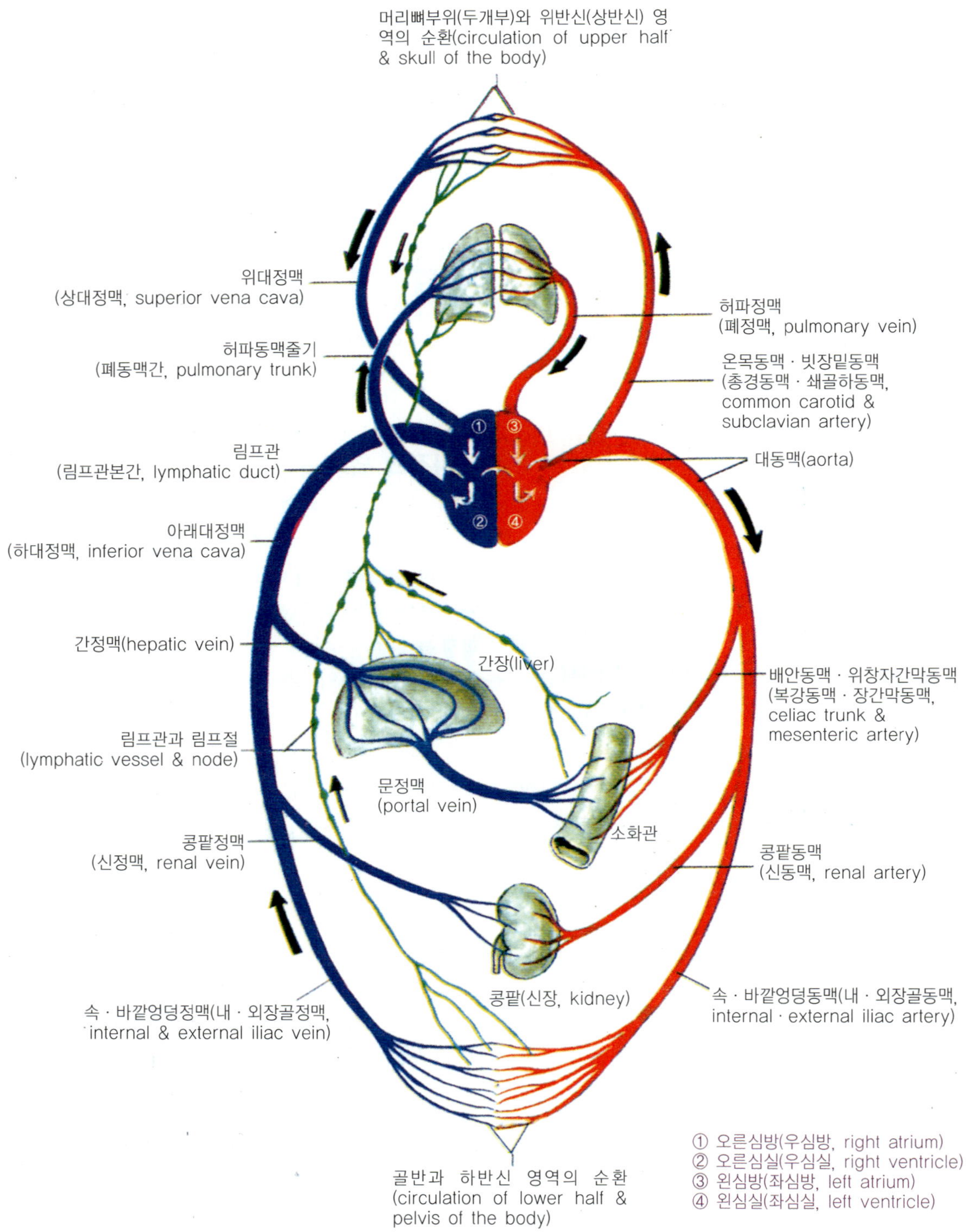

몸순환(체순환)과 허파순환(폐순환) 경로

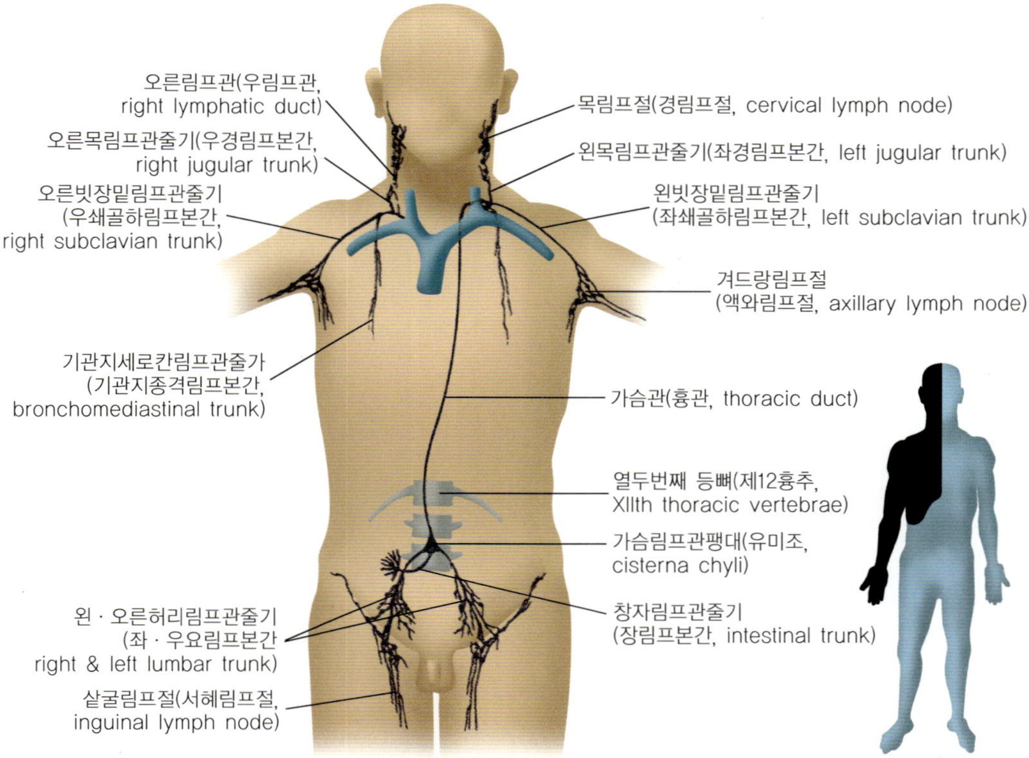

전신의 림프관줄기

가슴관으로 유입하는 영역(청색),
검은색은 오른림프관으로 유입하는 영역

림프관(가슴관과 오른림프관)

구분된다. 이들 림프구는 질병으로부터 인체를 보호하는 인체의 방어기전인 면역기전에 깊이 관여하는 것으로 알려져 있다. 즉 질병이나 손상 및 호흡, 음식섭취 등에 의해 체내로 들어온 미생물이나 이물질들은 림프절의 도관벽을 이루고 있는 세망내피세포나 식균세포들에 의해 살균되거나 포식된다.

림프액도 혈액과 마찬가지로 피부에 영양분이나 수분 등을 공급하며 순환이 잘 이루어지지 않으면 체액의 불균형이 야기되어 부종이나 수종 등이 나타난다.

IV 공중보건학

제4편
공중보건학

1. 공중보건학의 개념

인간은 건강한 삶을 영위하는 것을 가장 소중한 재산으로 생각하고 있다. 예전에는 단순히 질병이 없는 상태를 건강이라고 생각했었으나 현대는 단순히 질병이 없는 상태만을 의미하는 것은 아니고 "정신적, 육체적 및 사회적으로 완전무결한 최적상태의 건강"이라고 W · H · O(세계보건기구)는 정의하고 있다. 이와같은 공중보건학이란 어느 개인의 건강문제를 중심으로 하는 학문이 아니라 지역사회나 한나라 국민의 건강을 증진, 향상시키기 위한 목적으로 연구하는 학문이라 할 수 있으며 지역사회의학 또는 사회의학이라고 불리어지기도 한다.

예방의학이 질병예방에 중점을 둔다면 사회의학은 사회적요인에 의한 인간의 불건강을 연구하는 학문이라 할 수 있다. 따라서 C · E · A · Winslow 박사는 공중보건학에 대해서 "조직적인 지역사회의 노력을 통하여 질병을 예방하고 생명을 연장시키며 신체적, 정신적 효율을 증진시키는 기술이며 과학이다"라고 정의하고 있다.

공중보건학의 대상은 개인이 아니고 지역사회 전주민을 대상으로 한다. 공중보건학은 보건교육, 전염병관리, 환경위생, 영양관리 등의 관리와 봉사를 통하여 지역사회 전주민의 건강을 관리한다. 이제 우리는 생활여건이나 각 환경여건 속에서 일어나는 건강장애요인들이 더 이상 초래되지 않도록 각자 스스로가 건강관리에 힘쓰며 사전예방에 노력하는 것이 생활화되어야 한다.

한 지역이나 국가의 보건수준을 나타내는 지표로는 영아사망률, 조사망률, 질병이환률, 사인별사망률, 유아사망률, 평균수명 등으로 평가할 수 있으며, 세계보건기구(W · H · O)는 한나라의 보건수준을 표시하여 다른나라와 비교할 수 있도록 하는 건강지표로서 평균수명, 조사망률, 비례사망지수 세가지를 들고 있다.

2. 보건교육

보건교육이란 공중보건사업의 성패를 좌우할 수 있는 지역사회 접근방법 중에서 가장 기본적인 사업이다. 따라서 교육의 목적은 개인과 지역사회주민 모두가 건강을 증진하기 위한 올바른 생활습관을 갖고 일상적인 모든 일들을 자발적으로 행함으로써 건강생활을 영위할 수 있도록 하기 위하여 지원, 지도, 교육하는 것이라 할 수 있다.

위에서 설명한 것처럼 우리 이 · 미용사는 공중보건과 밀접한 관련을 갖고 있다. 그것은 개개인마다 고객에게 직접적인 시술을 하기 때문이며 따라서 영업법규상에 따른 단속 및 지도가 필요하게 되는 것이다.

3. 환경위생

인간이 생명을 유지하기 위하여 최소한 필요로 하는 생활환경을 말하는 것으로 자연적인 환경, 인위적인 환경, 사회적인 환경의 세가지로 크게 구분할 수 있다.

첫째, 자연적인 환경은 우리가 살아가는데 절실히 필요한 무생물인자로 공기, 물, 일광, 토지 등을 들 수 있다.

둘째, 인위적인 환경은 외부로부터의 자극을 완화시켜 우리 인간을 보호하기 위해 조성된 조건들로 의복, 음식물, 주거 등이다.

셋째, 사회적인 환경은 우리생활에 큰 영향을 주는 경제, 교통, 종교, 인구 등을 말할 수 있으며 살아가는데 질서와 안녕을 필요로 하는 내용들로서 사회 생활에 절대적으로 필요한 것이다.

넷째, 미용실, 피부관리실 환경은 많은 사람들이 출입하며, 고객의 피부 또는 모발에 직접 각종 기구와 화학제품 등을 사용해서 시술하게 되므로 항상 청결을 유지하여 소독설비를 갖추고, 채광, 조명, 환기를 충분히 하여야 한다. 그리고 기타 시 · 도 · 군의 장이 제정하는 위생상 필요한 조치 등을 하여야 한다.

1) 공기의 조성

지구를 둘러 싼 대기의 하층부를 구성하며 수증기, 진애, 세균 등을 포함하고 있는 개체로 되어 있다. 공기의 화학적 조성이 비정상적으로 산소량이 부족하거나 유독성분이 일정량이상 함유되어 있을 경우 호흡장애와 중독증세를 일으킬 수 있다.

공기의 화학적 조성은 산소(O_2)가 20.93%, 질소(N_2)가 78.09%, 아르곤(Ar) 0.93%, 이산화탄소(CO_2) 0.03%, 오존 등의 비율로 되어 있다. 또한 일정하지 않은 양의 수증기도 함유하고 있다. 그리고 많은 사람이 밀집한 실내에서는 불쾌감, 두통, 권태, 현기증, 구토 및 식욕저하 등을 일으키는데 이를 군집독(群集毒)이라고 한다.

(1) 산소(O_2)

인간이 호흡하는데 가장 필요로 하는 공기 중의 성분이다. 공기 중에 함유되어 있는 산소량이 10% 이하가 되면 호흡곤란이 오고 7% 이하가 되면 질식하게 된다.

(2) 질소(N_2)

공기 중의 산소작용을 원활하게 하는 역할을 하며 직접 호흡작용에는 관여치 않지만 가장 많은 비율을 차지한다.

(3) 이산화탄소(CO_2)

호기(呼氣)중에 내뱉는 성분으로 실내에 사람이 많이 모인 상태에서 시간이 경과되면 환기가 나빠지고 차츰 탄산가스량이 증가한다. 그러면 실내의 온도가 높아지고 습도도 증가되어 무더워진다. 또한 공기 악취로 인한 공중균이 늘어나는 경향도 있다. 그러므로 이산화탄소는 실내공기의 오염도를 나타내는 기준지표로 사용된다. 실내의 허용한계량은 0.07~0.1%이고 공기중의 정상성분으로는 0.03~0.04%가 존재한다.

(4) 일산화탄소(CO)

우리인간에게 가장 위험한 가스로 목탄, 연탄, 석탄 등의 불완전 연소시에 발생하는 유독가스이며 불이 피기 시작할 때 많이 발생한다. 또한 자동차의 배기 중에도 다량 함유되어 있다.

일산화탄소는 무색 무취이며 자극성이 없는 가스로 호흡을 통해 혈중으로 흡입되면 헤모글로빈(Hb)과의 친화성이 산소에 비해 200~300배 가량 강하므로 산소결핍증을 초래한다. 일산화탄소의 허용한도는 8시간 기준으로 100PPM(0.01%)이다.

일산화탄소 발생이 많은 실내에서는 환기시설이 필요하며 1000PPM 이상에서는 생명에 위협이 온다.

2) 온열의 조건

우리가 더위나 추위를 느끼는 것은 온열인자인 기온, 습도, 기류, 복사열에 의한 것이다.

(1) 기온

온열조건과 가장 관계가 깊은 것으로 온도계로 기온을 측정한다. 정확한 측정을 위해서는 복사열을 피하기 위해 백엽상을 이용하며 지상 1.5m 높이에서의 건구온도를 측정한다. 하루중 최고기온은 오후 2시경이고 최저기온은 일출 전이다. 우리 신체에 쾌적한 기온은 대체로 18℃ 전후이다. 온도가 높으면 미생물의 번식이나 식중독의 발생 위험이 많아지고 온도가 낮으면 상기도에 염증이나 감기의 원인이 되며 심할 경우에는 동사(冬死)하게 된다.

(2) 습도

일정온도의 공기 중에 포함할 수 있는 수중기 상태를 말하며 온도의 상승에 따라 공기 중에 포함될 수 있는 습도의 한계도 상승한다. 그러므로 온도와 습도가 다같이 높으면 불쾌감을 주게 되며 다습한 상태에서는 피부질환이 올 수 있고 너무 건조하면 호흡질환, 화재위험 등이 일어날 수 있다.

쾌적습도는 온도 18℃ 전후일때 40~70%(65%)의 범위이다. 기온이 높을 때 습도가 올라가면 무더워지고 습도가 내려가면 쾌적해진다.

(3) 기류

공기의 흐름을 말하며 기류의 강도는 풍속 또는 풍력이라 하고 보통 1초간의 속도로 표시된다. 우리 신체에 쾌적한 기류는 실내에서 0.2~0.3m/초, 외기 중에서는 1.0m/초 내외 정도가 알맞다. 적당한 기류는 방열작용을 도우며 신진대사를 원활하게 해준다.

(4) 기압

대기의 압력을 말하며 단위로는 바아르(Bar)이다. 1기압은 760mmHg(정상기압)이고 761mmHg 이상을 고기압, 759mmHg 이하를 저기압이라 한다.

3) 일광의 위생

일광은 기후인자의 일종으로 기온, 기습과 밀접한 관계가 있으며 건강생활에 큰 영향을 준다. 태양은 여러파장의 방사선을 내고 있다. 즉, 빛과 색을 나타내는 가시광선, 파장이 가장 짧은 자외선, 파장이 가장 긴 적외선 등으로 구분된다.

(1) 적외선(열선)

파장이 긴 부분으로 800mμ(밀리 미크론) 이상에서 발생되는 열작용이며 인공적으로도 전기화로, 스토브 등에서 방사된다.

적외선은 피부에 홍반을 일으키고 심하면 화상을 입힐 수 있으며 백내장을 일으킬 수 있다. 보통 적외선의 홍반작용은 피부점막의 수분을 덥게 하여 혈류를 왕성하게 해주며 피부의 온열조건을 도와준다. 종기, 외상, 타박상 등의 치료에 쓰인다.

(2) 자외선(화학선)

파장이 400mμ 이하의 부분으로 아주 짧은 파장은 지구상까지 도달하지 못한다. 우리가 받고 있는 320mμ 전후의 파장은 건강선이라하여 인체의 신진대사를 촉진시키고 생활기능을 향상시킨다. 적당량의 자외선은 피부에서 비타민 D를 만들어 구루병 예방에 도움을 준다. 도한 살균력이 있어 85mμ의 조사량에서 장티푸스균, 콜레라균은 1분이내에 결핵균은 3분이내에 사멸한다. 자외선은 보건 위생상으로 필요하나 정도가 지나치면 신체의 조직세포가 파괴될 수 있으며 피부염, 결막염을 유발할 수 있다. 한편 자외선은 사진의 건판 혹은 생필림을 감광시키는 화학작용이 있다. 일광소독이나 일광욕은 보통의 유리안에서는 효과가 없다.

(3) 가시광선(광선)

파장이 400~800mμ 범위의 방사선으로 빛과 색을 나타내는 광선이다.

4. 주택위생

주택은 외부로부터의 자극을 막아주고 일상생활을 편리하게 하며 건강하고 즐거운 생활을 영위하도록 하는데 목적이 있다.

1) 대지의 조건

① 지질이 건조하고 침투성이 좋아 배수가 잘되는 곳이고, 매집지가 아니어야 한다.
② 지형이 넓고 언덕의 중턱에 위치하며 방향은 남향 또는 동남향이어야 한다.
③ 지하수면이 3m 이상이어야 한다.
④ 교통이 편리하고 공해 발생공장이 인근에 없어야 한다.

2) 환기

신선한 실외공기와 오탁된 실내공기를 바꾸어 인체의 유해작용을 방지하는 수단으로 자연환기법과 인공환기법이 있다.

(1) 자연환기

실내의 탁한 공기와 실외의 맑은 공기가 창이나 벽틈으로 흐르는 기류에 의하여 서서히 환기되는데 들어오는 공기는 하부로, 나가는 공기는 상부로 이동하여 그 중간에 압력 0의 지대인 중성대를 이룬다.

(2) 인공환기

일반적으로 공장, 실험실 등에서는 인공적인 환기가 필요하며 공기조정법, 흡인식 환기법등이 있다.

3) 냉 · 난방

(1) 난방

기온이 10℃ 이하가 되면 옷만으로는 견딜 수 없게 되므로 난방에 의해서 실내온도를 고르게 높이고 유해가스나 먼지 등을 적게하며 습도도 적당하게 해 주어야 한다.

① 국소난방

각 실내에 열원을 따로 따로 설치하는 것을 말하며 우리나라는 온돌, 화로, 난로 등이 이용된다.

② 중앙난방

한 곳에서 발생시킨 열을 배관을 통해 각실에 보내는 방법으로 열기난방, 온수난방, 증기난방 등이 있다.

(2) 냉방

선풍기를 이용하거나 냉수를 이용하여 더위를 식히는 방법이 있으나 기온이 떨어져도 습도가 높으면 큰 효과가 없으므로 현재는 공기조절법을 주로 이용한다. 공기조절법은 공기의 온도, 습도를 자유롭게 조절하고 공기중의 먼지제거, 환기 등도 동시에 할 수 있는 방법으로 국소냉방법과 중앙냉방법이 있다. 냉방에 의한 실내의 온도차는 5~8℃를 넘지 않아야 한다.

4) 채광과 조명

낮의 실내밝기는 자연광선에 의하여 채광의 좋고 나쁨이 결정되고 야간이나 지하실에서는 인공적인 광선에 의해 그 밝기가 유지된다. 이 밝기의 정도를 조도라 하며 조도를 나타내는 단위는 룩스(lux)이다.

1룩스는 1촉광의 점광원으로부터 1m 떨어진 곳까지 비치는 빛과 수직되는 밝기를 말한다.

(1) 채광

일상생활에서의 이상적인 조도는 100룩스 정도이고 독서나 재봉 및 세밀한 작업을 할 때에는 200~1000룩스의 조도가 필요하다. 자연채광에 의해서 충분한 밝기의 효과를 얻으려면 창의 면적이 방바닥 면적의 1/5~1/7이 적당하고 창의 높이는 높을수록 밝다.

실내의 일정한 지점(F)을 중심으로 실외 장애물 상단 끝점(D)을 연결하는 선과 창의 상단(E)을 연결하는 선이 만나는 각(각 DFE)을 개각이라 하며, 개각은 최소한 5도가 되어야 한다. 그리고 실내의 한 부분점에서 창의 윗면을 연결하는 선과 바닥면과의 각도를 입사각이라 하고, 입사각이 클수록 실내는 밝아지며 28° 이상이 되어야 한다.

벽의 색도 방안의 밝기와 관련이 있으며 흰색의 반사율은 70~80%, 회색은 15~50%, 녹색은 10~20%이다.

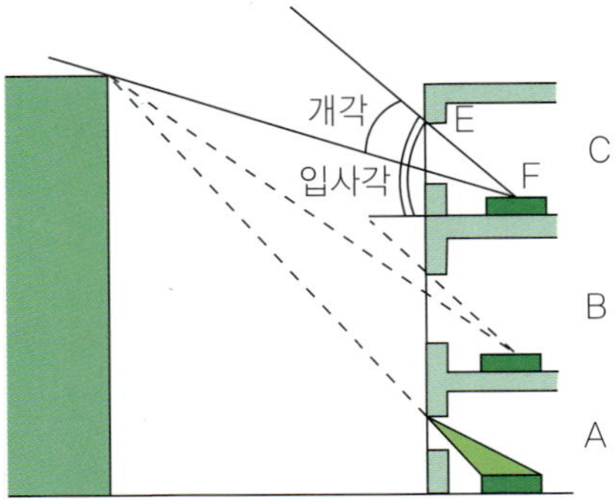

창문의 입사각과 개각

(2) 조명

인공광을 이용한 인공조명을 말하며 조명방법은 직접조명, 간접조명, 반간접조명으로 나눈다. 조명이 부적당하면 시력이 나빠지고 작업능률이 떨어진다. 부적당한 조명에 의한 피해로는 근시, 안정피로, 안구진탕증, 백내장, 작업능률 저하 등의 증세가 발생한다. 일반가정이나 이 · 미용업소의 적절한 조도는 100룩스 정도이다.

① 직접조명

조명효율이 크고 경제적이나 직사광원으로 눈이 부시는 등 강한 음영으로 불쾌감을 준다.

② 간접조명

광원에서 나온 빛을 반사시켜 얻은 반사광선을 조명에 이용하는 것으로 조명이 고르고 눈이 부시지 않으며 눈의 피해가 가장 적다.

③ 반간접조명

간접조명과 직접조명이 절충된 방법이다.

5) 상수

물은 우리의 일상생활과 건강유지에 없어서는 안될 가장 필요한 것이다. 인체생리 외에도 일상생활 및 산업용수로도 매우 중요한 것으로 생활수준이 높아질수록 물의 필요량도 증가하고 이용범위도 넓어진다. 그러므로 여러가지 문제시되고 있는 점에 대한 보건학적인 검사를 실시해야 한다. 즉 물리적 검사, 세균학적 검사, 미생물학적 검사, 화학적 검사, 수질검사 등으로 위생적인 물을 설정하는 보다 적극적인 방지대책이 필요하다.

(1) 물의 위생

물은 인체 구성분의 60~70%를 차지하며 음식물의 소화 · 운반, 영양분 흡수, 배설, 체온조절 등의 기능을 도와준다. 이처럼 수분은 신체의 여러가지 생리작용에 필요 불가결한 것으로써 하루에 2.0~2.5ℓ의 물이 필요하며 인체를 구성하는 물의 10%를 상실하면 이상이 오고 20~22%를 상실하면 곧 생명에 지장이 온다.

수인성으로 인한 질병으로는 장티푸스, 이질, 콜레라, 유행성간염 등이 있고 그외에도 기생충에 의한 질병, 수중의 유독물로 인한 질병이 있다. 물에 녹은 유해물질로 일어나는 질병은 거의 수도관 안쪽에서 녹아 나오는 열에 의한 중독이다. 또 수도물 중에 일정량을 초과하는 과잉불소로 인한 반상치(斑莊齒)가 있고 물의 경도가 매우 높을 경우 이질을 일으킨다.

특히 지하수에 많이 용해되어 있는 광물질은 칼슘과 마그네슘으로 이를 다량 함유하는 물을 경수라 한다. 우리나라에서 사용되는 수질측정단위로 물 1㎥ 중에 산화칼슘(CaO) 10g을 함유하는 경우를 경도 1°라 하고 보통 20° 이상은 경수, 10° 이하는 연수라 한다.

우리나라 수도물은 보통 경도가 낮으며 대개 2° 내외이다.

① 연수(軟水)

칼슘, 마그네슘, 염분이 적게 함유된 것으로 비누거품이 잘 일어나는 물로 경도 10° 이하이며 음료수, 세탁에 쓰인다.

② 경수(硬水)

칼슘, 마그네슘, 염분 등이 많이 함유된 것으로 비누의 거품이 잘 일지 않고 차의 맛이 떨어지며 산업용수로도 부적당하다.

- 일시경수 : 알카리성의 중탄산염은 끓이면 침전이 되어 부드럽게 되므로 연수가 된다.
- 영구경수 : 황산염을 갖고 있어 끓여도 불변하므로 약품 탄산소오다(Na_2CO_3)를 넣어서 연수를 만든다.

(2) 수질의 판정기준

수질의 안전성 여부 판정방법은 현장조사, 이화학적 조사, 생물학적 조사로 구분하여 볼 수 있으며 우리나라 수질판정기준은 다음과 같다.

① 병원생물의 오염 및 오염물질에 관한 사항

- 암모니아성 질소가 0.5mg/ℓ을 넘지 않을 것.

- 질산성 질소는 10mg/ℓ을 넘지 않을 것.
- 염소이온은 150mg/ℓ을 넘지 않을 것.
- 과망간산칼륨 소비량은 10mg/ℓ을 넘지 않을 것.
- 일반세균(보통 한천배지에서 무리를 형성할 수 있는 생균)은 1cc 중 100을 넘지 않을 것.
- 대장균군은 50cc중에 검출되지 않을 것.

② 동은 1mg/ℓ를, 철 및 망간은 0.3mg/ℓ를, 불소는 1PPM을 넘지 아니할 것.
③ 과도한 산성이나 알칼리성에 관한 사항.
④ 소독으로 인한 냄새와 맛, 그 이외의 냄새와 맛이 없을 것.
⑤ 무색 투명하지 아니한 것에 관한 사항(색도 5도, 탁도 2도).
⑥ 증발 잔유물은 500PPM을 넘지 않을 것

(3) 상수도(上水道)

① 도수(導水)의 과정

- 수원(水源)

수도수의 수원은 천수(비, 눈), 지표수(호수, 하천수), 지하수(우물, 샘) 등이 있다. 천수는 매진, 세균등이 함유되어 있고 지표수도 많이 오탁되어 있으므로 산의 계곡수나 호수가 좋으며, 지하수는 일반적으로 탁도가 낮고 경도가 높으며 유기물 세균등이 적은 것이 특징이다. 수도에 쓰일 근원이 되는 물을 원수라 하고 이 원수의 수질에 따라 적당한 정수작업을 실시하여야 한다.

- 정수장

물을 깨끗하게 하는 과정인데 침전, 여과, 소독의 순으로 실시한다.

- 침전지 : 원수에서 온 물들을 오랜시간 머물게 하여 자연적으로 고형물을 침전시키거나 약품(황산 알루미늄등)을 넣고 저어서 침전을 촉진시키는 방법이 있다.
- 여과지 : 침전지 위에 뜬 맑은 물을 거르는 곳으로 보통모래와 자갈층으로 되어 있으며 서서히 거르는 완속사 여과법과 비교적 빨리 거르는 급속사 여과법이 있다.
- 염소소독 : 우리나라의 수도는 반드시 염소소독을 하도록 수도법에 정해져 있다. 염소소독은 주로 액체염소를 사용하는데 강한 산화력이 있으며 잔류효과가 크다. 이 잔류염소는 송수, 배수, 급수과정에서 오염될 수 있는미생물의 살균작용에 유효하며 수도전에서는 일반적으로 0.2PPM이 필요하다.

▪ 송수, 배수, 급수

정수장에서 송수로를 거쳐 배수지까지 끌어가고 배수지에서는 각 가정이나 용수장까지 배수 또는 급수한다.

② 가정의 정수

▪ 자비소독

끓이는 방법으로 가장 간단하고 실용적인 방법이며 끓기 시작한 후로 약 10분간 계속 끓이는 방법이다.

▪ 간이여과법

큰 통 속에 잔돌, 모래, 숯을 깔아서 기계적으로 걸러내는 방법이며 세균제거의 효과는 적다.

▪ 소독법

주로 표백분이 쓰이는데 유효염소량 20~25% 정도를 사용하려는 물에 몇방울씩 넣어 소독한다.

6) 하수처리

도시 집중화에 따라 가정에서 배출되는 오수(汚水)와 더우기 공장이나 각 사업장에서 배출되는 온갖 폐수로 인해 악취와 파리 모기 등의 서식이 늘어남으로써 도시의 청결과 미관에 커다란 영향을 주고 있다. 그러므로 하수처리장의 문제가 공중생활에서는 중대하게 다루어져야 한다. 즉 하수란 생활환경에서 생기는 오수나 빗물 등을 말하는 것으로 되도록 오수들은 모아서 처리해 버리고 오염원을 제거한 후에 하천에 버리는 것이 하수도의 위생상 중요한 점이다.

하수의 종류중 빗물을 뺀 나머지를 오수라 하며, 하수를 모으는 방식으로는 빗물과 오수를 모으는 합류식과 오수만을 따로 모으는 분류식이 있다.

하수처리 과정으로는 예비처리, 본처리, 오니처리의 순으로 한다. 종말처리장에 도달할 하수는 침사지로 들어가 흙과 모래를 침전시킨다. 침전된 흙과 모래는 버키트(bucket)로 제거하고 위에 뜬 오물은 스크린(screen)으로 제거한 후 하수는 최초의 침전지로 보내어진다. 이곳에서 통과된 하수는 활성오니법(고급처리)이나 살수여과법(중급처리)에 의해 정화된다.

하수의 오염도를 나타내는 단위는 BOD(생물화학적 산소요구량)를 쓰며 하수종말 처리장에서 버릴 수 있는 수질기준이 법규상으로 규정되어 있다. 예를 들면 가정하수의 BOD는 약 200~250PPM, 하수종말처리장에선 활성오니법의 경우 BOD가 20PPM, 살수여과법의 경우 BOD가 60PPM 이하가 되어야 한다.

활성오니법이란 폭기조(曝氣槽)로 들어가 흙탕(오니)물 속의 미생물 작용에 의하여 정화되는 방법이고, 살수여과법이란 쇄석여재(碎石濾材)의 두꺼운 층을 통과하는 동안 미생물의 작용에 의하여 정화되는 방법이다.

7) 오물처리

(1) 분뇨처리

처리방법은 문화수준, 생활양식 등에 따라서 각각 다를 수 있는데 우리나라는 옛부터 비료화하는 방법으로 처리해 왔다. 따라서 이를 통해 전파되는 소화기계 전염병과 기생충질환의 관리를 위하여 운반 및 처리과정을 합리적으로 하여야 한다.

처리과정의 유의사항은 수원이나 지하 · 지표수의 오염이 없어야 하고 불쾌한 남새가 나거나 도시 미관을 해치지 않도록 해야 하며, 토양오염을 방지해야 한다는 점 등을 감안하여 안전하고 청결한 처리방법의 수세식 변소를 권장하여야 한다. 이 · 미용업소인 경우도 미용법규상 상수도 시설이 갖추어져 있는 곳에서는 반드시 수세식 화장실이어야 한다는 규정이 있다.

종말처리장으로는 육상이나 해양으로 버리는 투기법, 매립법, 소화처리법, 비료화법, 소각법 등이 있다.

(2) 진개처리

도시에서는 진개의 양적인 증가로 인하여 처리방법이나 장소 등의 문제가 있다. 일반적으로 쓰레기 처리방법으로는 위생적 매립법, 비료화법, 투기법, 소각법 등이 있다. 소각법은 간편하고 완전하나 대기오염의 문제가 되므로 주의를 요한다.

5. 기생충

기생충질환은 지식의 향상, 환경개선, 위생적인 생활양식 등으로 점점 감소되어 가고 있는 반면에 아직도 지역적으로는 매우 높은 감염률을 보이고 있는 곳도 있다. 기생충 질환의 발생은 비위생적인 일상생활, 환경불량, 비위생적인 영농방법 등이 주원인이 되고 있으며 기생충의 종류도 무수히 많다. 그중 우리나라에 많이 유행되는 몇 종류의 인체기생충만을 소개하면 다음과 같다.

1) 선충류

(1) 회충

회충은 전세계적으로 분포되어 있으며 우리나라도 감염률이 7.3%를 차지한다. 증세로는 권태, 발열이 있고 식욕이상, 소화장애, 구토, 복통 등이 있을 수 있다. 분변으로 탈출된 회충수 정란은 감염형이 있어 오염야채, 불결한 손, 파리의 매개에 의한 음식물의 오염 등으로 경구침입을 하게되면 위에서 부화되어 심장 기관지 식도를 거쳐 소장에서 정착되고 감염 75일이면 성충이 되어 산란한다. 예방대책으로는 분변의 위생처리 생야채의 생식에 유의하며 완전세척을 하고 정기적 구충 실시를 하도록 한다.

(2) 구충

구충에는 십이지장충과 아메리카 구충이 있다. 우리나라에는 두 종류가 유행되지만 감별이 잘 안되므로 보통 구충으로 통칭한다. 인체의 소장에서 기생하여 4~5주 후면 산란을 해서 분변으로 탈출하여 경피적 침입을 하므로 인분을 사용한 밭에서 작업할 때는 맨발로 다니지 않아야 한다. 침입 초기에는 기침 구토증세가 있으며 성충이 되면 빈혈증, 소화장애가 온다. 아메리카 구충은 십이지장충보다 증세가 가벼운 편이다.

(3) 요충

성숙충란이 불결한 손이나 음식물을 통해서 경구적으로 침입되며 소장에서 부화되어 맹장에서 성충이 될 때까지 기생하여 45일 전후면 항문 주위에 나와 산란한다. 따라서 주위가 가려워지며 긁게 되면 습진이 생긴다. 요충은 특히 집단감염이 잘 되므로 침식을 함께하는 사람 중에 한 사람이라도 감염자가 있으면 전원 감염될 수 있다. 예방대책으로는 집단적 구충을 하고 내의와 침실을 청결히 한다.

2) 흡충류

(1) 간 흡충류

간 디스토마는 우리나라 낙동강, 영산강, 금강, 한강등의 강 유역에서 많이 감염되며 민물고기를 생식하는 지역주민에게 특히 많이 유행된다. 전파는 성충이 담도내에 기생하여 장관을 거쳐서 분변으로 충란이 배출되면 물 속에서 제1중간숙주인 쇠우렁에 섭취되고 식도에서 부하된 후 제1중간숙주를 탈출하여 제2중간숙주인 잉어과의 참붕어, 피래미, 모래무지 등의 피하조직에서 피낭유충이 된다. 감염된 민물고기를 생식한다든지 오염된 물을 통해서 감염되거나 조리과정에서 조리기기를 통하여 다른 음식물을 거쳐 경구감염된다. 예방대책으로는 민물고기 생식이나 회를 먹는 습관을 금한다.

(2) 폐 흡충류

폐 디스토마는 우리나라 황해도지방 산간지역에 많으며 기생부위는 폐부, 복부, 뇌부이다. 전파는 객담이나 대변으로 나온 충란이 2~3주에 부화하여 제1중간숙주인 다슬기에 침입된 후 다시 수중으로 나와 제2중간숙주인 가제, 게 등의 아가미, 간장, 근육내에 침입한다. 제2중간숙주를 사람이 생식하면 소장에서 장벽을 뚫고 복강으로 나와 복벽 근육에 침입하여 1주간 발육 후 다시 복강으로 나와 횡경막을 뚫고 폐장에 침입한다. 예방대책은 게, 가재의 생식을 금하고 유행지역의 생수를 마시지 않아야 한다.

3) 조충류

(1) 유구조충(갈고리촌충)

돼지고기를 생식하는 지역주민에 많이 발생하며 성충 감염보다는 낭충 감염율이 많다. 증세는 소화불량, 식욕부진, 변비, 설사 등이 있는데 크게 심하지 않다. 낭충증은 유구조충의 충란이 경구적으로 침입하여 뇌, 안구, 심장, 간장, 폐 등 신체 각 부위에 침입한다. 예방대책은 돼지고기를 충분히 익혀 먹어야 한다.

(2) 무구조충(민촌충)

오염된 풀을 중간숙주인 소가 먹으면 장내에서 부화하여 유충은 장벽을 뚫고 들어가 3~6개월이면 무구낭충이 된다. 감염된 쇠고기를 생식했을 때 소장에서 기생하므로 예방대책은 쇠고기를 충분히 익혀 먹어야 한다.

(3) 광절열두조충(긴 촌충)

우리나라는 경남해안지방에서 주로 감염되었으며 증세는 식욕감퇴, 영양불량, 위통 등이 있다. 수중에서 충란은 제1중간숙주인 물벼룩에 섭취되어 발육한 후 제2중간숙주인 송어 연어 등에 섭취된다. 감염된 민물고기를 생식하면 인체감염이 되며 3주 후면 성충이 되어 산란한다. 예방대책은 송어나 연어의 생식을 금한다.

6. 화상

화상은 화염(火炎), 끓는 물, 폭발물 등으로 발생하는 경우가 많으며 정도에 따라서 1도화상, 2도화상, 3도화상으로 분류한다. 화상시에는 감염의 위험성이 크므로 함부로 화상부위를 비위생적으로 취급하거나 화상으로 생긴 물집을 터트려도 안된다. 그리고 붕대도 반드시 멸균붕대를 사용한다.

1) 1도화상(홍반성 화상)

가벼운 화상으로 피부가 붉게 되어 며칠 지나면 자연적으로 낫는다.

2) 2도화상(수포성 화상)

화상부분에 통증이 오고 표피가 들뜨며 물집이 생긴다.

3) 3도화상(괴사성 화상)

화상부위의 표피와 진피의 조직을 파괴하고 궤양을 만든다. 장시간의 치료를 요하고 흉터를 남기며 심할 때는 운동기능장애 원인이 되기도 한다.

화상치료에 사용되는 약품에는 아연화유, 붕산, 와세린연고를 바르는데 상태에 따라서 의사의 도움을 받도록 하는 것이 가장 바람직하다.

7. 공해

환경보전법의 목적에 의하면 “이 법은 대기오염, 수질오염, 토양오염, 소음, 진동 또는 악취 등으로 인한 보건위생상의 위해를 방지하고 환경을 적정하게 보전함으로써 국민보건향상에 기여함을 목적으로 한다”라고 하였다.

공해란 인위적, 자연적인 환경등에 의해 지역사회 주민의 건강, 재산, 경제적 피해와 자연환경의 악화를 초래하는 것이다. 전에 비해 현대 공해는 공장이나 인구의 집중에 의한 공해가 많으며 누적화, 다발화 현상을 보이고 있다.

1) 대기오염

인구가 증가하고 산업이 발전함에 따라 공장이나 자동차에서 배출되는 가스, 매연, 분진 등에 의하여 대기가 오염되어 건강이나 재산에 피해를 준다. 대기오염물질은 유황산화물, 일산화탄소, 질소산화물 등의 가스 상태 물질이나 매연, 분진과 같은 입자 물질이다.

2) 수질오염

공장배수, 분뇨처리시설, 공장폐수 등으로 인해 수질에 오염이 일어나며 상수, 농공업용수, 수산업 등 환경위생상의 건강피해에까지 문제가 되고 있다.

3) 소음

듣기 싫은 음, 청력을 장애하는 음을 말하며 공해 중 주민의 진정이 가장 많다. 주요 발생원은 공장소음, 건설소음, 교통소음, 철도소음으로 불쾌감, 대화방해, 작업능률의 저하, 수면장해, 청력장해 등을 일으킨다. 소음정도 단위는 폰(phon)을 사용한다.

일반적으로는 40폰까지의 소리는 조용한 느낌이며 50폰이 되면 술렁이고 60폰이 넘으면 대화 및 전화통화가 곤란하다. 80폰이 넘을 때는 대화나 전화통화가 전혀 불가능하고 120폰 이상이면 불쾌감, 160폰 이상이면 귓속에 손상이 올 수 있다.

8. 식품위생

식생활은 우리의 생명이나 건강과 직접 연결되는 것으로 식품위생이 가지는 의의는 인간생활에 있어서 가장 중요한 것이라 할 수 있다.

식품위생이란 "식품, 첨가물, 기구 및 포장"을 대상으로 하는 음식물에 관한 위생이다.

세계보건기구의 환경위생전문위원회가 정의한 바에 의하면, 식품위생은 "식품의 지배, 생산, 제조로부터 인간이 섭취하는 과정까지의 모든 단계를 거쳐 식품의 안정성, 건강성 및 완전무결성을 확보하기 위한 수단을 말한다."라고 하였다. 이러한 수단을 바르게 이끌어 나가려면 모든 사람에게 식품위생에 관한 지식을 보급시키고 식품위생법에 있는 여러 규정을 지키는 것이 가장 기본적인 일이며 특히 제조, 판매, 조리 등 직접 관계하는 사람들의 책임감과 도의심을 불러일으키는 것이 중요하다.

식품을 위생상 잘못처리하여 생기는 질병으로 소화기계전염병, 기생충병, 식중독, 유해식품 첨가물에 의한 해독등이 있다.

1) 식품과 기생충 질병

① 수육 : 쇠고기의 무구조충, 돼지고기의 유구조충, 선모충

② 민물고기 : 참게, 가재의 폐디스토마, 참붕어 등의 간디스토마

③ 바다생선 : 대구, 청어, 고등어, 조기 등의 아니사키스증

④ 야채 : 회충, 구충, 편충, 동양모, 양선충, 유구낭충증, 이질아메바증

2) 식중독

유해물질 및 세균 등이 음식물과 함께 입을 통해 섭취되어 생리적인 이상을 초래하는 것이며, 미생물 또는 독소를 섭취해서 생기는 증상을 세균성 식중독이라 하고, 인체에 해로운 화학물질이 있는 식품을 섭취해서 생기는 증상을 화학적 식중독이라 한다.

(1) 세균성 식중독

세균에 의한 급성위장염으로 감염형 식중독을 일으키는 살모넬라균, 장염비브리오균, 병원성 대장균 등이 있으며, 독소형 식중독에는 보툴리누스균, 포도상구균 등이 대표적이다.

① 감염형 식중독

▪ 살모넬라 식중독

쥐, 파리, 바퀴 등에 의해 오염된 음식물을 먹음으로써 감염되는데 어육류, 우유 등이 원인식품이다. 잠복기는 비교적 길어서 12~48시간이며 평균 18시간으로 다른 식중독균에 비해서 발병률도 높다. 증상은 38~40℃의 발열에 이르며 두통, 복통, 설사 등 심한 위장증세가 특징이며 보통 2~3일이면 회복되는데 심한 경우는 사망하기도 한다.

▪ 장염비브리오균

해안 지방에 가까운 바닷물등에 사는 균으로서, 3% 정도의 염분이 있는데서 가장 잘 살며 신선한 어패류에 오염되는 수가 많다. 잠복기는 8~20시간으로 평균 12시간 전후이며 증상으로는 급성위장염을 일으키며 복통, 설사, 구토가 주 증상이다.

▪ 병원성 대장균 식중독

대장균이 문제되는 것은 식품이나 물이 분변에 오염되었는지의 여부를 알 수 있는 지표로 쓰이기 때문이다. 잠복기는 10~24시간 정도이고 증세는 설사, 복통 등이 나타나며 원인식품으로는 우유가 대표적이며 채소, 샐러드 등도 유의해야 한다.

② 독소형 식중독

▪ 포도상구균

화농소, 피부 등에 존재하며, 황색 포도상구균과 표피 포도상구균으로 분류되는데 황색 포도상구균은 식중독 및 화농의 원인균이고 식중독의 원인물질은 균이 생성하는 장독소이다.

잠복기는 비교적 짧아서 30분~6시간으로 평균 3시간 정도이다. 증상은 급성위장염으로 구토, 설사 등이 주요증상으로 1~3일이면 회복된다. 원인식품으로는 우유, 크림, 치즈 등의 유제품과 김밥 등과 같은 단백질이 풍부한 식품에 많다.

▪ 보툴리누스균

통조림, 소시지 등 식품의 혐기성 상태에서 발육하여 신경독소를 분비함으로 식중독의 원인이 된다. 환경조건이 나쁘면 저항력이 강한 아포를 형성하여 활동을 중지하고 있다가 조건이 좋아지면 증식을 하여 뉴로톡신이라는 독소를 생성한다.

아포는 열에 강하여 120℃에서 20분 이상 가열하여야 죽일 수 있으나 독소는 열에 약해서 80℃에서 30분이면 파괴시킬 수 있다. 잠복기가 비교적 길어서 18~36시간이며, 증상은 신경증세와 시각에 이상이 생기고 청각도 마비된다. 한편 언어장애가 오고 음식을 먹을 수 없으며 호흡곤란이 일어나 마비증상을 나타낸다. 발열이나 위장증상은 없지만 치명률이 매우 높다.

(2) 화학물질에 의한 식중독

① 첨가물에 의한 식중독

식품의 제조, 가공, 조리과정에 있어서 품질적, 영양적, 위생적 가치를 높이고 장기간 보존하기 위한 목적으로 식품에 첨가, 혼합, 침윤 등의 방법으로 사용되는 물질을 말한다. 첨가물은 착색료, 향료, 감미료, 방부제, 산화방지제 등이 있는데 불량첨가물의 사용으로 식중독의 원인이 되는 경우가 있으며, 과량사용으로도 식중독의 원인이 될 수 있다.

② 기구, 용기, 포장에 의한 식중독

식품용 기구, 용기, 포장 등에서 유해물질이 식품속으로 들어가거나 재료성분과 식품에 서로 작용하여 유해물질이 생기는 경우가 있다. 구리, 아연, 납, 비소 등의 금속류와 포름 알데히드, 석탄산 등 화합물이 식품과 섞여 중독이 일어나므로 기구, 용기, 포장 등도 규격에 맞는 것을 사용하여야 한다.

(3) 자연독에 의한 식중독

① 복어

복어의 난소, 간 등에 존재하는 테트로톡신이라는 유독성분이 있다. 증세는 식후 30분~5시간 후에 나타나며, 감각이 둔해지고 호흡곤란, 허탈, 위장장해, 뇌증상 등을 나타내는 신경독으로 치명률이 매우 높다.

② 검은조개

검은조개에는 미틸로톡신, 모시조개에는 베네루핀이라는 유독성분이 있다.

③ 기타

독버섯 : 무스카린, 감자 : 솔라닌, 은행 : 긴놀.

※ 알레르기 식중독 : 꽁치, 고등어 등의 어류의 가공품, 새우, 계란, 우유, 조개류 등을 섭취했을 때 1시간쯤 후에 몸에 두드러기가 나고 얼굴이 화끈거리며 열이 난다.

9. 보건영양

영양이란 생물의 성장과 생활을 계속적으로 영위할 수 있도록 하는 것으로 필요물질을 영양소라 한다. 보건영양이란 지역사회 전 주민의 건강을 위해서 음식물과 인간과의 관계를 연구하는 것으로 식생활에 있어서 결함을 제거하고 개선하여 영양부족이나 결핍이 없도록 영양섭취할 수 있게 하는데 있다.

영양소는 열량소와 조절소로 나누는데, 열량소는 에너지원으로 단백질, 탄수화물, 지방이 있고 조절소에는 무기질, 비타민이 있다. 또한 비타민을 제외한 4종의 영양소는 구성소라 한다.

1) 영양소의 3대작용

(1) 신체의 조직구성

인체의 구성으로는 수분 65%, 단백질 16%, 지방질 14%, 무기질 5%, 탄수화물은 소량으로 구성되어 있다.

(2) 열량공급작용

열량의 단위는 칼로리(cal)를 사용하며, 단백질 및 탄수화물은 1g당 4cal 전후, 지방은 9cal 전후의 열량을 발생한다.

(3) 생리기능조절

신체의 기능을 원활히 할 수 있는 것으로 물, 무기질, 비타민 등이 있다.

2) 영양소의 작용과 필요량

(1) 단백질

인체구성의 주요성분으로 조직세포를 새로이 보존하며 발육성장에 절대 필요하다. 성인의 경우 하루 80g이 필요하며 우유, 무우잎, 시금치 등에 많이 포함되어 있다. 단백질은 소화분해되어 아미노산의 형태로 되어 소장에서 흡수된다.

(2) 지방

열량원으로서 인체의 체온을 보호하고 피부를 부드럽게 한다. 성인의 하루 필요량은 20~30g 정도이고, 버터, 식물성 기름 등에 함유되어 있다.

(3) 탄수화물

열량공급원이며 포도당으로 변화된다. 탄수화물은 활동이 많은 사람에게 필요하고 과량섭취할 경우 비만증의 원인이 된다. 성인의 경우 하루 필요량은 450g 정도이다.

(4) 무기질

신체의 기능조절에 있어서 중요한 역할을 한다.

① 식염(NaCl) : 하루 15g 정도가 필요하며 근육 및 신경자극 등의 조절소이다.
② 칼슘(Ca) : 성인의 경우 하루 0.5~0.7g이 필요하며 임산부, 수유부에게는 12g 이상이 필요하다. 칼슘은 치아의 주성분이며 혈액의 산성화 방지에 필요하다. 부족할 때는 치아의 모양이나 발육불량이 올 수 있다.
③ 철분(Fe) : 혈액성분의 구성성분이며 부족할 땐 빈혈증세가 온다. 임산부, 영유아에게는 더욱 필요하다.
④ 요오드(I) : 갑상선 유지에 필요하며 해조류를 많이 섭취하여 보충한다.

(5) 비타민

생리적 기능을 조절하여 다른 영양소의 활동을 도와주는 역할을 한다.

① 비타민 A 부족 : 야맹증. 식품으로는 버터, 치즈, 간유, 무우잎, 호박등이 있다.
② 비타민 B_1 부족 : 각기병. 식품으로는 낙화생, 콩, 현미 등이 있다.
③ 비타민 B_2 부족 : 각막염, 결막염. 식품으로는 간, 우유, 육류, 녹색야채 등이 있다.
④ 비타민 B_6 부족 : 습진, 심마진. 식품으로는 커피, 쌀의 배아, 쌀겨, 밀의 배아, 효모, 계란, 우유, 콩, 소의 간, 바다생선 등이 있다.
⑤ 비타민 C 부족 : 괴혈병, 피부점막 및 치아에 영향을 미친다. 식품은 신선한 야채, 과일류이다.
⑥ 비타민 D 부족 : 곱사병. 식품은 생선의 간장, 간유, 버터, 버섯 등이다.

V

소독학 및 감염병학

제5편 소독학 및 감염병학

1. 소독학의 역사와 미생물

1) 소독학의 역사

감염병은 인류가 겪는 커다란 고통의 하나로서 그로 인한 인명피해나 경제적 손실, 사회적 불안은 인류역사에 막대한 영향을 끼쳤다. 예로부터 병의 원인 및 퇴치 방법에 대하여 여러 가지 학설이 전해져 왔으나 17세기에는 병의원인이 되는 미생물을 발견하게 되었고, 19세기에 와서는 실제로 소독이 행해지기 시작했다. 감염병이란 개념은 역사의 흐름에 따라 다음과 같이 변천하였다.

(1) 신벌설

감염병의 원인을 종교적인 입장에서 생각하고, 감염병은 죄를 지은 사람에게 내린 재앙이거나 죽은 사람의 혼이 하는 장난이라 하여 제사와 굿을 하여 병을 없애려고 하였다.

(2) 미아즈마(Miasma : 오염된 공기)설

히포크라테스(BC 450~377)에 의해 감염병의 원인은 나쁜 공기와 공기중의 유독물질로 인한 자연현상의 이변이라고 전해졌다. 이와 같은 생각으로 병을퇴치하는 방법으로 연기소독법을 실시하였다.

(3) 세미나리아(Seminaria : 아주 작은 눈)설

16세기초에는 전염병의 원인을 접촉에 의한 것, 매개체에 의한 것, 일정한 간격을 두고 전염되는 것으로 구분하여 병마다 아주 작은 눈이 있다고 프라카스토로(Girolamo Fracastoro : 1478~1553)가 주장했다.

(4) 미생물의 발견

17~18세기 로버트 보일(Robert Boyle : 1627~1691)은 부패와 질병이 있다고 주장했고(1663), 레벤후크(Anton van Ireuwenhoek : 1632~1723)에 의해 현미경으로 미생물이 최초로 관찰되었다(1675), 한편 스팔란차니(Lazzaro Spallanzani : 1729~1799)는 육즙을 가열하여 용기에 넣어 밀폐하면 미생물이 발생하지 않는다는 것을 실험으로 증명해서 자연발생설을 부정하는 선구자가 되었다(1765년).

(5) 근대(19세기)에 와서 여러가지 방법에 의해 소독을 실시하였다.

① 1825편 리비라크가 차아 염소산으로 화농된 상처를 소독했다.
② 헝가리의 세밀 와이스가 산욕열을 막기 위해 의사의 손을 염소수로 씻었다.
③ 파스퇴르(Louis Pasteur)는 미생물에 의해 균이 옮겨진다는 학설을 내고 저온 살균법을 생각해 냈다.
④ 리스터(Baron Joseph Lister)는 1865년 파스퇴르의 발효 · 부패가 미생물에 의해 일어난다는 연구에서 힌트를 얻어, 화농은 당시 믿어지고 있던 것처럼 공기 중의 산소나 균의 자연발생에 의한 것이 아니라고 생각하여 복잡골절에 페놀(phenol : 석탄산)을 환부에 사용하여 무균적 수술을 가능하게 하였다.

2) 미생물

미생물은 개체가 아주 작아서 육안으로는 볼 수 없고, 현미경만으로만 구분할 수 있는 생물 집단이다. 미생물은 인간의 몸안에 들어가 병적인 반응을 일으키는 병원미생물과 병적반응을 일으키지 않는 비병원성 미생물로 크게 나눌수 있다.

(1) 미생물의 종류

① 세균(bacteria)

단세포 생물로서 형태에 따라 둥근모양의 구균, 납작하거나 가는 막대모양의 간균, 나선형의 나선균으로 구분된다. 구균은 다시 단구균, 쌍구균, 연쇄상구균으로 나누어지며 주로 분열증식을 한다.

■ 세균의 구조

- 세포막 : 균체를 둘러싸고 있는 막으로 영양을 취해서 균체에 영양을 공급하며 보호막의 역할을 한다. 원형질막, 세포막, 점층, 협막 등으로 되어 있다.
- 세포질 : 복잡한 콜로이드(colloid) 상태로 되어 있으며 균이 커짐에 따라 과립상이 된다. 세포막과 핵의 중간에 있으면서 핵을 보호한다.
- 핵 : 생명, 유전에 관계가 있으며 핵분열에 의해 증식이 된다.
- 세포봉입체 :각종 과립과 결정이 있다.
- 아 포 : 세균의 동면이나 휴지상태에서 아포가 성장한다. 소독시 잘 침투되지 않고 강하다.
- 편 모 : 번식력, 전염성이 강한 운동기관이다.

■ 세균의 화학성분

- 수 분 : 수분을 80% 함유하고 있으며, 수분탈수 또는 다량 첨가방법에 의해 소독한다.
- 단백질 : 고형성분의 50~94%를 차지하고 독성을 좌우한다. 단백질을 응고 시켜서 소독한다.
- 전분 · 지방 : 필수영양이 된다.
- 무기질 : 인, 나트륨, 마그네슘, 칼슘, 칼륨, 철

② 곰팡이(fungus)

비병원성 미생물로 발효나 항생물질을 만들어 내는데 필요한 유용(흘재)미생물이다. 누룩이나 메주의 발효도 이에 해당된다. 그러나 독소를 만들어 인체에 해를 끼치는 것도 없지 않다.

③ 효모(yeast)

주류 계통이나 발효식품의 제조나 제빵에 이용되는 것으로 식품변질에 관여된다.

④ 리케차(rickets)

세균과 바이러스의 중간에 속하는 미생물로 전염병의 원인이 되는 것도 있다.

⑤ 바이러스(virus)

미생물 중 가장 크기가 작아서 여과기를 통과하므로 여과성 병원체라 한다. 살아 있는 세포에서만 증식을 하고 소아마비, 천연두, 뇌염, 인플렌자가 전염병 병원체의 그 예이다.

⑥ 기타

이외에도 엽록체를 갖고 있는 조류, 단일세포로 되어 있고 수중동물의 먹이가 되는 원생동물 등이 있다.

(2) 미생물의 발육조건

① 영양소

질소원, 무기염류 등의 영양소가 충분히 공급되어야 한다.

② 수분

미생물은 건조상태에서는 휴지상태로 머물렀다가 적당량의 수분공급이 되면 발육 · 증식을 하게 된다.

③ 온도

발육 온도에 따라 3종류로 나뉜다.

- 저온균
  발육온도가 0~25℃이고 최적온도는 15~20℃인 균으로 저온에 저장하는 식품류의 세균이 이에 속한다.
- 중온균
  발육온도가 15~55℃이고 최적온도는 25~37℃로 대부분의 세균이 이에 속한다.
- 고온균
  발육온도가 40~70℃이고 최적온도는 50~60℃인 균으로 온천수의 세균이 이에 속한다.

④ 수소이온농도(pH)

일반 세균은 최적 pH 6.5~7.5, 최고 pH 8.0~8.5, 최저 pH 4.5~5.0이며, 보통 중성 내지 약알카리성에서 잘 자라는 경향이 있다.

⑤ 산소

미생물에는 산소를 필요로 하는 호기성균과 산소가 전혀 필요하지 않는 혐기성균이 있다. 또한 산소의 유무와 관계없이 발육하는 것을 통성호기성균이라 한다.

2. 소독이론 및 소독법

1) 소독이론

(1) 소독의 의미

소독이란 모든 종류의 균을 파괴함으로써 목적물로부터 균이 없는 상태로 만드는 것이다. 즉 물리적 또는 화학적인 방법에 의해 균체의 주성분인 단백질 또는 당의성분과 결합하거나 균체의 생물을 파괴 · 변화시킴으로서 생리적인 작용을 잃게 하거나 번식을 막아서 균을 죽이는 것이다.

소독은 병원체를 제거하거나 죽여서 감염을 방지하는 것이고 멸균은 병원체뿐 아니라 모든 미생물을 죽이는 것이다. 방부는 병원체의 발육과 번식을 억제시켜서 염증 및 음식물의 발효와 부패를 예방 · 방지하는 것이다.

(2) 소독의 종류

세균과 소독 대상물에 따라 알맞는 소독법을 선택해야 적절한 효과를 기대할 수 있으므로 소독의 종류와 특징을 확실히 파악해야 한다. 소독은 크게 그 방법에 따라 물리적 소독과 화학적 소독으로 구분된다.

물리적 소독은 이학적 소독이라고도 하며 주로 열, 자외선, 초음파, 여과 등의 수단을 이용하여 병원 미생물을 없애거나 죽이는 방법으로 크게 습열소독과 건열소독으로 나뉜다. 습열소독으로는 저온소독, 자비소독, 증기소독, 여과소독이 있으며 건열소독으로는 건열소독, 일광소독, 소각소독이 이에 해당한다.

화학적 소독은 소독약에 따라 석탄수, 승홍수, 크레졸, 포르말린, 포름알데히드가스, 알콜, 염소, 계면왐성제, 생석회 등을 사용하여 소독하는 방법이다. 소독약을 선정할 때에는 여러가지 구비조건을 고려해서 적합한 소독방법을 선정해야 한다.

(3) 소독약의 선정조건은 다음과 같다.

- 짧은 시간에 소독효과가 확실해야 한다.
- 경제적이고 사용법이 간단해야 한다.
- 소독물체나 인체에 해가 없어야 한다.
- 소독물체 내부까지 소독할 수 있어야 한다.

(4) 소독할때의 주의사항

① 소독할 물건에 알맞는 소독약과 소독법을 선택한다.
② 병원체의 종류와 저항력을 미리 알고 소독과 멸균의 목적에 알맞는 소독약을 선택하고 시간을 미리 정해 둔다.
③ 약품은 사용할 때마다 새로 제조하도록 한다.
④ 약품은 밀폐시켜 냉암소에 보존한다.

2) 소독법

(1) 물리적 소독법

① 자비소독

쉼멜 부쉬(schimmel busch) 소독관 같은 기구에 물을 끓여서 소독이나 살균을 하는 것이다.

▪ 대 상

가위, 플리퍼, 면도칼, 자기, 유리제품, 의류기구 등

▪ 방 법

물이 끓기 시작한 후 100℃에서 10분 이상 소독하는 방법으로 멸균은 100℃에서 30분 이상이 필요하다. 소독할 대상이 금속류인 경우에는 탄산나트륨(탄산소다)을 물에 1~2% 넣으면 금속이 녹스는 것을 방지하는데 효과가 있다.

▪ 주의점

- 소독할 물건을 끓는 물에 완전히 잠기게 하고 금속기계는 반드시 끓기 시작한 후 넣어야 한다(끓기 전에 넣으면 반점이 생김).
- 면도날, 가위 등은 거즈로 싸서 끓는 물에 소독해야 날이 무뎌지는 것을 방지할 수 있다.
- 날카로운 칼 종류는 여러번 가열하면 날이 다소 무뎌지므로 탈지면에 알콜을 묻혀 닦는 소독방법을 쓰는 것이 무난하다.

② 증기소독

증기를 이용한 방법으로 유통증기에 의한 방법과 고압증기에 의한 방법이 있다.

▪ 유통증기소독

코흐(koch) 증기솥, 아놀드 증기살균기를 이용해 물을 끓이면서 증기로 소독하는 것인데 뚜껑 사이로 증기가 새어 나오도록 되어 있어 압력이 높아지지 않고 1기압으로 유지된다.

- 대상 : 스팀타올, 포편류, 유리, 도자기, 식기 등
- 방법 : 대상물을 용기속의 중단에 있는 구멍이 많이 달린 선반 위에 놓아 물이 직접 스며들지 않게 하고, 100℃에서 30분~1시간 소독한다. 미용사법 시행규칙에서는 100℃에서 20분 이상 접촉하도록 규정되어 있다.
- 주의점 : 항상 증기의 뜨거운 정도와 용기내의 온도에 주의하여 완전한 소독을 해야 한다.

▪ 고압증기소독

고압증기 멸균기(오토클레이브 : autoclave)를 사용하여 압력 15파운드, 온도 120℃에서 20분간 소독하는 방법으로 가장 정확한 효과를 갖는다.

- 대상 : 의류, 이불, 외과용 수술복, 외과용 거즈, 통조림 등

③ 건열소독

건열 멸균기를 이용하여 공기를 밀폐시켜 건조한 상태에서 고온열을 가해 소독하는 방법으로 습열법으로 소독할 수 없는 물체를 대상으로 쓰인다.

▪ 대 상

거즈, 솜, 유리제품 등

▪ 방 법

160℃~180℃에서 30분에서 1시간 정도로 건조한 열에 접촉시켜 소독한다.

▪ 주의점

- 너무 고온을 사용할 경우 녹거나 탈 염려가 있으므로 주의한다.
- 고온에서 종이나 헝겊은 색이 바래거나 누를 수도 있으므로 주의한다.

④ 소각소독(화염멸균법)

병원미생물에 의해 오염된 것을 소각하여 전염될 우려성을 없애는 방법으로 정확하고 효과가 큰 소독법이다. 그러나 수분이 많은 물체는 완전히 소각되지 않는다.

▪ 대 상

전염병 환자의 대소변, 토사물, 쓰레기 등 다시 사용할 수 없는물건

▪ 방 법

일반적으로 전염될 우려성이 있는 물건을 태워 없애는 방법이다. 공해문제가 있으므로 대기오염을 방지하기 위해 소각기를 사용하는 것이 좋다.

▪ 주의점

소각할 때 화재가 날 우려가 있고 냄새나 매연 등에 의한 대기오염을 일으킬 수 있으므로 각별히 유의한다.

⑤ 저온살균법(파스퇴르법)

프랑스의 세균면역 학자인 파스퇴르에 의해서 고안된 살균법으로 이 살균에 의해 병원미생물은 죽지만, 부패의 원인이 되는 비병원미생물은 죽지 않으므로 쉽게 부패하게 된다. 저온에서 살균하기 때문에 맛은 그대로 유지된다.

▪ 대 상

우유, 예방주사액, 포도주 등

▪ 방 법

60℃~65℃에서 30분간 살균한다.

⑥ 자외선 소독

자외선을 이용하여 소독하는 방법으로 증기나 자비소독으로 소독할 수 없는 큰 형체의 소독에 사용하며 저항력이 강한 결핵균, 장티푸스, 콜레라균 등도 몇시간이면 죽는다. 자외선 소독은 물건을 상하지 않게 하면서 모든 균에 효과적이고 소독시 냄새가 없는 장점을 갖고 있다. 반면 물건의 표면에만 소독이 되고 그늘진 곳이나 내부속까지 살균이 되지 않는 것이 단점이다.

▪ 대 상

이불, 플라스틱, 브러시, 빗, 기타 도구 등

▪ 방 법

- 오전 10시~오후 2시 사이에 조사하는 것이 좋으며 또한 자외선이 2,000~2,800A의 파장을 지닐 때 가장 살균력이 강하다.
- 자외선 전기 소독기를 이용한 방법으로 가장 강한 파장(2537A)을 조사할 수 있도록 만든 살균 등에 소독물건을 넣어서 20분간 쪼이면 된다.

▪ 주의점

쪼여지지 않은 부위를 수시로 바꿔 주어서 자외선이 골고루 쪼이도록 한다. 그러나 눈이나 피부점막은 직접 쪼이면 유해하므로 주의한다.

⑦ 여과소독

여과기에는 규조토, 소작도기, 석면 등이 사용되며 세균여과기를 통해서 세균을 제거한다. 그러나 여과성 병원체는 아주 작아서 여과기 구멍을 통하여 감기나 호흡기 내부의 전염병을 일으킨다.

▪ 대 상

특수약품, 혈칭, 음료수 등 열을 가할 수 없는 소독 대상물

▪ 방 법

세균 여과기를 이용하여 물질을 걸러내는 방법이다.

■ 주의점

세균보다 더 작은 바이러스가 여과기를 통과하여 전염병을 일으킬 수 있으므로 완전히 소독된 것으로 간주해서는 안된다.

(2) 화학적 소독방법

① 석탄탄수(페놀 : C_2H_7O)

옛날에는 석탄공업의 부산물로 생긴 것을 사용했지만 요즘에는 합성해서 제조하는 것이 보통이다. 일반적으로 1~5% 수용액으로 사용되며 5%의 석탄산수 수용액은 승홍수의 1,000배의 살균력을 갖고 있다. 염산을 첨가하면 소독효과가 높아지면 햇볕을 받으면 갈색으로 변하나 소독약의 소독력은 변함이 없다.

석탄산의 소독력을 기준으로 하여 다른 소독약의 소독력을 평가하는 수치를 석탄계수라 한다. 즉 석탄산은 살균력의 지표가 되며, 이런 시험에 사용되는 대표적인 균이 장티프스균이다.

■ 장 점

- 값이 싸고 화학변화가 없다.
- 안정성이 있으며 응용범위가 넓고 모든 균에 효과적이다.
- 장기간 두어도 화학적 변화가 적다.
- 단백질을 응고 시키지 않아 객담, 토사물에 적당하다.
- 균에 대한 효과도 높고 착색이 안된다.

■ 단 점

- 피부점막에 자극을 주며 바이러스와 아포에 약하다.
- 저온에서 효력이 약하며 냄새가 있다.
- 크레졸 비누액보다 살균력이 낮다.

■ 대 상

손가락(2%), 기물(1~3%), 객담, 토사물, 의류, 고무, 솔, 빗(3~5%) 등

■ 방 법

이 · 미용사 시행규칙의 규정에 의하여 석탄산 3%에 물 97%를 혼합하여 10분 이상 소독하도록 되어 있으며, 소독대상에 따라 혼합비율이 다르다.

■ 주의점

음료수나 서적 소독에는 적당치 않으며 피부점막에 자극을 주고 심하면 피부조직을 파괴하거나 궤양이 생길 수 있으므로 주의해야 한다.

② 크레졸수(크레졸 비누액 : $CH_3C_6H_4OH$)

크레졸(Cresol)은 석탄을 걸러서 얻어지며 크레졸 비누액으로 사용한다.

- 장 점
  - 소독력이 강하고 적용범위가 넓다(음료수를 제외하고 대부분소독이 가능).
  - 결핵균에 대해 살균력이 강하며 객담에 효과적이다.
  - 가격이 저렴하여 경제적이다.
- 단 점
  - 바이러스에 대해 소독력이 약하다.
  - 냄새가 강하며 용액이 혼탁하다.
- 대 상

  의류, 수지, 브러시, 가죽, 환자의 배설물 등
- 방 법

  의류 · 수지(1~2%), 배설물(2~3%)을 크레졸수에 2시간 이상 담근다. 이 · 미용사 시행규칙의 규정에 의하면 물 97%와 크레졸 비누액 3%를 혼합하여 10분 이상 담가 두어서 결핵균에 대한 소독을 하도록 되어 있다.

③ 승홍수(염화제2수은 : $HgCl_2$)

승홍은 무색의 결정이나 백색의 분말로 되어 있으며 살균력이 강한 독약의 일종이다. 보통 0.1%의 수용액을 염색해서 사용한다. 승홍액에 소금을 첨가하면 살균력이 높아진다.

- 장 점
  - 냄새가 없으며 값이 싸다.
  - 살균력이 강하여 소량으로도 살균이 강하다.
- 단 점
  - 금속을 부식시키고 독성이 강하다.
  - 단백질을 응고시키므로 객담, 토사물, 분뇨소독에 부적당하다.
  - 사람에 따라 피부가 손상될 수도 있다.
- 대 상

  손, 발이나 섬유류, 유리, 목재, 도자기 등
- 방 법

  0.1%의 수용액으로 소독한다. 즉 승홍 0.5g에 물 500cc를 혼합하여 사용한다. 살균효과를 높이려면 승홍, 식염, 물을 1 : 1 : 998의 비율로 혼합 · 조제한다.

- 주의점
  - 독성이 강하므로 각별히 주의해서 사용해야 하고, 식기류에는 사용하지 않는다.
  - 금속류에 사용하지 않는다.

④ 포르말린

에틸알롤을 산화시켜 얻은 가스상태의 포름알데히드를 수용액상태로 만든 것으로 시판되고 있는 포르말린은 보통 35%의 포름알데히드를 함유하고 있다.

- 장 점
  - 고온에서 살균력이 강해진다.
  - 가스체로도 쓰이며 빨리 려어진다.
  - 세균, 아포, 바이러스 등 미생물에 유용하게 작용한다.
- 단 점
  - 온도가 낮아지면 소독의 효력이 저하된다.
  - 사용시마다 새로 조제해야 하며 알콜을 섞으면 살균력이 저하된다.
  - 내부까지 소독하지 못하며 단백질을 응고 시키므로 배설물이나 토사물에 적당치 않다.
- 대 상

  손, 금속(0.5~1%), 의류 · 도자기 · 셀루로이드 · 목재 등(1~2%)
- 방 법

  포르말린 1과 물 34를 혼할해서 사용하되 20℃ 이하에서 사용하는 것은 적당하지 않다.
- 주의점
  - 차광된 곳에 15~20℃에서 보관해야 한다.
  - 코와 점막을 자극하므로 주의해서 취급해야 한다.

⑤ 포름알데히드(HCHO)

메틸알콜을 산화하여 만들어진 자극성이 강한 가스체로서 가스발생기나 분무기를 사용하여 밀폐된 실내나 상자에 발생시켜 그속의 물건에 소독한다.

- 장 점
  - 많은 량의 물건을 한꺼번에 소독할 수 있다.
  - 건조한 물품소독에 용이하다.
  - 환원력이 강하며 형태가 큰 소독에 용이하다.
- 단 점
  - 내부까지 소독하지 못하고 소독효과가 표면에만 한정된다.
  - 냄새가 강하며 점막에 자극을 준다.

▪ 대 상

밀폐된 방, 소독상자, 고급서적, 차내 건조물, 고무 등의 건조한 물건

▪ 방 법

방의 용적 33평방미터에 대해서 포르말린 40g을 분무하거나, 포름알데히드 가스 15g 이상을 발생시키고 동시에 100g 이상의 물을 증발시켜 7시간 이상 밀폐 · 방치해 둔다.

⑥ 알콜(에탄올)

주로 소독에 이용되는 알롤은 에틸알콜(에탄올)로 무색투명하고 휘발성이 강하다. 50% 이하의 농도에서는 소독력이 약하고 70~75% 정도가 소독력이 강하다.

▪ 장 점

- 사용이 간편하고 독성이 강하다.
- 사용 후 얼룩이 남지 않는다.

▪ 단 점

- 값이 비싸며 고무나 플라스틱을 녹인다.
- 안포형성균에는 효력이 없다.
- 농도가 짙을수록 화재의 위험이 있다.

▪ 대 상

피부, 손, 가위, 브러시 등

▪ 방 법

70~75%로 희석하여 소독대상물을 닦는다. 칼이나 가위 등의 날은 자비소독을 계속하면 무뎌지기 쉬우므로 알콜을 거즈나 탈지면에 묻혀 닦아서 소독한다.

▪ 주의점

휘발성이 있으므로 뚜껑을 꼭 닫고 화기에 주의한다.

⑦ 계면활성제(역성비누, 양성계면활성제)

세제, 세척제, 유화제, 양성계면활성제 등은 모두 계면활성제에 속한다. 소독용으로는 주로 역성비누와 양성계면활성제를 사용하는데 이 두가지는 거의 비슷하며 쓴맛이 약간 있다. 역성비누는 결핵균이나 객담 소독에 효과가 없으나 양성계면활성제는 결핵균에 효과가 있다.

▪ 장 점

- 물에 됩게 용해되고 세정작용도 있다.
- 무색 무취로 독성이 적다.

■ 단 점

- 값이 비싸며 유기체가 많은 곳에서는 살균력이 저하된다.
- 보통비누와 병용하면 침전이 생겨 소독력이 저하된다.

■ 대 상

손, 기구, 식기 등

■ 방 법

손은 3%의 수용액에 30초 이상 비벼 씻는다. 식기, 기구는 0.5~0.25%의 수용액에서 30분 이상 담구어 둔다.

⑧ 염소제(표백분 : 크로르석회)

표백, 방취, 방부용으로 사용해 오던 약품으로 살균력은 균체에 염소가 직접 결합하거나 산화함으로써 효력을 발생한다.

■ 장 점

- 강한 살균력과 표백 ·방취효과가 있다.
- 값이 싸고 독성이 적다.

■ 단 점

- 직물을 상하게 하며 자극성이 있다.
- 냄새가 나며 결핵균에는 거의 효력이 없다.
- 일광에서 분해되므로 소독의 효력이 없어진다.
- 오래 보존하면 변질된다.

■ 대 상

음료수, 야채, 식품, 많은 양의 물소독, 하수구, 수세식 변소 등

■ 방 법

음료수에는 I~fPPM, 수도물에는 0.2PPM을 희석하도록 규정되어 있다.

■ 주의점

밀폐시켜 냉암소에 보관한다(PPM(parfs) per million : 100만분의 1 : 미소 함유량의 단위)

⑨ 생석회(산화칼슘 : CaO)

산화칼슘을 98% 이상 함유하고 있는 견고하고 단단한 백색 또는 회백색의 굳는 덩어리나 가루이다. 생석회에 물을 가하면 열이 발생되어 소석회가 되고 생석회의 수용액은 알카리성을 나타낸다. 이 알카리성에 의해서 균체의 단백질을 변성시켜서 살균작용을 한다.

▪ 장 점

- 값이 저렴하며 변소나 하수도 등 넓은 장소의 대량소독을 하는데 편리하다.
- 독성이 적다.

▪ 단 점

- 직물을 부식시키고 건조한 상태에서는 소독효과가 없다.
- 오래 두면 탄산칼슘으로 변화하여 보존이 어렵다.
- 결핵균, 아포균에 거의 효력이 없으며 비교적 소독력이 약하다.

▪ 대 상

분뇨, 쓰레키, 개천, 물탱크, 습한 장소 등

▪ 방 법

수용액(20%)을 만들어 사용하거나 습한 장소에 소독할 경우에는생석회가루를 직접 뿌려 소독한다. 물소독시에는 석회유를 1/50가량 넣고 12시간 동안 방치하며, 배설물 소독시에는 석회유를부피 1/30 정도 넣어 2시간 이상 방치한다.

⑩ 산화제(과산화수소, 옥시풀 H_2O_2)

과산화수소는 3%의 수용액을 만들어서 사용한다. 무색 투명하며 오존과같은 냄새가 나는 경우도 있으나 거의 냄새가 없다. 병원체를 산화시켜 살균하며 자극성이 적어 피부, 구내염, 입안 또는 상처 등의 소독에 이용된다. 표백작용도 있으나 아포가 있는 균에는 효력이 없다.

⑪ 과망간산카리($KMnO_4$)

산소를 유리시켜 그 산화력에 의해 살균작용이 나타나며 보통 0.05~0.2% 수용액으로 창면소독에 쓰인다. 또한 3~4%의 수용액은 성병을 예방하며 몇분만에 탄저균 아포를 죽인다.

⑫ 옥도정기

요오드(I_2)가 물에 녹지 않으므로 요오드 6g을 요오드화칼륨(KI) 4g과 함께 70%의 에틸 알콜에 녹여서 100cc로 만든 것으로 살균력이 강하고 외과적 소독에 많이 이용된다.

⑬ 머어큐롬

2~3% 수용액으로 외상소독에 많이 이용된다.

이 · 미용사법 시행규칙의 소독법

종 류	소독방법
자비소독	비등 후 10분 이상 끓인다.
증기소독	100℃를 넘는 습한 열에서 20분 이상 접촉시킨다.
건열멸균소독	100℃를 넘는 건조한 열에서 20분 이상 접촉시킨다.
석탄산수	석탄산수 3%에 물 97%를 희석하여 10분 이상 담근다.
포르말린수	포르말린 1%에 물 34%를 희석하여 10분 이상 담근다.
크레졸수	크레졸비누액 3%에 물 97%를 희석하여 10분 이상 담근다.
포름알데히드가스	33평방미터에 대해 포르말린 40% 이상을 뽑아내거나 또는 포름알데히드가스 15g 이상을 발생시키고 동시에 약 100g 이상의 물을 증발시키는 비례로 처리하고 7시간 이상 밀폐한다.

3) 소독대상에 따른 소독법

(1) 의류 및 형겊류

① 사용 소독법

증기, 포름알데히드, 자비소독

② 스팀타올 소독법

100℃의 증기에 20분 이상 찌도록 규정되어 있다. 사용 뒤에는 반드시 세척제나 비누로 잘 빨아서 꽉 짠 다음 증기통에 넣는다.

③ 건성타올 소독법

세탁 후 직사광선에 소독을 실시한다. 사용 뒤에는 스팀타올과 같이 세탁한다. 50PPM의 염소수와 세척제를 가한 용액에 담구었다 한데 모아 세탁한다.

④ 주의

동물성섬유, 화학섬유, 염색 등을 정검하여 소독한다. 건열면균 소독시 색이 바래거나 태울 염려가 있다.

(2) 칼 및 금속제품

① 사용 소독법

크레졸수, 석탄산수, 포르말린수, 역성비누, 에탄올, 자외선, 증기, 자비소독

② 주의

자비소독, 증기소독도 좋으나 오랫동안 열을 가하면 잘 들지 않게 되므로대개 약물소독을 한다.

(3) 유리제품 및 도자기류

자비, 증기, 건열멸균, 자외선, 가스소독

(4) 종이 및 서적류

소각, 포름알데히드 가스소독

주의 : 값이 싸고 불필요한 것은 소각 소독을 하며, 비싸거나 필용한 것은 포름알데히드 가스소독을 한다.

(5) 셀룰로이드, 프라스틱, 고무제품

석탄산수, 크레졸수, 포르말린수, 포름알데히드 가스소독

주의 : 증기소독이나 자비소독은 열로 인해 손상되기 쉬우므로 사용하지 않는다. 또한 알콜, 석탄산수, 크레졸수 등에는 용해되기 됩다.

(6) 가죽제품

포름알데히드가스, 소독용 에타놀, 역성비눗물(3%), 자외선소독

주의 : 열에 의한 방법은 가죽의 재질을 상하게 할 우려가 있으므로 피하고 자외선은 내부소독에는 적당하지 않다.

(7) 수지 및 피부소독

크레졸수, 석탄산수, 소독용 에탄올, 역성비누액 소독

주의 : 약물의 농도가 높으면 피부에 자극이 있으므로 적당한 농도로 소독하며 창상일 경우에는 옥도정기나 머어큐롬액을 바른다.

(8) 배설물

크레졸수, 석탄산수, 표백분, 석회유 소독
주의 : 역성비눗물, 승홍수, 포르말린수 등은 단백질을 응고시키고 유기체가 있는 곳에는 적당하지 않다.

(9) 브러시, 빗류

크레졸수, 석탄산수, 역성비누액 소독
주의 : 증기소독이나 자비소독은 하지 않는다.

(10) 식품류

증기, 자비, 염소, 표백분 소독
주의 : 끓일 수 없는 식품, 야채, 과일 등은 중성세제로 씻고 오염될 우려가 있는 우물물 은 1/500의 양을 더하여 소독한다.

(11) 하수구, 쓰레기통

생석회, 석회유 소독
주의 : 역성비눗물, 승홈수, 포르말린수 등 유기체가 많은 곳에는 부적당하다.

(12) 이 · 미용업소의 소독

기구는 소독하여 1인 1회 사용으로 한다.
소독장 내부소독 1~2% 석탄산, 크레졸 소독 후 0.5% 양성비누로 씻어 냄새를 제거한다(1주에 2번).

3. 전염병

지난날 우리인류에게 가장 큰 고통을 주었던 것은 전염병이라 할 수 있다. 전염병으로 인명피해, 국력의 약화, 사회적 불안등이 발생하여 인류역사에 상당한 영향을 주어왔던 것으로 오늘날에도 보건상의 큰 문제점으로 남아 있다.

각종 질병들 중에서도 한 환자를 통하여 새로운 환자를 만들 수 있는 질병을 전염병이라 할 수 있다. 건강장애가 되는 전염병의 종류는 무수히 많으며 그 유행이나 감염양식도 다양하다.

전염병을 예방하는 중요목표는 병균을 갖고 있는 감염원을 격리시키고 이와같은 감염원과 접촉을 막도록 하는 것이다. 그러므로 방역은 한 사람의 노력만으로는 이룰 수가 없고 국민모두의 공동노력과 협조가 필요하다.

1) 전염병발생과 생성요인

(1) 전염원

전염원이란 질병발생의 직접적인 원인이 되는 것으로 병원체를 가지고 있는 감염원을 말한다. 전염원은 환자 보균자(병원체 보유자), 병원체 보유동물, 기타 등으로 분류한다.

① 환자

전염병환자는 강력한 전염원이 될 수 있다. 예를들면 홍역, 두창 등은 환자가 전염원이 된다.

② 보균자

자각, 타각적인 증상이 없는 병원체 보유자를 말한다. 보균자는 병후보균자, 잠복기보균자, 건강보균자로 구분된다.

- 병후보균자
  전염성질환 이환후에도 병원체를 배출하는 자로서 세균성 이질, 디프테리아에 많다.
- 잠복기보균자
  전염성질환의 잠복기간 중에 병원체를 배출하는 것으로 홍역, 백일해, 디프테리아 등이 있다.

- 건강보균자

  임상증상이 전혀없고 건강자와 다름없는 데도 병원체를 보유하는 자를 말하며 폴리오, 일본뇌염, 디프테리아 등에 많다.

- 병원체 보유동물

  – 쥐 : 페스트, 발진열, 와일씨병, 서교증, 양충병 등
  – 개 : 광견병
  – 소 : 결핵, 탄저, 파상열 등

(2) 전염경로

전염원으로부터 감수성 보유자에게 병원체가 운반되는 과정을 말한다.

① 접촉에 의한 전파

성병이나 피부질환(전염성)과 같이 전염원인 환자가 감수성 보유자에게 직접 접촉함으로써 전염되는 경우를 직접접촉감염이라 하고 식기, 의류 등에 병원체가 묻어 감수성 보유자에게 접촉되는 것을 간접접촉이라 한다.

② 공기에 의한 전파

전염원인 환자의 재채기, 기침 등에 의해서 균이 공기중에 부유하며 이것을 호흡중에 들이쉼으로써 감염이 성립되는 것으로 비말감염과 포말감염이 있다.

③ 기타에 의한 전파

이 외에도 상처를 통한 감염이나 벌레, 동물에 물려서 감염되는 경피감염, 임신 중에 태반을 거쳐 감염되는 경태반감염 등이 있다.

(3) 감수성 보유자

전염병에 대한 감수성 인자로 선천적 감수성 면역자와 후천적 감수성 면역자로 크게 나눌 수 있다.

① 면역의 종류

- 면 역
  - 선천적 면역
  - 후천적 면역
    - 능동 면역
      - 자연능동면역
      - 인공능동면역
    - 수동 면역
      - 자연수동면역
      - 인공수동면역

② 인공능동면역종류와 질병

- 생균백신 : 두창, 탄저, 광견병, 결핵, 황열, 폴리오
- 사균백신 : 장티푸스, 파라티푸스, 콜레라, 백일해, 일본뇌염, 폴리오
- 톡소이드 : 디프테리아, 파상풍

2) 감염성 질환의 일반적 관리

감염병의 발생과 유행을 방지하여 국민보건을 향상、증진시킬 목적으로 감염병예방법이 1954년 2월에 제정、공포되었으며, 급、만성에 따라 1종, 2종으로 구분하던 것을 2009년부터 감염병 예방과 관리에 관한 법률에 의하여 제1군(6종), 제2군(10종), 제3군(18종), 제4군(19종), 제5군지정감염병, 기타 감염병 등으로 관리하고 있다.

가. "감염병"이란 제1군감염병, 제2군감염병, 제3군감염병, 제4군감염병, 제5군감염병, 지정감염병, 세계보건기구 감시대상 감염병, 생물테러감염병, 성매개감염병, 인수(人獸)공통감염병 및 의료관련감염병을 말한다.

나. "제1군감염병"이란 마시는 물 또는 식품을 매개로 발생하고 집단발생의 우려가 커서 발생 또는 유행 즉시 방역대책을 수립하여야 하는 다음 각 목의 감염병을 말한다.

a. 콜레라
b. 페스트
c. 장티푸스
d. 파라티푸스
e. 세균성이질
f. 장출혈성대장균감염증

다. "제2군감염병"이란 예방접종을 통하여 예방 및 관리가 가능하여 국가예방접종사업의 대산이 되는 다음 각 목의 감염병을 말한다.

a. 디프테리아
b. 백일해(百日咳)
c. 파상풍(破傷風)
d. 홍역(紅疫)

라. "제3군감염병"이란 간헐적으로 유행할 가능성이 있어 계속 그 발생을 감시하고 방역대책의 수립이 필요한 다음 각 목의 감염병을 말한다.

a. 말라리아
b. 결핵(結核)
c. 한센병
d. 성홍열(猩紅熱)
e. 수막구균성수막염(髓膜球菌性髓膜炎)
f. 레지오넬라증
g. 비브리오패혈증
h. 발진티푸스
i. 발진열(發疹熱)
j. 쯔쯔가무시증
k. 렙토스피라증
l. 브루셀라증
m. 탄저(炭疽)
n. 공수병(恐水病)

o. 신증후군출혈열(腎症候群出血熱) p. 인플루엔자
q. 후천성면역결핍증(AIDS) r. 매독(梅毒)
s. 크로이츠펠트-야콥병(CJD) 및 변종크로이츠펠트-야콥병(vCJD)

마. "제4군감염병"이란 국내에서 새롭게 발생하였거나 발생할 우려가 있는 감염병 또는 국내 유입이 우려되는 해외 유행 감염병으로서 보건복지가족부령으로 정하는 감염병을 말한다.

바. "제5군감염병"이란 기생충에 감염되어 발생하는 감염병으로서 정기적인 조사를 통한 감시가 필요하여 보건복지가족부령으로 정하는 감염병을 말한다.

사. "지정감염병"이란 제1군감염병부터 제5군감염병까지의 감염병 외에 유행 여부를 조사하기 위하여 감시활동이 필요하여 보건복지가족부장관이 지정하는 감염병을 말한다.

아. "세계보건기구 감시대상 감염병"이란 세계보건기구가 국제공중보건의 비상사태에 대비하기 위하여 감시대상으로 정한 질환으로서 보건복지가족부장관이 고시하는 감염병을 말한다.

자. "생물테러감염병"이란 고의 또는 테러 등을 목적으로 이용된 병원체에 의하여 발생된 감염병 중 보건복지가족부장관이 고시하는 감염병을 말한다.

차. "성매개감염병"이란 성 접촉을 통하여 전파되는 감염병 중 보건복지가족부장관이 고시하는 감염병을 말한다.

카. "인수공통감염병"이란 동물과 사람 간에 서로 전파되는 병원체에 의하여 발생되는 감염병 중 보건복지가족부장관이 고시하는 감염병을 말한다.

타. "의료관련감염병"이란 환자나 임산부 등이 의료행위를 적용받는 과정에서 발생한 감염병으로서 감시활동이 필요하여 보건복지가족부장관이 고시하는 감염병을 말한다.

파. "감염병환자"란 감염병의 병원체가 인체에 침입하여 증상을 나타내는 사람으로서 제11조제5항의 진단 기준에 따른 의사 또는 한의사의 진단이나 보건복지가족부령으로 정하는 기관의 실험실 검사를 통하여 확인된 사람을 말한다.

하. "감염병의사환자"란 감염병병원체가 인체에 침입한 것으로 의심이 되나 감염병환자로 확인되기 전 단계에 있는 사람을 말한다.

거. "병원체보유자"란 임상적인 증상은 없으나 감염병병원체를 보유하고 있는 사람을 말한다.

너. "감시"란 감염병 발생과 관련된 자료 및 매개체에 대한 자료를 체계적이고 지속적으로 수집, 분석 및 해석하고 그 결과를 제때에 필요한 사람에게 배포하여 감염병 예방 및 관리에 사용하도록 하는 일체의 과정을 말한다.

더. "역학조사"란 감염병환자, 감염병의사환자 또는 병원체보유자(이하 "감염병환자 등"이라 한다)가 발생한 경우 감염병의 차단과 확산 방지 등을 위하여 감염병환자 등의 발생 규모를 파악하고 감염원을 추적하는 등의 활동과 감염병 예방접종 후 이상반응 사례가 발생한 경우 그 원인을 규명하기 위하여 하는 활동을 말한다.

러. "예방접종 후 이상반응"이란 예방접종 후 그 접종으로 인하여 발생할 수 있는 모든 증상 또는 질병으로서 해당 예방접종과 시간적 관련성이 있는 것을 말한다.

머. "고위험병원체"란 생물테러의 목적으로 이용되거나 사고 등에 의하여 외부에 유출될 경우 국민 건강에 심각한 위험을 초래할 수 있는 감염병병원체로서 보건복지가족부령으로 정하는 것을 말한다.

(1) 제1군 감염병(6종)

① 콜레라(Cholera)

콜레라는 호열자(虎列刺)라고도 하며 갑작스런 발열과 물 같은 설사가 계속되고, 구토 등으로 탈수상태(dehydration)와 산독증과 순환성 허탈증(circulatory collapse)에 빠지는 급성 장관계 질환이다.

발병 후 수 시간 내에 사망하는 경우도 있으며 치료하지 않는 경우에 치명률은 50%를 넘지만, 특히 어린아이일 경우 단지 설사만을 하는 경증일 때 잘 치료하면 사망률을 1% 이내로 줄일 수 있다.

콜레라균은 주로 오염된 식수나 음식물, 과일, 채소 특히 연안에서 잡히는 어패류를 먹어 감염되며, 오염된 음식물을 통해 집단발생이 일어날 수 있다. 환자의 구토물이나 분변 속에 배설된 콜레라균에 의해 경구감염도 가능하다.

제일 효과적인 방법은 오염된 음식물이나 식수의 섭취를 금하는 것이다. 물과 음식물은 철저히 끓이거나 익혀서 먹어야 한다. 개인위생관리를 철저히 하며 특히 음식물을 취급하기 전과 배변 직후에 손을 씻어야 한다.

환자는 전염성이 있는 동안 입원이 바람직하나 엄격한 격리는 필요치 않다. 병원직원이나 방문객은 적절하게 손을 씻고 청결에 대한 기본적인 절차를 실시하면 위험하지 않다. 환자가 사용한 물건이나 대변과 토사물은 소독제로 소독한다. 오염된 물건 취급 후에는 매 번 손을 씻는다.

② 페스트(Pest, Plague)

페스트는 쥐벼룩에 의해 전파되며 1345~1350년 사이 유럽에서 4,300만명이 사망한 바 있다. 페스트는 림프선종 또는 폐렴을 일으키는 급성감염병으로 림프선에 병변을 일으키는 선페스트와 패혈증을 일으키는 패혈성 페스트, 폐렴을 일으키는 폐페스트로 분류된다.

임상적으로는 페페스트는 갑자기 고열을 내면서 발병하여 주로 서혜림프선에 유통성 종창을 일으키며 마비되어 사망한다.

③ 장티푸스(Typhoid fever)

제1군 감염병 중 우리나라에서 발생률이 가장 높은 질병이며, 장티푸스를 다른 말로 염병, 열병, 장질부사, Enteric fever라고도 한다. 발열, 두통, 권태감, 식욕부진 및 열과 서맥(bradycardia)이 있고, 질병이 진행됨에 따라 관절통, 복부불편감, 구토, 비장과 간종대, 전신홍반, 림프조직의 병변 및 설사 후의 변비 등을 나타내는 열성전신질환이다.

땀은 없으나 열이 나고 정신이 혼미해지고 무관심해지며 드물게는 귀가 머는 경우도 있다. 잘 치료하지 않을 경우에 회장의 페이어판(Peyer' s patches)의 궤양으로 인하여 장출혈과 천공이 있게 된다. 예전에는 10% 정도의 치명률이었으나 항생제요법의 발달로 2~3% 이하로 감소되었다.

위생상태가 나쁜 후진국에서 발생되며 우리나라에서도 장티푸스 발생이 문제시되고 있다. 발생계절은 보통 1년 내내이지만 특히 하절기(6~10월)에 많다. 전세계 특히 아시아, 동유럽, 중남미 및 아프리카 각국에 널리 분포되어 있고 불현성 감염은 약 10%이다.

병원소는 사람으로 환자와 보균자가 되며, 전염원은 오염된 음식물 및 해산물이다. 또 파리, 바퀴가 오염물로부터 다른 음식물에 세균을 전파하기도 한다. 보균자는 회복기, 만성 및 영구보균자로 구분된다.

잠복기는 1~3주 혹은 수일 내이다. 세균배설기간은 발병 후 1주일부터 3개월이다.

④ 파라티푸스(Paratyphoid fever)

때로는 위장염을 일으켜서 임상적으로 지속적인 고열, 두통, 비장증대, 발진, 설사 등 다른 식중독이나 장티푸스와 유사하며 진단은 장티푸스와 같다. 잠복기는 보통 수일이며 짧은 것은 24시간일 때도 있다. 치명률은 낮으며, 대체로 경과가 경한 편이다.

우리나라에서 파라티푸스의 유행은 A형과 B형의 유행비율이 1:10~20 정도로 B형의 유행이 많다.

환자 또는 보균자의 배설물을 통하여 직접 또는 간접 감염되며, 드물게는 가축일 때도 있다. 전염균량은 장티푸스균보다도 많은 것으로 추정된다. 섭취균량이 많을 때는 위장염 같은 증상을 나타낼 수도 있다.

⑤ 세균성이질(Bacillary dysentery)

세균성 이질은 갑자기 심한 복통, 구토, 경련, 이급후중(tenesmus)이 있고 고열과 함께 하루에도 수십 회 일어나는 설사가 특징적인 급성 세균성 질환이다. 심하면 혈액과 점액, 농이 섞인 대변을 본다. 간혹 경미하거나 증상 없이 지나기도 하는 등 질병의 정도와 치명률은 환자의 연령, 영양상태, 감염정도에 따라 다르다.

분변으로 탈출하여 파리나 불결한 손을 통해 오염된 음식물에 의해 경구 침입된다.

⑥ 장출혈성대장균감염증(Enterohemorrhagic E. Coli)

장출혈성대장균(*Enterohemorrhagic Escherichia coli* ; EHEC) 감염에 의한 출혈성장염을 일으킨다. 주요 원인균은 O157:H7이며, 그 외에 O17:H18, O26:H11, O11:H8 등이 있다.

주된 원인은 오염된 고기(햄버거)이다. 충분히 멸균되지 않은 우유, 쥬스나 오염된 야채, 샐러드도 원인이 될 수 있다. 오염된 호수, 풀장에서의 수영이나 염소 소독이 충분하지 않은 물을 마셔 수인성 전파가 일어날 수 있다. 사람간 전파도 쉽게 일어날 수 있는데, 특히 밀집된 환경에서 2차 감염이 잘 일어나므로 소아집단시설에서의 관리가 어려운 면이 있다.

균을 배출하는 병원소로는 소, 염소, 말 등이 있으며 사람도 기회숙주가 될 수 있다. 3~8일의 잠복기를 거쳐서 발병하며 균 배출기간은 성인 1주, 소아는 30% 정도가 3주일 정도 균 배출을 하게 된다.

발열을 동반하지 않는 급성 혈성 설사와 경련성 복통이 특징이다. 설사는 경증으로 혈액을 포함하지 않는 것에서부터 대부분 혈액만 나오는 상태까지 다양하다. 발열이 없고 설사변에 백혈구가 없는 것이 다른 질환과 감별할 수 있는 특징이다. 대개 1주일이면 치유된다. 정에 대한 오염방지책을 수립하고 위험식품에 대한 지속적 감시체계가 마련되어야 한다.

(2) 제2군 감염병(10종)

① 디프테리아(Diphtheria)

편도선, 인두, 후두 혹은 코, 피부나 그 외 점막의 급성 질환이다. 병변은 둔하고 불그레한 염증으로 회색빛 반점들이 나타난다.

구협 디프테리아(facial diphtheria)의 경우 점차적으로 목이 아프면서 경부 림프절이 커지고 심하면 목이 붓게 된다. 후두기관 디프테리아(laryngeal diphtheria)는 유아나 어린아이에게 많고, 코 디프테리아(nasal diphtheria)는 증상이 경하지만 만성적인 것이 많고 탈피현상과 코에서 분비물이 나온다.

피부 디프테리아(cutaneous diphtheria)는 종류가 많고 농가진(impetigo)과는 구별되며 합병증인 독혈증(toxemia)은 치료가 안되며 뇌신경이나 말초신경의 마비, 심근염 등을 초래하고 50세 이상의 연령에서 5~10%의 치명률이 있다.

*Corynebacterium diphtheriae*로 gram양성균이며 아포를 형성하지 않는다. 곤봉 모양의 간균으로 운동성이 없으며 60℃에서 10분이면 죽고 소독약에 약하다.

환자나 보균자의 피부의 상처를 통하여 직접 전파된다. 드물게 콧물, 기침 또는 우표에 의해서도 간접감염이 가능하며 생우유가 원인이 되기도 한다. 잠복기간은 2~5일이다. 병원소에서 독력이 없어질 때까지 2~4주가 걸린다.

② 백일해(Whooping cough : Pertussis)

기관지, 모세기관지에 주병변이 생기는 급성 세균성 질환으로 카타르기, 경련기, 회복기의 특징이 다르고 합병증의 증상도 나타난다.

중추신경계도 침입하여 중이염이 자주 생긴다. 가장 문제가 되는 것은 폐렴이고 사망자의 대부분을 차지한다. 전 세계에 걸쳐 지방적으로 혹은 유행적으로 발생되며 계절적으로는 겨울에서 봄까지 유행되는데 한국에서는 3~6월에 주로 발생된다.

연령적으로는 1세에서 5세에 많고 특히 1세 이하에선 치명률이 가장 높다. 예방접종으로 발생률이 현저히 감소되었으나 접종자의 10~20%에서도 감염된다. 성별로는 남성에 비해 여성에게 많다.

Bordetella균은 *Bordetella pertussis*이고, gram 음성균이며 운동성이 없다. capsule을 형성한다.

호흡기계를 통한 비말감염을 하나 환자의 객담오염에 의한 간접전파도 가능하다. 잠복기는 1주 전후이며 21일을 초과하지 않는다. 주로 카타르기 증상 초기에 전염성이 있고 발작성 기침이 나는 이후는 전염성이 적어진다.

③ 파상풍(Tetanus)

파상풍은 일반 외상 때 토양에 상재하고 있는 파상풍균(*Clostridium tetani*)에 노출되어 감염되는 질환으로 이 균은 토양의 어느 곳에나 서식하고 있으며 상처에 감염을 일으킬 확률은 10% 이상이나 혐기성 조건이 필요하므로 감염이 되어도 발병을 일으키는 경우는 비교적 흔하지 않다.

파상풍균이 생산하는 외독소(tetano-spasmin)가 신경계를 침범하여 근육의 긴장성 연축을 일으키는 질환이다. 파상풍균 외독소는 65℃에서 5분, 직사광선으로 15~18시간이면 파괴되지만 건조 상태에서는 저항력이 크다. 파상풍균은 100℃에서 1시간 가열해도 완전히 사멸하지 않는다.

외상 부위에서 증식한 균이 생산한 독소에 의한 급성질환으로 처음엔 동통을 동반한 근육수축은 저작근과 경부 근육에서 일차적으로 발생한다. 그 다음에 체간 근육에서 이차적으로 발생한다. 전신증상은 증상발현 후 1~4일 만에 나타난다.

경부근육이 경직되면서 차츰 심해져서 입을 열지 못하는 개구장애(trismus)가 일어나며 음식물을 삼키지 못하게 된다. 이 때 나타나는 전신 증세로는 과민, 두통, 미열, 오한, 전신성 통증이 나타난다. 더 진행되면 경련성 근육수축이 일어나며, 안면 경련이 나타나 입이 바깥쪽으로 끌려서 비웃는 듯한 표정(경소; risus sardonicus)을 짓게 된다.

사소한 자극(햇빛, 소리 등의 감각자극)에 의해 경련이 유발되며, 전신경련 시 환자의 목과 등이 경직되어 활모양으로 휘는, 이른바 후궁반장(Opisthotonus)이 나타난다. 후두 및 호흡기 근육 경직에 의한 호흡곤란이나 방광 괄약근 경직에 의한 배뇨곤란이 발생하며 심한 동통을 느낀다.

④ 홍역(Measles)

홍역의 유행은 주기적이어서 대개 2~3년 간격으로 많이 유행을 한다. 일반적으로 1~2세의 어린 아이에게 많은 감염이 되는데 열과 전신 발진이 생기는 급성 감염병이며, 합병증으로 이염(耳炎), 폐렴의 2차 감염이 문제되기도 한다.

*Paramyxoviridae*과의 *Morbilivirus* 속의 일종인 measles virus

병원소는 환자이다. 환자와 직접 접촉이나 비인두 분비물에 오염된 개달물을 매개로 전파된다. 드물게는 공기매개로 전파(airborne transmission)될 가능성도 있다. 홍역 바이러스는 호흡기를 통하여 침입하며, 기도점막에 정착해서 증식한다. 또한 홍역바이러스는 태반을 통과하기 때문에 태아가 감염되어 선천성 홍역을 일으킬 수도 있다. 가장 쉽게 전파되는 감염병 중의 하나이다. 소아의 잠복기는 보통 10~12일이며, 면역글로불린을 투여를 받은 경우에는 21일까지도 간다. 발열 후 발진이 나타날 때까지는 12~14일이 걸린다. 전염성이 있는 시기는 발진이 나타나기 직전부터 발진이 나타난 후 2~4일까지이다. 백신의 경우에는 전염력이 없다.

⑤ 유행성 이하선염(Mumps)

유행성 이하선염(Mumps)은 급성 전염성 질환이며, 특징은 양쪽 또는 한쪽 이하선에 비화농성 종대(enlargement)와 고환 및 난소에 발병하고 피부와 후두부를 통해 침입된다. 특히 5~15세 소아에서 다발한다. 전염성은 발병하기 4일전부터 약 1주일 후까지이다. 불현성 감염은 약 30~40%이다.

원숭이와 사람이 병원소이고 유정란과 양막강에서 증식된다. 생균백신(living vaccine)을 사용하고 피내반응으로 주사후 24~28시간내 15mm 이상 발적과 경결(inburation)이 있으면 양성으로 판정된다.

직접적인 접촉이나 비말(droplet) 또는 다른 오염된 물질이 코나 입으로 들어가서 전파된다. 잠복기는 약 2~3주간이며, 전염기간은 발병 7일 전부터 발병 후 9일까지이다.

⑥ 풍진(German measles, rubella)

병원체는 *rubella* virus로서 유행성 이하선염과 마찬가지로 비강과 후두부로 체내침입을 비말, 공기감염으로 이루어지는데 특히 임신초기에 이환되며 태아에게 영향을 주게 되므로 주의를 요하는 질병이다.

환자나 보균자가 병원소이다. virus는 인두에서 증식하는 대변이나 소변으로도 배설되지만 전염성이 있는 것은 주로 인두에서 증식하는 virus이다. 기침이나 재채기 또는 말할 때에 튀어나오는 작은 침방울로 전파된다.

풍진은 미만성의 소반점상 구진을 동반하는 경증 열성바이러스 감염증이다. 때로 발진이 홍역이나 성홍열과 유사하게 나타나기도 하며, 구내점막에 발진도 나타난다. 발열은 보통 2~3일간 계속되고, 발진은 3~5일간 나타나다 호전된다. 발진이 나타나기 5~10일전부터 수 주간에 걸쳐 후두부, 후경부와 귀뒤의 림프선종창이 나타나는 것이 특징적이다.

소아에서는 무증상 감염이 많다. 성인에서는 미열, 두통, 권태감, 비염이나 결막염의 전구증상이 발진이 나타나기 1~5일 전부터 나타나며, 증상이 심해지기도 한다. 발진은 20~25%에서는 나타나지 않기도 하고, 약 50%에서는 발진없이 치유된다. 백혈구는 감소하며, 혈소판 감소도 나타나지만, 출혈 경향을 보이는 것은 드물다. 관절통도 있으나 관절염은 드물고 주로 성인 여성에서 나타나며, 뇌염은 소아보다 성인에서 흔히 합병된다.

선천성 풍진증후군(congenital rubella syndrome)

풍진은 선천성 기형을 유발할 수 있기 때문에 임상적으로 중요한 감염증 중 하나이다. 임신 초기에 산모가 처음 감염되면 태아의 90%에서 이러한 증후군이 발생하지만, 임신 16주에 감염되면 0~20%에서만 발생하고, 임신 20주 이후에는 드물다. 자궁내 사망이나 유산, 또는 저체중아의 출산, 심장 기형, 뇌성마비, 청력 장애, 백내장, 소안증이나 녹내장, 뇌수막염, 지능저하, 간비종대 등이 주요한 임상증상이다. 또한 인슐린의존형 당뇨병과 합병률이 높다. 대개 태어나자마자 발견되지만 가벼운 경우에는 수개월에서 수 년 후에 발견되기도 하고, 불현성 감염에서도 선천성 풍진 증후군이 발생할 수 있다.

⑦ 폴리오(급성회백수염, Poliomyelitis)

폴리오는 소아마비라고도 하며 중추 신경계의 손상으로 주로 소아에게 나타나며 영구적인 마비를 일으키는 급성 감염병 질환이다.

호흡기계 분비물, 분변 등을 통해 탈출, 경구적으로 침입된다. 백신 도입 전에는 전세계적으로 발생했지만 WHO의 박멸노력과 생활수준의 향상으로 현재는 인도에 많고 서아프리카, 중앙아프리카의 일부지역에만 존재한다. 최근에는 전세계 환자의 50%가 있는 인도에서도 박멸노력의 성과로 많이 감소하였다.

선진국에서는 백신 미접종자에서 발생하며, 온대지방의 유행은 늦여름부터 초가을에 걸쳐 나타나고, 열대지방에서는 더운 우기에 발생한다. 주로 소아의 감염증이다. 인간에서 인간으로의 직접감염, 특히 대변을 통한 구강감염으로 생각된다. 환경위생이 잘 정비된 지역에서는 인두나 후두 분비물로 감염된다.

⑧ B형 간염(Serum hepatitis)

B형간염 양성율은 1980년대에는 8% 수준이었으나 백신접종 확대 후 감소하여 1994년도에는 남자 3.9%, 여자 2.7% 정도의 감염률을 나타냈으며 만성간질환 및 간암 환자의 60～70%가 양성이다.

전파경로는 혈액, 성접촉, 모자간 수직감염이 대부분이며, 고위험군은 B형 간염바이러스 보유자의 가족, 혈액제제를 자주 수혈 받아야 되는 환자, 혈액투석을 받는 환자, 주사용 약물 중독자, 의료기관 종사자, 수용시설의 수용자 및 근무자 등이다.

피로, 전신권태, 지속적 또는 간헐적인 황달, 식욕부진 등이 나타나며 간경변증, 식도정맥류 출혈, 간성 혼수, 혈액응고장애, 비장비대, 복수 등의 합병증이 나타난다.

우리나라는 B형 간염바이러스 만연지역이기 때문에 자연적으로 B형간염바이러스에 노출될 가능성이 많다. 실제로 20세 이상의 성인 50% 이상에서, 특히 40세 이상에서는 70% 이상이 B형간염바이러스에 감염되었던 흔적을 발견할 수 있고 20세 이상의 성인에서 자연적으로 B형간염바이러스에 대한 항체 형성 비율은 40~50%나 된다.

B형간염 예방백신은 대개 3차(0, 1, 6개월 또는 0, 1, 2개월)에 걸쳐 접종하며 80% 이상에서 항체가 형성된다. 예방접종의 효과가 우수하지만 5~20% 정도는 항체가 형성되지 않는 경우도 있으므로 반드시 항체형성 여부를 확인해야하며, 항체가 형성되지 않았을 경우 다시 3회 재접종하면 대부분이 항체가 형성된다. 접종 후 몇 년 뒤에 추가접종(booster injection)을 받으면 항체역가가 더욱 높아진다.

⑨ 일본뇌염(Japanese B. encephalitis)

일본뇌염은 우리나라에서는 8월부터 10월 사이에 많이 발생되는데 이것은 뇌염모기(*Culex tritaeniorhyncus*)에 의해서 전파된다. 고열과 빠른 맥박이 있고 환자에게서

90% 두통을 호소하는데 3~4일 동안 계속된다. 때로는 오심, 구토를 할 때도 있으며 손, 혀, 입술의 신경증상으로 말을 못하고 목이 뻣뻣해지며 의식이 없어지는 경우도 있다. 4세 이하의 어린이에게서 경련 증상을 보이며 치명률이 높다.

⑩ 수두(chicken pox, varicella)

수두는 수포성 대상포진바이러스(varicella-zoster virus)에 의해서 발생하는데, 이 바이러스는 대상포진(herpes zoster)을 일으키기도 한다. 수두는 이 바이러스에 대한 첫 노출로 나타나는 임상반응이다. 대개 유행성으로 발생하며, 피부에 수포가 생기는 것이 특징이다. 어느 연령에서나 발생할 수 있으나, 일반적으로 2~6세에 많이 나타난다.

대부분의 경우에 일정한 경과를 밟아 호전되어 평생면역을 획득하고 후유증도 거의 없지만, 임상적으로 회복한 뒤에도 바이러스가 신경세포에 남아 있다가 면역력이 약화되거나 건강이 나빠지면 신경을 따라 피부에 이르러 대상포진을 일으키기도 한다.

잠복기간은 2~3주일, 보통 13~17일이다. 급성미열로 시작되고 신체증상은 전신감염증이다. 피부발진은 몇 시간의 반구진 시기, 3~4일간의 수포기를 거쳐 7~10일 내에 가피를 남기고 호전된다. 수포는 노출부위보다는 가려진 곳, 즉 두피, 겨드랑이, 구강점막이나 상기도 점막, 결막 등에 더 많이 발생하는 경향이 있다. 또, 벨트를 착용하는 부위 등 피부를 자극하는 곳에도 생기기 쉽다.

증상은 경증이나 비전형적인 감염형, 불현성 감염도 있으며, 성인에서는 발열과 전신증상이 심하다. 전체적인 사망률은 매우 낮은 편이며 성인의 주요사인은 바이러스성 폐렴이고, 소아에서는 이차적인 세균감염과 뇌염 합병증이다. 임신 초기에 감염되면 약 2%의 태아에서 선천성 기형이 생긴다.

(3) 제3군 감염병(18종)

① 말라리아(Malaria)

말라리아는 *Plasmodium*속에 속하는 기생원충이 적혈구와 간세포 내에 존재함으로써 일어나는 급성 열성감염증이다. 학질, 하루거리, 초학, 복학, 학증 등으로 불리며 우리나라에서는 한때 유행이 종료된듯 하였으나 최근에 경기 북부지방을 중심으로 다시 유행되고 있다.

초기증세로 두통, 피로감, 오심이 발열과 함께 수일간 계속된다. 그 후 곧 전형적인 오한, 전율기, 고열기 및 발한기가 주기적(1~3일 간격)으로 반복된다. 아프리카에서는 말라리아로 인해 매년 300만명이 사망한다.

병원소는 사람이며 잠복기는 삼일열과 난형열은 13~15일, 열대열은 12일, 4일열은 30일이다. 학질모기(중국얼룩날개모기 : *Anopheles sinensis*)가 전파하는데, 인체내에서는 무성생식을 하고 모기체내에서 유성생식을 하므로 사람은 중간숙주이고 모기가 종말숙주이다.

말라리아의 3대 증상은 발열(규칙적인 발열이 특징적), 빈혈 및 비장종대이다.

가. 3일열 말라리아(vivax malaria) ; 초기에는 감기증상과 유사한 증상들을 보이다가 전형적인 경우 오한, 발열, 발한 후 해열이 반복적으로 나타난다. 오한기에는 춥고 떨린 후 체온이 상승하며 고열기에는 체온이 39~41℃까지 상승하는데 90분 정도 지속된다. 하열기(발한기)에는 침구나 옷을 적실 정도로 심하게 땀을 흘린후 체온이 정상으로 떨어지는데 4~6시간 정도 지속된다. 두통이나 구역, 설사 등을 보이며 치료하지 않는 경우, 증상은 1주~1개월간 때로는 그 이상에 걸쳐 계속되고 그 후의 재발은 2~5년간의 주기로 나타난다. 예방약을 복용하는 경우는 이러한 전형적 증상이 없어지고 어린이나 고령환자, 면역부전 환자 이외에는 중증으로 되지 않는다.

나. 열대열 말라리아(falciparum malaria) ; 초기증상은 삼일열 말라리아와 유사하지만, 발열이 주기적이지 않은 경우도 많고 오한, 기침, 설사 등의 증상이 나타난다. 치료가 늦어져 중증이 되면 황달, 응고장애, 신부전, 간부전, 쇽, 의식장애나 섬망, 혼수 등의 급성뇌증이 출혈한다. 신속한 치료가 예후에 결정적인 영향을 미치므로 진단즉시 치료를 시작해야 하며 사망률은 0.4~4%에 달한다.

다. 난형열 말라리아(ovale malaria) ; 삼일열 말라리아와 유사하나 5년까지도 재발할 수 있다.

라. 4일열 말라리아(malariae malaria) ; 3일열 말라리아와 유사하며 이틀 동안 열이 없다가 발열, 발한 후 해열이 반복되며 50년까지도 재발을 반복할 수 있다.

② 결핵(Tuberculosis)

결핵은 신체의 거의 모든 부분에 침범할 수 있는 감염병으로 특히 폐에 많이 감염되는 세균성 만성감염병이다.

감염된 사람이 주가 되나 때로는 감염된 소로부터 온다. 우유가 매개체가 되는 경우도 있고 개방환자에 오염된 식품이 문제되기도 한다. 전염에서 초기증상이 나타나기까지의 잠복기는 약 4~12주이다. tuberculin 반응검사는 2~10주에 의한다. 진행성 결핵 또는 폐외 결핵에 전염되려면 수년이 걸린다.

폐결핵 및 후두결핵 환자에서 나오는 비말핵을 흡입하여 감염되며, 후두결핵은 감염성이 매우 높다.

가벼운 기침 등의 증상을 수반하지만 폐결핵환자의 대부분은 만성경과를 밟고 병변이 상당히 진행될 때까지는 뚜렷한 증세가 없고 또 증세가 있어도 비특이적이어서 발견이 어렵다. 일단 증세가 나타나기 시작하면 병감, 피로감, 식욕감퇴, 체중감소가 있고 오후에는 체열이 39~40℃까지 상승하며 야간에는 해열되면서 땀이 많이 흐른다. 고열이 많이 나더라도 다른 감염증과는 달리 비교적 고통은 약한 편이다.

국소적인 증세로는 기침과 가래가 나오지만 병소가 작으면 뚜렷하지 않으며 공동이 생기면 가래가 많이 나오고 점액농성이던 것이 화농성으로 된다. 기침이 진행되면 객혈을 호소하기도 하나 반면에 무증상의 환자도 종종 보게 된다. 객혈은 공동이나 기관지의 미란(erosion)이 있을 때에 생기고 보통은 소량이다. 흉통은 병변이 흉막으로 파급하였을 때에 생기며 일측성이고 미열, 호흡곤란 등을 호소한다.

③ 한센병(나병, Leprosy, Hansen's disease)

한센병(나병)은 옛날부터 천형의 병이라 하여 인류가 가장 무서워했던 질병 중의 하나이지만 지금은 전염경로를 정확히 알고, 관리방법도 잘 알려져 있어서 문명국가에서는 거의 없는 질병이다. 한센병은 주로 피부와 피하의 신경을 침범하는 질환으로 고유증상이 나타나기 전에 미열, 권태, 관절통, 소화장애, 불면증 등의 일정하지 않은 전신성 전구증상이 있는 것이 보통이다.

아시아, 아프리카의 열대 및 아열대 지역에 많고 남미에서도 발생된다. 남자환자보다 여자환자가 더 많고 15~30세에 가장 많으나 연령이 많아질수록 감소된다. 자궁내 감염은 없는 것으로 생각되고 있다. 환자인 부모와 동거하면 20~50%가 생후에 발병한다.

감염병소의 배설물, 분비물을 통한 간접전파와 사람에서 사람의 접촉에 의한 직접전파로 감염된다. 침입은 약한 피부, 상처, 상부 호흡기의 점막 등으로 이루어지며, 잠복기는 최단기간이 7개월이고 보통 2~10년이며 평균 3.3년이다. 감염신생아는 태반을 통하여 모체로부터 감염되었을 것으로 생각된다. 나균은 전염력이 강하지 않다.

잠복기간은 9개월~20년간이다. 유결핵형의 잠복기는 평균 4년, 나종형의 잠복기는 결핵양형 잠복기의 두 배 정도이다. 피부, 말초신경, 상기도를 침범하는 만성 세균감염증으로 임상증상은 다양하여 나종형(lepromatous leprosy)과 결핵양형(tuberculoid leprosy)의 두 가지 형태 외에도 다양한 중간 이행양상을 보인다.

나종형의 피부병변은 결절, 반상(macule), 구진(papule)등이 양측에 대칭적으로 넓게 침범하는 양상으로 나타나고, 비점막에 침범하면 가피형성, 폐색, 비출혈을 일으키며 눈에 침범하면 홍채염이나 각막염을 일으킨다. 결핵양형의 피부병변은 한 개 또는 여러 개의 경계가 잘 지워지는 무감각 혹은 과감각 병변이 양측을 비대칭적으로 침범하는 양상으로 나타나고, 말초신경 침범이 심하다.

④ 성병(Venereal diseases)

성병은 주로 성교를 통해 감염되는 접촉성감염병의 총칭으로 매독(syphilis), 임질(gonorrhea), 연성하감(chancroid), 서혜림프육아종(lymphogranuloma venereum) 등을 소위 4대성병이라고 부른다. 동성연애에 의해서 발생하는 AIDS 관리도 중요하다.

이러한 성병은 면역이 되지 않는 질병에 속한다. 성병은 경제, 문화, 전쟁, 국민성 등의 사회적 여건과 밀접한 관계를 갖고 있는 사회질병으로 이들 사회여건의 하락과 정비례하고 생활수준의 향상과는 반비례한다. 그러나 성병은 의학적으로 진단, 치료를 확실하게 할 수 있는 것으로 예방이나 관리가 특히 가능한 질병이다.

성병의 관리는 ① 환자의 발견, ② 환자의 진단, ③ 환자의 관리, ④ 보건교육 등이 중요하며 국내외 윤락여성 등 직업여성을 중점적으로 관리할 필요가 있다.

1879년 독일의 A.L.S. 나이서가 임질 병원체인 임균을 발견했으며, 1889년에는 이탈리아의 A. 듀크레이가 연성하감의 병원체인 연성하감균을 발견했다. 1905년 독일의 동물학자 F.R. 샤우딘이 매독 병원체인 매독트레포네마 Treponema pallidum를 발견했고 병리학자 E. 호프만이 확인했다. 또 1935년 일본의 미야가와 요네쓰기 등은 서혜림프육아종의 병원체로서 미야가와소체를 발견하였는데, 그 뒤에 미야가와소체는 클라미디아에 속하는 클라미디아 트라코마티스 $L_1 \sim L_3$이라는 것이 밝혀졌다.

1970년대부터 성행위의 다양성을 볼 수 있는데, 특히 1980년 전후부터 구미에서 동성애 남성 사이의 후천성면역결핍증(AIDS)이 주목되며, 성교나 유사행위에 의한 감염증 종류가 증가하여 종래의 성병을 포함해서 성행위감염증으로서 총칭된다.

즉 넓은 뜻의 성병으로도 해석되며 그 병원체도 세균, 바이러스, 미코플라스마, 클라미디아, 진균, 기생충 등으로 광범위해졌으며, AIDS를 비롯한 음부헤르페스, 전염성연속종(물사마귀), 첨규콘딜로마, 비특이성요도염(비임균성요도염), 질트리코모나스증, 질칸디다증 외에 개선(Scabies, 옴)이나 사면발이증 등도 포함하게 되었다. 이들 성행위감염증은 종래의 성병에 대해서 준성병이라고도 불린다.

성병을 일으키는 세균, 바이러스, 원충, 곰팡이균의 감염에 의해 발병되며 주 감염경로는 감염된 사람과의 성행위이다. 손가락이나 입(키스)을 통해서 감염될 수도 있으며 감염된 산모가 아기에게 옮길 수도 있다. 그러나 자위행위를 한다거나 이성과의 포옹, 손잡는 것, 수영, 목욕으로는 감염되지 않는다.

성병은 남자, 여자, 모든 연령대의 사람에서 나타날 수 있으며 10대 후반, 20대 초·중반에서 많이 나타나는 경향이 있다. 성병은 감염된 사람과의 성행위를 통해 감염되므로 여러 명과 성행위를 할수록 감염될 위험이 높아진다. 여성의 경우 증상을 느끼지 못하는 경우가 많고 자궁 등의 장기가 감염되어 염증을 일으키고 불임, 자궁경부암 등 종양의 원인이 될 수 있으므로 주의해야 한다. 항생제의 발달로 매독은 줄고 AIDS, 임질, 클라미디아, 헤르페스, 질트리코모나스, 칸디다증은 많아지고 있다.

성병의 기본적인 증상은 다음과 같다.

가. 열이 나면서 몸살기운이 떠나지 않는다. 늘 미열이 나고 몸살기운이 있는 것은 임질이나 매독, 바이러스 감염 등 염증질환의 전구증상(본격적으로 병이 발병하기 전에 나타나는 증상)이다.

나. 피부발진이 생기고 머리카락이 빠진다. 모기에 물린 것같은 부푼 발진이 사라지지 않고 계속 가려운 경우는 옴일 가능성이 높다. 매독에 걸려도 피부발진이 생기는데 주로 손바닥이나 발바닥에 잘 생긴다. 갑자기 머리카락이 쑥쑥 빠지는 탈모증상이 나타나기도 한다.

다. 입안에 궤양이 생긴다. 매독은 구강 내에 궤양이 생길 수 있으며 에이즈 감염 시에는 구강 내에 잘 생기는 칸디다 때문에 하얀 꺼풀이 입안을 덮는다. 임질도 목감염이 되어 꺼풀이나 궤양이 생길 수 있는데, 여자보다 남자에게 더 흔하게 생긴다.

라. 특이한 분비물이 나온다. 임질은 대하증, 복통 등이 함께 나타난다. 칸디다성 질염이나 트리코모나스 질염 같은 경우에는 색깔이 짙고 역한 냄새나는 계란 거품같은 냉이 나온다.

마. 물집과 사마귀가 나타난다. 헤르페스는 회음부에 수포나 궤양이 생긴다. 곤지롬은 닭볏 모양의 사마귀가 나타난다. 매독은 궤양증상을, 임질이나 요도염은 요도 끝에서 고름 같은 분비물이 흐른다. 이런 증상은 성기에서 점차 항문 주변까지 번져간다. 일시적인 증상호전이나 없어졌다고 해서 성병이 저절로 치유된 것은 아니다. 성병은 저절로 자연치유 되는 경우가 없다. 증상이 없어졌다면 더욱 심한 다음 단계로 넘어가기 위한 과도기로 들어선 것이므로 더욱 주의해야 한다.

성병은 성행위를 통해 다른 사람에게 전염되므로 개인 뿐만 아니라 사회적 차원에서도 예방이 매우 중요하다. 무분별한 성생활을 자제하고 부득이한 경우에는 반드시 콘돔을 사용해야 한다. 성병의 감염이 의심스러우면 즉시 병원이나 보건소에 가서 진단과 치료를 받아야 한다. 성병 예방을 위해서 콘돔 사용을 권장하고 있다.

성행위 전후 예방을 위해 임의로 항생제를 투여하는 것은 항생제 내성을 일으킬 위험이 있으므로 바람직하지 않다. 감염된 환자와 섹스파트너의 조기치료는 성병의 확산을 막는 효과적인 방법이다. 또한 치료가 완전히 끝날 때까지 성행위를 하지 말아야 한다.

성병 예방을 위한 생활수칙은 다음과 같다.

가. 성병검사를 받는다. 성병은 거의 모두가 성관계에 의해 전염되므로 한 사람과 성관계를 갖는 것이 좋다. 청소년들이 성행위를 한다면 이른 나이에 시작한 만큼 많은 사람들과 성관계를 갖게 되어 성병에 걸릴 확률이 높아지므로 주의해야 한다.

여러 명과 성관계를 가질 경우 정기적으로 성병검사를 받는 것이 좋다. 유흥가의 접대부나 접객업소의 종사자 등 감염의 위험성이 있는 사람과의 성관계를 피하고 성관계를 했을 때에는 성병검사를 받는다.

나. 콘돔을 사용한다. 성병을 예방하는 정확하고 간편한 방법은 남성이 콘돔을 사용하는 것이다. 콘돔은 천연고무 제품인 라텍스로 만든 주머니로 보통 길이 170mm 이상, 폭 44mm~56mm으로 제작된다. 탈락방지를 위해 적당한 사이즈를 선택해야 하며 연령과 상황에 따라 젤리, 웨트 타입을 선택한다면 불쾌감을 최소화할 수 있다. 공기가 유입되지 않도록 콘돔의 입구를 귀두 부분에 밀착하여 착용하며, 주름지지 않도록 성기가 완전히 발기된 후에 사용해야 한다. 성관계 중 콘돔이 음경에서 빠지거나 착용 시 찢어지는 경우가 있으므로 주의해야 한다.

⑤ 성홍열(Scarlet fever)

성홍열은 피부발진을 일으키는 용연구균 질환의 하나이다. 피부발진이 없으면 그 질환은 용연구균 인후염이라고 한다. 성홍열의 증상은 자각증상 없이 지나는 경증에서 발진을 나타내는 중증까지 매우 다양하다. 특징은 발열, 인후염, 편도선염, 경부 림프선 통증이 온다. 또 맥박이 크게 증가하고 피부가 뜨겁거나 건조하게 느껴진다.

발진은 보통 섬세한 홍반(eryanthema)이며 얼굴에는 나타나지 않으나 볼이 화끈거린다. 심한 감염 때는 고열, 오심, 구토증이 있다. 잠복기, 전구기, 발진기, 회복기의 4기로 나누어진다. 회복기에 피부박리(desquamation)는 약 10일경에 시작되는데 손끝과 발끝에서 보이는 손바닥 및 발바닥을 포함한 사지와 몸통의 넓은 면은 그렇지 않다.

호흡기 분비물 비말감염 또는 직접 혹은 간접적으로 환자나 보균자와 접촉하여 감염된다. 비강 보균자는 특히 유행의 원인이 되며, 드물게는 손이나 개달물(fomites)을 통한 간접 접촉에 의해서도 전파된다. 균에 오염된 우유, 아이스크림이나 기타 음식물을 통해서 전파될 수도 있다. 잠복기는 다양하나 보통 1~5일에 증상이 나타난다.

갑자기 시작되는 발열, 두통, 구토, 복통, 오한 및 인후염이 특징이다. 잠복기는 1~5일이며, 12~48시간 후에 전형적인 발진이 나타난다. 발열은 39~40℃까지 이를 수 있으며, 치료하지 않으면 5~7일간 지속된다. 인후는 심하게 충혈되어 진한 붉은 고기색깔을 띠는 수가 많으며, 연구개와 목젖 위에 출혈 반점이 나타난다. 또한 편도선이나 인두 후부에 점액 농성 삼출액이 덮혀 있는 수도 있으며, 림프절이 부어 있는 경우가 많다.

혀는 처음에는 회백색으로 덮이고, 유두(papillae)가 현저하게 두드러져 흰딸기혀(white strawberry tongue)가 되며, 며칠 후에는 혀에 덮인 것이 벗겨져 붉은 색깔을 띠고, 유두가 부어 딸기혀(red strawberry tongue 또는 raspberry tongue)가 된다.

발진은 미만성으로 선홍색의 작은 구진이 나타나며 햇빛에 탄 피부에 소름이 끼친 것 같이 보이기도 한다. 발진을 손가락으로 누르면 퇴색하였다가 손가락을 떼면 다시 나타난다. 발진은 발열, 인후통, 구토의 삼주증상(triad)이 있은 후 12~48시간 뒤에 미만성의 선홍색 작은 구진이 목, 겨드랑이, 사타구니에서 생겨 몸통이나 사지로 퍼져 나가며, 이마와 뺨은 홍조를 띠고 입주위가 창백해 보인다(circumoral pallor).

발진은 사타구니, 겨드랑이 및 압박을 받는 부위에 현저하며 점상출혈이 있을 수 있다. 손가락으로 눌러도 없어지지 않는 주름 잡힌 부위의 횡선이 생기기도 한다. 발진은 3~7일 내에 사라진다.

발진 후에는 피부박리가 얼굴에서 몸통에 이어 손, 발로 진행된다. 중이염, 경부 림프절염, 부비동염, 기관지 폐렴 등의 화농성 합병증과 급성 사구체신염, 류마티스열 등의 비화농성 합병증이 생길 수 있다.

⑥ 수막구균성 수막염(Meningococcal diseases)

수막구균성 뇌수막염은 나이세리아속 수막염균 감염에 의한 세균성 수막염으로 환자나 보균자의 코나 목에서 나온 분비물 혹은 비말을 통해 호흡기로 전파되는 급성중추신경계 질환으로 치사율이 5～15%이다.

급성으로 발열, 심한 두통, 구역, 구토, 경부경직이 생기며, 핑크색의 점상반이 나타난다. 섬망이나 혼수가 종종 나타나고 급성에서는 갑자기 허탈에 빠지며, 반상출혈과 Shock을 일으킨다. 과거에는 사망률이 50%에 이르렀으나, 조기진단과 치료에 의해 5~15%로 저하되었다. 무증상 감염자가 5~10% 있는 것으로 알려져 있는데 비인두에 보균하고 있다. 중증 급성수막구균혈증에서는 신속한 치료에도 불구하고 사망률이 높다(Waterhouse-Friderichsen 증후군).

예방을 위해 사람들이 밀집한 환경을 피하고 집단적으로 예방적 항생제를 투여하면 내성균 발생을 증가시킬 수 있다.

⑦ 레지오넬라증(Legionella)

전 세계에서 발생하는 레지오넬라증은 새로운 병이 아니다. 1947년에 이미 발생하였으며, 1957년에 집단 발병한 바 있다. 1976년 미국 필라델피아에서 전미재향군인회가 개최되었을 때 발병했었고, 병명도 여기에서 유래되어 향군병(Legionnaires disease)이라고도 부른다. 약 200명이 중증의 폐렴을 일으키고 그중 15%가 사망하였다.

우리나라에서는 1984년 7월 모 병원 중환자실에서 집단으로 발생하였던 pontiac열이 계기가 되어 이 균에 대하여 많은 관심을 갖게 되었다. 레지오넬라균은 일종의 기회주의적 병원성 균이다. 연중 아무때나 발생하지만, 유행은 여름부터 가을에 걸쳐 나타난다.

레지오넬라균은 수돗물이나 증류수 안에서 수 개월간 생존할 수 있다. 물 주위에 서식하고 있다고 추정된다. 온수기, 에어컨의 냉각탑, 가습기, 온천, 의료용 흡입 장치, 분수 등이 유행의 원인이 된다. 균은 수도의 온수, 냉수, 샤워기, 욕조 등에서도 검출되고, 호수나 연못, 진흙 등에도 존재한다.

공기 감염 후 2~10일의 잠복기를 거쳐, 균에 오염된 물의 미립자에 의해 감염된다. 오렴된 물을 사용한 흡인 감염도 있다. 균에 노출된 후 증상이 생길 때까지의 기간은 레지오넬라 폐렴의 경우 5~6일, 폰티악열의 경우 24~48시간 정도로 알려져 있다. 사람간에는 감염이나 전파되지 않는다.

레지오넬라 폐렴과 폰티악 열의 두 가지 임상양상이 있다. 레지오넬라 폐렴은 식욕부진과 권태감, 근육통이나 두통으로 시작하며 낮 동안에 오한과 함께 급격히 39~40℃까지 열이 오른다. 건성 기침이 나고 설사, 오심, 구토나 복통이 일어나며, 3일경부터 흉부 X선상의 변화가 나타나기 시작한다. 폐렴 이외의 증상도 생겨서 심장 수술 후 심내막염, 심근염, 심외막염이나 부비동염, 봉소염, 복막염, 신우신염 등도 일어난다. 50세 이상의 남성에게 많이 발생되고 항생제 치료를 받지 않으면 사망률이 15% 이상이다.

폰티악 열 증상은 폐렴형과 같지만 폐렴이 생기거나 사망하지도 않는다. 치료하지 않아도 대개는 2~5일, 길어도 1주일 이내에 자연치유된다.

사용하지 않을 때에는 에어컨 냉각탑의 물은 비워 놓는 것이 좋다. 사용 중에는 정기적으로 물때를 청소하고, 가습기나 의료용 흡입장치에 수돗물을 사용해서는 안 된다. 물의 온도를 50℃ 이상으로 올리면 감염의 위험을 줄일 수 있다. 또, 정기적인 검사와 1년에 1회 이상 주변 환경 점검을 실시한다.

⑧ 비브리오패혈증(Vibrio Vulnificus Septicemia)

갯벌에 서식하는 어패류(바지락, 고막, 피조개, 생굴, 미더덕, 낙지 등)을 생식할 때 감염되며 특히 40대 이후의 남자로서 만성간염, 당뇨, 결핵 등 만성소모성 질환으로 건강이 악화된 사람에서 많이 발생하고 있다. 경구 침입한 균은 십이지장을 통하여 침입하여 혈액을 통해 전신으로 급속히 퍼져 나간다. 전신권태, 오한, 발열, 두통, 근육통으로 시작하여 20% 정도는 구토 및 설사도 병행한다.

발병후 12시간 이내에 대부분 전이성 피부병소가 발생하여 괴사되며 혈관의 폐쇄로 괴저가 일어난다. 이러한 원발성 환자의 대부분은 간질환 환자였으며 대개 입원후 48시간 이내에 사망하였다. 치사율은 약 40~50%나 된다.

또한 해수에 접촉하거나 어패류를 취급할 때 발생한 상처를 통해 균이 침입하여 국소감염을 일으켜 상처주변에 발적, 종창이 급속히 퍼지며 수포와 괴사를 동반한다. 오한 및 발열이 나며 적절한 항생제 치료 등으로 회복이 되지만 만성질환이나 면역기능이 저하되어 있을 때는 패혈증으로 악화될 수도 있다.

⑨ 발진티푸스(Epidemic typhus)

발진티푸스는 발열, 근육통, 정신신경증상, 발진(장미진) 등을 나타내는 급성감염병으로 때로는 발진이 출혈성이기도 하며 발열기간은 약 2주이다. 40세 이상 환자에게는 질병이 중증으로 사망하기 쉽고 치명률은 6~30%나 된다.

Rickettsia가 혈액을 통하여 전신에 퍼져 특히 뇌, 심근 및 모세혈관에 혈전과 괴사가 생긴다. 갑작스런 오한, 전율, 두통 및 근육통과 발병 후 5~6일에 발진이 배와 목에 나타나 전신에 퍼지나 얼굴에는 생기지 않는다.

병원소는 사람이다. 감염된 옷이(louse)에 *Rickettsia prowazeki*가 기생증식한 후 옷이의 분변과 함께 배설되면서 옷이가 흡혈하기 위해 피부에 낸 상처나 사람이 손으로 긁어 생긴 상처를 통하여 감염된다.

⑩ 발진열

발진열은 쥐벼룩에 의해 매개되며, 사람이 발진열에 감염된 쥐벼룩에 물렸을 때 또는 감염된 벼룩의 배설물을 흡입했을 때 일어난다. 주로 가려워서 긁는 등의 이유로 피부에 난 상처를 통해 감염된 쥐벼룩의 대변에 있는 리켓치아가 침투해서 발병한다. 잠복기는 6~14일이며 보통은 12일 정도이다.

증세는 갑자기 또는 서서히 발생되며 두통, 근육통, 발열(38.5°~40°C)이 나타나고 초기에 대개 기침을 하지만 가래는 없다. 발병한지 3~5일이 되면 환자의 60~80%에서는 반점상의 발진이 복부, 흉부에 나타나며 이어서 배부, 상지로 퍼지고 시간이 흐르면 반점상구진(maculopapular rash)이 되고 4~8일이 지나면 없어진다. 치명률은 2%이다.

⑪ 쯔쯔가무시증(Tsutsugamushi Disease ; 양충병)

병원소는 야생설치류이다. 자연계에서는 진드기-설치류-진드기의 생활환을 반복하며, 진드기는 사람이나 들쥐 등을 습격하여 그 림프액을 섭식하는데, 그 때 리켓치아를 침입시킨다.

1~2주의 잠복기를 거쳐서 장티푸스와 비슷한 고열, 오한, 두통, 피부 발진 및 림프절 비대가 나타나며, 피부 발진은 발병 후 5~8일경에 몸통에 주로 생기고 간과 비장종대, 결막 충혈 등이 나타날 수 있다. 치료를 하지 않으면 열은 약 14일 가량 지속된다.

진드기가 문 곳에 피부 궤양이나 특징적인 가피(eschar)형성을 볼 수 있다. 기관지염, 간질성 폐렴, 심근염이 생길 수도 있으며 수막염 증세를 나타내기도 한다. 일부 환자는 가피가 없거나, 열이 나는 기간이 짧고 피부발진이 더욱 많이 나타나기도 한다.

⑫ 렙토스피라증(Leptospirosis)

렙토스피라증의 명칭은 와일 병(Weil's disease), 출혈성 황달, 추수열(harvest fever), 논-농부병(rice worker's disease), 건초농부병(hay-maker's disease) 등 여러 가지이다.

병원성 렙토스피라는 열, 산성 등에 매우 약해서 위액, 담즙, 사람이나 소의 희석하지 않은 젖에 의해 쉽게 사멸된다. 또 45℃ 증류수에서 20~30분, 50℃에서 10분, 60℃에서 10초, 70℃에서는 10초 이내에 사멸된다. 그러나 오염된 상수에서는 18~20일 생존 할 수 있고 바다물에서도 18~20시간 생존할 수 있다.

병원소는 쥐, 감염된 동물(주로 쥐)의 오줌을 통해 균이 배설되는데 감염된 동물의 오줌에 오염된 젖은 풀, 흙, 물 등과 접촉할 때 점막이나 상처난 피부를 통해 감염된다. 농부, 하수 청소부, 광부, 수의사, 축산업자, 군인 등이 고위험군이고 특히 농촌에서 홍수로 인해 쓰러진 벼를 세우는 작업을 할 때 집단 발생하며, 7월에서 11월 사이, 특히 9, 10월에 다발한다. 인수공통감염병으로 고열, 오한, 황달, 유산 등이 있다.

잠복기는 7~12일 정도이다. 렙토스피라증은 처음에는 황달이 나타나는 Weil병으로 이해되었지만 무증상 감염증도 많고, 황달이 없는 경증환자가 90% 정도이며, 황달이 나타나는 중증환자는 5~10%에 불과하다. 임상 증상은 광범위한 혈관염에 의한 급성 열성질환, 폐출혈, 뇌막염, 간, 신장기능 장애 등으로 나타난다.

- 제1기(패혈증기) : 갑작스런 고열, 두통, 근육통, 결막 부종, 오심 및 구토 등이 4~7일간 지속된다.
- 제2기(면역기) : 1~3일간의 무증상기 후에 고열과 뇌막자극 증상, 발진, 포도막염, 근육통이 나타난다.

중증 감염인 Weil병에서는 간, 신부전증과 전신의 출혈소견, 범발성 응고부전증과 심장염으로 진행될 수 있으며, 우리나라에서는 기침, 각혈 등 중증의 폐출혈형도 볼 수 있다. 사망률은 낮지만 연령이 높을수록 증가한다.

황달이 나타나지 않는 경증환자는 2~3주일이 지나면 거의 전부가 회복된다. 그러나 황달이 생긴 중증에서는 간장애가 아닌 신부전으로 5~30%가 사망하지만 투석(dialysis)으로 사망률이 감소된다.

⑬ 브루셀라증(Brucellosis)

병원소는 소, 말, 돼지, 개, 닭이다. 경피감염 또는 식품매개(유제품 등)로 감염된다. 즉, 감염된 동물 혹은 동물의 혈액, 대소변, 태반 등에 있던 병원균이 상처난 피부나 결막을 통해 전파되기도 하고, 멸균처리 안된 유제품을 섭취함으로써 사람으로 전파된다. 감염된 동물과 접하는 기회가 있는 직업에 종사하는 사람이나 수의사 등의 직업병으로 유행 지역의 수의사는 거의 100%가 항체를 가지고 있다.

잠복기는 5~60일, 통상은 1~2개월이다. 급성 혹은 서서히 발병하며, 지속적 혹은 간헐적으로 일정하지 않은 기간 동안 계속되는 발열이 특징이다. 두통, 허탈, 다량의 발한, 오한, 관절통, 체중 감소, 전신통을 동반한다.

간과 비장종대나 황달, 폐렴, 고환염 등 다른 장기에 화농성 병변을 형성하는 일이 있다.

증상은 수 주부터 수 개월까지 계속되며 치료하지 않으면 몇 년씩 계속되거나 재발한다. 치료하지 않을 경우 사망률은 2% 이하이고, 대개는 *Brucella melitensis*에 의한 심내막염으로 사망한다.

⑭ 탄저(Anthrax)

탄저균(*Bacillus anthracis*)은 아포를 형성할 수 있고 운동성은 없으며, 탄저균에 의한 병독소가 감염증을 일으킨다.

병원소는 소, 양, 염소, 산양, 말 등 초식동물이 보유숙주이며, 사람이나 육식동물은 기회숙주이다. 선진국에서는 때때로 산발적으로 발생한 예가 있으며, 농업이나 축산업 종사자, 동물 처리업자나 수의사 등에서 발생한다. 국내에서는 1990년대 초 경주에서, 2000년에 경남 창녕에서 오염된 고기를 먹고 발생한 사례가 있다.

탄저는 피부탄저, 폐탄저, 장탄저 등이 있다. 피부탄저는 감염동물의 사체와 접촉하여 발생하지만, 파리가 매개하는 경우도 있으며, 폐탄저는 오염된 털, 모피나 모피 제품을 통해서도 가능하다. 인후나 장탄저는 오염된 고기를 먹어서 발생한다.

잠복기는 보통은 2일 이내이다. 사람과 사람사이의 전파는 매우 드물다. 아포는 몇 십 년이 지난 후에도 감염성을 가진다. 불분명하지만 불현성 감염도 있다고 추측된다. 재감염도 매우 드물게 발생할 수 있다.

탄저병은 급성 감염성 질환으로 대부분 피부를 침범하고, 드물게는 구인두, 하부 호흡기, 종격동, 소화관을 침범하기도 한다. 피부탄저는 노출 부위의 가려움증으로 시작되고, 구진, 수포화를 거쳐 2~6일 후에는 움푹 들어간 흑색 가피(탄저농포)가 형성되는 것이 특징이다. 이 병변은 현저한 부종(탄저부종)으로 둘러싸이고 때때로 이차성 수포 병변이 나타난다. 흔한 병변부위로는 머리, 이마, 손 등이다. 치료하지 않을 경우 소속 림프절과 혈류에 침입하여 중증 패혈증과 수막염을 일으킬 수 있으며, 사망률은 5~20%이다.

경증은 2~3주면 치료되고 항균제 치료를 시작하더라도 피부병변은 진행하는 특징이 있다. 적절한 항생제로 치료하면 거의 사망하지 않는다.

폐 혹은 장탄저는 극히 드물게 발생한다. 흡입이나 경구감염에 의해 인두나 하기도 등의 호흡기, 종격, 장관에 세균이 침범한다. 폐탄저 초기에는 감기와 비슷한 경미하고 비특이적 증상으로 시작되지만, 3~5일 사이에 호흡부전, X선상 종격동 확장, 발열, 쇽으로 진행하여 사망하게 된다. 장탄저는 드물고 발견도 어렵다. 전형적인 장탄저는 복통 후 발열, 패혈증, 사망에 이르는 경과를 보인다.

⑮ 공수병(광견병, Rabies)

급성뇌염의 하나로 초기 허약, 두통, 발열 및 부정확한 지각 장애가 있다. 물린 위치에 따라 증세의 차이가 있으나 근육마비, 공수병증상, 혼수상태, 마비와 순환장애로 결국 사망한다.

바이러스의 병원소는 야생동물이며, 사람에서는 종말 감염을 일으킨다. 광견병에 감염된 개, 고양이, 여우, 코요테, 자칼, 스컹크, 망구스 등의 포유동물이 병원소이고 이들의 타액이 감염원이다.

잠복기는 대개 20~180일이며, 30~60일이 가장 많다. 짧을 때는 9일, 길게는 19년을 보고한 예도 있다. 75%에서 90일 이내에 발병한다. 광견 동물에 노출된 후 60~72시간이 경과하면 이미 척수후근신경절에서 광견병 바이러스가 검출된다.

광견병 바이러스가 말초 신경내로 침범하여 최초 감염부위의 감각신경 및 운동신경을 타고 중추신경계를 침범하면서 증세가 나타난다. 초기에는 다른 바이러스 감염증과 같이 발열, 두통, 무기력감, 상기도 및 소화기 이상증상 등의 전구증상이 나타나며, 전구증상이 지난 후 처음 1~2일간 침범 부위의 피부가 저리거나 쑤시는 수가 있으며, 인격 및 인지능력의 미묘한 변화와 함께 보채고, 흥분하거나 혹은 불안해하거나 우울해지는 증상이 발생한다.

질병이 진행함에 따라 단지 음식이나 물을 보기만 해도 근육(특히 목의 근육)에 경련이 일어나며 침을 많이 흘리고, 얼굴에 바람이 스치기만 해도 인후 및 경부 근육에 경련을 일으키기도 한다.

격노형(furious rabies, 뇌염형)과 마비형(paralytic rabies)으로 나뉘며, 80% 정도가 물을 두려워하는 증상, 섬망, 안절부절못함 등의 증상을 보이는 격노형이고, 20% 정도는 상행성 진행성 마비형을 보인다. 결국에는 경련, 마비, 혼수상태에 이르며 호흡근마비로 사망하게 된다.

⑯ 신증후군출혈열(Epidemic hemorrhagic fever)

신증후군출혈열(유행성출혈열)은 우리나라에서도 경기도 북부 및 강원도 등지에서 늦봄과 늦가을에 많이 발생되는데 심한 출혈, 혈뇨, 단백뇨 등이 있는 급성감염병이다. 6.25 당시 중공군에 의해 전파되었다는 보고가 있다.

국내에서 발생되는 출혈열은 이전에는 모두가 먼저 발견된 Hantaan virus로 생긴다고 생각되었으나 최근에 환자로부터 Hantaan virus(야외형)와는 구분되는 Seoul virus(도시형)가 분리, 동정된 바 있다.

⑰ 인플루엔자(Influenza)

Grippe, Flu라고도 한다. 인플루엔자의 유행은 오랜 역사를 가지고 있다. 유행성 인플루엔자를 처음으로 정확히 서술한 것은 1610년이었다. 1918년에는 역사상 피해가 가장 극심했으며, 인류역사상 흑사병과 함께 가장 많은 인명이 희생된 것으로 기록되어 있다. 불과 몇 개월 사이에 2,000만 명이 죽었고, 이의 50배 이상이 병을 앓았다. 인도에서만 1,250만 명이 죽은 것으로 추산되며, 미국에서는 사망률이 훨씬 낮았음에도 불구하고 55만 명가량이 죽었다. 최근에는 예방백신의 접종으로 치사율이 많이 낮아졌다.

병원체는 myxovirus종이며 A, B, C형이 있다. A형 바이러스는 인플루엔자를 일으키는 가장 흔한 원인균이다. 이 바이러스가 표면단백질, 근원지, 분리된 날짜와 그 밖의 요소에 근거하여 임상적으로 분화된 여러 종의 형태로 나타난다. 인플루엔자 바이러스는 대개 유사한 증상을 나타내지만 항원성에 있어서는 전혀 관련이 없기 때문에 한 종류에 감염되어도 다른 종류에 대한 면역이 생기지 않는다.

인플루엔자는 세계 도처에서 주기적으로 유행하는 경향이 있다. 인플루엔자 A형은 2, 3년을 주기로, 인플루엔자 B형은 4, 5년을 주기로 나타난다. 그러나 H2N2 또는 아시아 인플루엔자라고도 하는 인플루엔자 A형의 아종은 1957년 초에 동아시아에서 유행하기 시작하여 반 년 동안에 지구를 1바퀴 돌았던 사례도 있다.

병원소는 급성 인플루엔자 환자이다. 유행시기는 매년 10월경부터 다음해 4월까지 이며, 우리나라의 경우 1997~2000년 동안에 A/H3N2 형이 가장 많은 빈도로 유행했으며, A/H1N1, B형이 그 다음 빈도로 유행하였다.

전파경로는 호흡기 비말 등을 통한 공기매개감염이다.

모든 연령층에서 나타나지만 소아기나 청년기에 가장 많이 나타나며, 대개 추운 계절에 더 많이 발생한다. 인플루엔자는 기침이나 재채기할 때 사람에서 사람으로 호흡기를 통해 비말전염된다.

잠복기는 1~2일이고 이후 갑작스러운 발열(38~40℃), 두통, 근육통, 피로감 등의 전신 증상과 인후통, 기침, 객담 등의 호흡기 증상을 보이고 드물게 복통, 구토, 경련 등도 발생한다. 가장 흔한 합병증은 폐렴이며, 노년층이나 만성질환자 등에서 기저질환 악화와 합병증으로 사망할 수도 있다.

⑱ 후천성면역결핍증(AIDS)

후천성면역결핍증(Acquired Immune Deficiency Syndrome : AIDS)은 현대판 흑사병이라고 불려질 정도로 사망률이 높으며, 1981년 미국에서 최초의 발생 보고가 있은 후 WHO에서는 1988년 12월 1일을 세계 AIDS날로 정해서 그 예방에 동참할 것을 호소한 바 있다. 우리나라에서도 1995년 517명, 2000년 1,280명, 2006년 말 4,580명으로 해마다 발생 수가 늘어나고 있다.

우리나라에서는 1987년 2월에 제2종 감염병으로 고시하였으며, 1987년 11월에 "후천성 면역결핍증예방법"을 제정하였다. 현재는 제3군 감염병에 속한다. 세계적으로는 1980년대 중반에 첫 환자가 발생된 후 1993년 85만명, 2005년 말 4,600만명이 감염된 것으로 추정되고, 감염자 수가 급증하고 있는 실정이다.

AIDS 그 자체는 병이 아니고 인체에 침입하면 면역기능이 상실되어 각종 병원균에 대해 무방비 상태가 되는 것이며 이때 평소에 활동을 못하고 잠재해 있던 virus나 곰팡이들이 활동을 시작하거나 새로운 균이 아무런 저항을 받지 않고 침입하여 결국은 사망하게 되는 질병이다. 성병은 아니지만 한국에서 98%가 성문제로 발생되기 때문에 여기에서 다룬다.

병원체는 HIV(human immune deficiency virus)이고 병원소는 사람(환자 및 보균자)이다. WHO에서 소개하는 전파양식은 ① 환자와의 성적접촉, ② 감염된 혈액이나 혈액제제의 수혈, ③ 오염된 주사기, ④ 감염된 산모로부터 수직감염되어 출생하는 신생아, ⑤ 기타 환자로부터 이식 받은 장기 및 타액, 분비물 등이고 상처가 노출되었을 때에도 전염될 가능성이 있다.

잠복기는 3~36개월이다. AIDS는 사람에 감수성 있으며 약 3개월 이상 간헐적인 미열, 체중감소, 미열 등이 있고 부스럼, 림프선 비대(목, 사타구니, 겨드랑이), 폐렴, 카포시 육종 등의 합병증이 있다. 면역기능이 상실되므로 면역성은 당연히 없다.

예방관리는 다음과 같다.

가. AIDS 예방에 대한 교육을 실시한다.

나. 불결한 성접촉을 금한다. 즉 성교시 콘돔사용, 성접촉부위에 상처가 나지 않도록 하고 성교상대자의 수를 제한한다.

다. 주사바늘의 공동사용을 금하고 혈액제제에 대한 주의를 요한다.

AIDS의 임상증상 진행과정

AIDS 전단계	지속성인 부정형 발열, 심한 체중감소, 간장, 비장 비대, 잠자리에서의 식은 땀, 사타구니의 림프선이 부어오르고, 심한 피로감 및 탈력감이 온다.
1 기	설사와 불규칙한 변비와 식욕부진이 온다.
2 기	마른 기침, 가래, 호흡곤란이 오고, 음식물을 삼키기 어려우며 목구멍에 통증이 온다.
3 기	피부나 점막에 출혈반, 코피, 혈담, 토혈 혹은 하혈, 혈뇨 등의 증상과 의식이 몽롱하고 혀 가장자리나 양 볼에 백반이 생긴다.

라. 면도기, 수건, 칫솔 등 피가 묻기 쉬운 물건의 공동사용을 금한다.
마. 정맥주사를 통한 마약 등 약물투여를 금한다.

(4) 제4군 감염병(19종)

① 황열(Yellow fever)

열대 및 아열대 지방의 질병으로 때로는 온대지방에서도 발생하는 급성 감염성 질환으로 황열병이라고도 한다. 지난 200년 동안 황열은 세계에서 심각한 감염병 중 하나였다. 미대륙의 열대와 아열대지방에는 치명적인 유행병이 만연했고, 멀리 북쪽의 보스턴과 풍토병의 중심에서 멀리 떨어진 스페인 · 프랑스 · 영국 · 이탈리아 등지에서도 발생했다.

그 기간 동안 이 유행병은 서인도제도, 중앙 아메리카, 미국 남부를 계속해서 휩쓸었는데, 근래에는 사하라 사막 남쪽에서 자이레, 탄자니아에 이르기까지 유행지역이 확대되고 있다.

② 뎅기열(Dengue fever)

뎅기열은 aden fever, bouquet fever, breakbone fever, dandy fever, date fever, exanthesis arthrosia, polka fever, scarlatina rheumatica, solar fever 등 다양하게 불리는 열성질환이며 아시아, 남태평양 지역, 아프리카, 아메리카 대륙의 열대지방에 걸쳐 널리 발생한다. 열대 아시아에서는 15세 이하에서 주로 발생하고, 우기에 많다.

집안에서 활동하는 모기(A. aegypti)에 물려 감염되며, 암컷 모기가 낮 동안에 바이러스보균자를 흡혈한 뒤, 다른 숙주를 물어 바이러스를 즉시 전파하게 되는데, 열대의 도시지역에서는 인간-Aedes aegypti, 동남 아시아와 서아프리카에서는 원숭이-모기의 관계에 의해 감염의 순환고리가 유지된다.

③ 마버그열(Marburg fever)

지금까지 마버그열은 5번 발생하였다. 1967년 독일과 유고슬라비아에서 우간다산 아프리카 녹색원숭이에 의한 31예, 1975년 짐바브웨부터 남아프리카로 간 3예, 1980년 케냐 2예, 1982년 짐바브웨 1예, 1987년 케냐 1예 등이다.

병원소는 불분명하다. 혈액, 분비물, 장기나 정액 등 체액을 통해 사람 사이에서 직접 전파되며, 병원 감염이 많이 발생한다. 오염된 주사기와 침에 의해 감염된 환자는 모두 사망하였으며, 회복된 지 7주 후에 정액을 통해 감염된 예도 있다. 잠복기는 3~9일간이다. 혈액이나 분비물에 바이러스가 존재하는 한 전염력이 있다. 수단에서 환자 보호자의 30%가 감염되었지만, 가정생활 중 접촉한 사람은 대부분 감염되지 않았다.

에볼라 출혈열과 거의 같은 증상의 경과를 보인다. 5~10일의 잠복기가 지난 후에 갑작스럽게 발열, 오한, 태감, 근육통, 두통이 나타나고, 2~3일 후에 인두염, 구토, 설사, 반점상 구진이 생긴다. 1~2일 후에 출혈경향이 나타나며 간부전, 신부전, 중추신경계 증상, 쇽, 범발성 혈관내 응고병증(DIC)에 빠져들어 다장기부전으로 증상 발생 후 7~10일 사이에 사망한다. 혈액검사에서는 간기능 이상, 혈소판 감소, 림프구 감소 등의 소견을 보인다. 마버그병의 사망률은 약 23~25%이다. 초기 증상들은 초기에 말라리아나 장티푸스 증상과 유사하여 진단이 어려울 수 있다.

④ 에볼라열(Ebola fever)

에볼라열은 1976년 수단의 적도 서부지역에서 600명 이상의 환자발생이 있었으며, 사망률은 약 70%였다. 이후 1979년 동일지역에서, 1994년 Ivory Coast에서, 1995년 자이레에서 대유행이 있었다.

병원소는 불분명하다. 혈액, 분비물, 장기나 정액 등 체액을 통해 사람 사이에서 직접 전파되며, 병원감염이 많이 발생한다. 오염된 주사기와 침에 의해 감염된 환자는 모두 사망하였으며, 회복된 지 7주 후에 정액을 통해 감염된 예도 있다. 잠복기는 2~21일간이다. 혈액이나 분비물에 바이러스가 존재하는 한 전염력이 있다. 수단에서 환자 보호자의 30%가 감염되었지만, 가정생활 중 접촉한 사람은 대부분 감염되지 않았다.

감염 후 수일이내 고열, 두통, 근육통, 위장 통증, 피로감, 설사, 인후통, 딸꾹질, 발진, 눈의 충혈, 혈성 구토, 설사 등의 증세를 보인다. 감염 후 일주일 이내 흉통, 쇼크, 사망, 실명, 출혈 등이 일어날 수 있다.

⑤ 라싸열(Lassa fever)

서부 아프리카의 기니아, 시에라리온, 리베리아, 나이지리아 등에서 발생하는 라싸 바이러스 감염에 의한 급성 열성 질환이다.

감염된 설치류(Mastomys 속)의 배설물 또는 환자의 체액, 분비물, 배설물 등과 직접 접촉이나 비말감염으로 전파되며, 물렸을 때에도 감염된다. 사람 간의 감염, 혈액이 매개가 된 실험실내 감염도 있고, 성행위로도 감염된다.

잠복기간은 6~21일간이며 서서히 진행하는 바이러스 열로 권태감, 발열, 두통, 인후통, 기침, 구토나 설사, 근육통, 흉통, 복통 등이 나타난다. 발열은 지속열이나 간헐열이 모두 가능하고, 인두나 결막충혈도 있다. 중증인 경우에는 저혈압, 흉수, 출혈 경향, 경련, 뇌병증, 부종, 신부전 등이 나타난다. 간기능 이상은 예후가 불량한 징후이며, 임신 중에 감염되면 80% 이상이 유산된다. 입원환자의 사망률은 15% 정도이다. 1~4주의 경과를 밟으며, 회복까지는 1~3개월 정도가 걸리고, 난청이 25%에 나타나는 등 합병증이 남을 수 있다.

⑥ 리슈마니아증(Leishmaniasis)

사람에 감염되는 리슈마니아증은 형태학적으로 감별하기 어려우며 지역적 분포, 임상적 소견, 혈청학적 특징 등으로 크게 3가지 감염증으로 구분된다. 즉, 피부 리슈마니아증(cutaneous leishmaniasis)과 피부점막 리슈마니아증(cutaneous and mucocutaneous leishmaniasis), 내장 리슈마니아증(흑열병 ; visceral leishmaniasis, kalaazar)이다.

아시아에서 인도, 방글라데시, 중국에서 유행하며, 타쉬겐트 등 러시아 남부부터 중동 일대와 아프리카의 여러 국가, 남유럽의 지중해 연안 지역에 이르기까지 펴져 있다. 멕시코를 포함하여 중남미 여러 국가들에서도 유행한다.

매개곤충은 sand fly이며 보유숙주는 개나 고양이가 가장 중요하고 그 외에 여우, 자칼 등 야생 육식동물이 보유숙주 군(pool)을 형성한다.

⑦ 바베시아증(Babesiasis)

피로플라스마병(piroplasmosis)이라고도 하며, 원생동물인 바베시아속(*Babesia*) 원충을 주로 가축 진드기가 매개하는 질병으로 적혈구를 파괴시켜 빈혈을 일으킨다.

Babesia라는 원충에 의해 생긴다. 현재까지 100여종이 전세계적으로 분포하며 특히 아열대와 열대지방에 많다. 이중 사람에게 감염증을 일으키는 것은 수 종에 불과하며 B. microti와 B. divergence가 대부분을 차지한다. 미국에서는 최근 변형된 종에 의한 감염증이 보고되기도 하였다.

대부분 무증상이나 일단 발현되면 발열, 오한, 근육통, 발한, 피로감, 간비종대, 용혈성 빈혈 등이 생긴다. 증상은 1~4주간의 잠복기가 지난 후 발현되며, 대개 수 주간 지속된다.

이 병은 면역억제환자나 비장절제술을 받은 사람, 노인 등에서는 아주 중한 경과를 밟을 수도 있다. 특히, *Babesia divergence*에 감염된 경우 대부분 회복되는 *B. microti* 감염증에 비해 적절히 치료하지 않으면 사망할 수 있어 더 중한 경과를 밟는다.

⑧ 아프리카수면병(African Trypanosomiasis)

아프리카 수면병은 체체파리(tse-tse flies) 등의 흡혈파리가 사람과 동물의 피를 빨아들일 때 편모충인 트리파노소마(trypanosoma)가 몸속으로 들어와 감염되는 질환이다. 흡혈파리에 의해 옮겨진 이 병원체는 벌레나 숙주의 혈관에서 증식하는 방법으로 번식한다.

세계보건기구(WHO) 통계에 따르면 이 수면병은 앙골라, 콩고, 수단 등지에서 발생이 잦은데 전세계적으로 연간 50만명이 감염되고, 5만명이 숨지는 것으로 보고되고 있다. 때문에 아프리카를 여행할 때는 흡혈파리를 주의해야 한다.

이 수면병에 걸렸을 경우 약물을 이용해 기생충을 조기에 제거하면 큰 문제가 없지만 치료시기를 놓쳐 만성화되면 줄곧 잠에 빠져 있다가 영원히 깨어나지 못하게 된다. 이 때는 효과적인 치료법이 없다.

체체파리에 물릴 수 있는 부위에 구진이 진행하여 결절이 되고 통증이 있는 작은 궤양이 형성되며 발열, 심한 두통, 불면, 무통성 림프절 종창, 빈혈, 부종, 발진이 생긴다. 나중에는 기운이 없어지고, 기면 및 중추신경 증상 등과 함께 낮에는 자고 밤에는 깨어 있게 된다.

치료하지 않으면 Gambia형에서는 수 년간의 지연성 경과 후에 사망하며, Rhodesia형에서는 수 주 내지 수 개월 내에 100% 사망한다.

⑨ 크립토스포리디움증(Cryptosporidiosis)

크립토스포리디움(Cryptosporidium species) 감염에 의해 만성설사를 유발하는 질환으로 전 세계에 분포하는 각종 어류, 파충류, 조류, 포유류의 호흡기와 소화기에 기생하고 사람에게 전파되어 인수공통감염을 일으킨다. 많은 불현성감염이 많으며, 이들이 감염원이 된다.

우리나라에서도 백혈병과 후천성면역결핍증 환자에서 감염된 예가 있으며, 후천성면역결핍증 환자를 사망에 이르게 하는 기회감염성 병원체로 주목받고 있다.

인간에서 인간, 동물에서 인간으로 대변-경구감염과 오염된 음용수 혹은 음식물에서 오는 경구감염이다. 원충은 점막 세포에 기생하기 시작해 무성생식으로 증식한 다음, 유성생식으로 oocyst를 형성하고, 분변으로 배출된다. Oocyst는 장기간 자연 환경에 생존하고, 상수도용 소독약에 내성을 가진다. 인간에서는 자가 감염도 일어난다. 건강한 사람에서는 평균 130개 정도의 oocyst로 감염을 일으킨다.

잠복기간은 1~12일간, 평균 약 7일간이다. 자원자 실험에서는 4~22일간, 평균 9일이었다. 소화기관, 담도, 호흡기의 점막 세포에 감염된다. 증상은 경련성 복통을 동반하는 중증의 수양성 설사를 한다. 소아에서는 식욕부진과 구토가 선행한다. 전신 권태감, 발열, 식욕부진, 구역질과 구토 등도 나타날 수 있다. 증상은 자연히 소실되거나 재발하기도 하지만 보통은 30일 이내에 치료된다. 담도감염이나 담낭염을 일으키기도 한다. 호흡기 증상은 일어나지 않는다. 면역저하 환자, 특히 에이즈 환자에서 자연치유 되는 경우는 없고, 주증상인 설사는 오래 가고 치명적이다.

⑩ 주혈흡충증(Schistosomiasis)

주혈흡충의 충란은 파괴된 정맥혈관의 벽을 통해 혈관 밖으로 나온 후 물속에서 48시간가량 자유로이 유영하다가 종숙주인 사람의 피부에 닿을 때 피부를 뚫고 인체에 침입한다. 누구나 감염될 수 있지만, 사람에서 사람으로 직접 감염은 없다. 수인성 감염병으로 중간숙주인 패류의 감염과 종숙주의 감염도 물속에서 일어난다.

사람의 경우 수영, 빨래, 낚시, 물놀이 등으로 유미유충이 피부를 통해 감염된다. 따라서 유행 지역에서는 맨발로 물에 들어가지 않는다. 만약 무방비 상태로 물에 들어 간 경우에는 즉각 70%의 알코올로 씻도록 한다. 주혈흡충증이 발생하는 유행지역에서는 물은 정수하거나 1분 이상 끓여 먹고, 목욕물은 65℃ 이상에서 5분 정도 데우거나 저장고에 48시간 이상 저장한 후 사용한다.

⑪ 요우스(Yaws)

이 병은 매종(frambesia) 또는 딸기종이라고도 부르며 세계적으로 습하고 열대성인 지역에서 발생하는 감염성 질환이다.

매종을 일으키는 병원균은 환부에서 나온 분비물에 존재하며, 건강한 사람이 환자의 환부에 직접 닿거나, 분비물로 더럽혀진 옷 또는 환자의 환부에 앉았던 파리와 직접 접촉하면 전염된다. 그 외에도 긁거나 피어싱 도구 등도 가능성은 있다. 이 병은 어린아이들이 잘 걸리므로, 나중을 대비해 면역성을 길러두는 것이 필요하다.

매종의 증상은 3단계로 구분할 수 있다. ① 처음에는 접촉 부위에 구진이 나타나며, ② 이어서 여러 개의 꽃양배추 모양의 발진이 생기고, ③ 나중에는 피부, 점막 그리고 뼈가 파괴되어 떨어져나가기도 한다.

⑫ 핀타(Pinta, carate)

*Spirochaeta*에 의한 만성 피부색소 이상증으로 열대백반성 피부병이라고도 한다.

감염양식은 아직 불분명하나 외상이나 곤충에 의한 자상, 흡혈과 관계있는 것으로 생각되어진다. 환자의 병변 접촉시 감염되는 것으로 알려져 있다. 감염 7~60일 후에 증상이 나타난다. 멕시코, 베네주엘라 등 중남미 지역의 소아에서 발병보고가 있다.

1기 및 2기 병소로서 비궤양성, 홍반성 편평구진이 손, 발 및 두피에 흔히 나타나며, 5~12개월 정도 지속된다. 그 후에 병소부위에 색소 과침착을 보이다 병소가 치유된다. 다시 침착된 색소가 사라지면서 과각화증으로 진행한다. 3기 병소는 거의 나타나지 않으며 페니실린으로 쉽게 치료된다.

⑬ 두창(천연두, Small pox)

두창(천연두)은 열, 전신발진, 구진, 수포진, 소농포가 생기는 급성 감염병으로 회복 후에는 피부손상에 의한 콩알만 한 흉이 남는다. 천연두는 주로 추운 계절에 많이 유행하며 더운 여름에는 유행하지 않는다.

병원소는 환자이며 잠복기는 7~16일, 평균 12일이다. 전염원은 환자의 호흡기 분비물과 피부병소의 농포나 딱지 및 환자가 사용한 침구나 주위에 있던 물건을 통하여 전파되기도 한다.

virus는 주로 호흡기로부터 인체 내에 들어가지만 일단 체내에 침입한 후에는 호흡기에서 없어지고 망상내피계에 가서 번식한 다음, 혈액을 통하여 피부와 점막에 퍼져서 병소를 만든다.

⑭ 보툴리눔독소증(botulism)

클로스트리디움 보툴리눔(*Clostridium botulinum*)이 만드는 보툴리누스 독소 또는 보툴린(botulin)이 일으키는 중독으로 살균이 제대로 되지 않아 독소가 남아 있는 통조림을 섭취함으로써 생긴다. 클로스트리디움 보툴리눔은 산소가 있는 곳에서는 생존하지 못하며 보통 흙 속에 살면서 열에 강한 포자를 만드는데, 이것이 통조림의 재료가 될 신선한 음식에 오염될 수 있다.

음식을 높은 온도에서 충분히 오랫동안 요리하지 않으면 포자가 죽지 않는다. 이때 봉해진 통조림 안에서 포자가 성장하여 세균이 되고 이것이 증식할 때 단백질 독소를 내는데, 이는 알려진 독소 중에서 가장 독성이 강한 것 중 하나이다.

포자와는 달리 독소는 열에 약하지만, 오염된 음식을 끓여 먹지 않으면 독성이 남아 있다. 일단 먹어서 몸에 흡수된 독소는 신경충격전달을 방해하여 자율신경계를 손상시킨다.

⑮ 사스(Severe Acute Respiratory Syndrome, SARS)

중증급성호흡기증후군(Severe Acute Respiratory Syndrome, SARS)은 2002년 11월부터 중국 광동지역을 중심으로 발생하여 홍콩, 싱가포르, 캐나다 등 전세계적으로 확산되었던 신종감염병으로, 사스 코로나바이러스 감염에 의해 발열과 기침, 호흡곤란, 폐렴 등을 보이는 증후군이다.

사스의 전파는 주로 비말(작은 침방울)을 통해 감염된다. 즉 사스 환자가 기침, 재채기, 말할 때 배출되는 호흡기 비말에 의해 전파된다. 또한 환자의 체액에 오염된 물건을 통해서도 전파될 수 있다.

사스가 유행하는 지역을 다녀온 뒤 최소 7일 후부터 38°C 이상의 고열과 호흡기증상(기침, 호흡곤란, 숨참) 중 1개 이상의 증상이 나타나거나, 흉부 엑스선 사진을 찍어 폐에 물이 차서 전체적으로 하얗게 변하는 비전형적 폐렴 또는 호흡부전증(RDS)이 나타나면 사스 감염을 의심해야 한다.

⑯ 조류 인플루엔자 인체감염증(Avian Influenza)

닭이나 오리 등의 가금류에서 생기는 바이러스성 질환으로 감염된 조류의 콧물이나 호흡기 분비물, 대변 등에 접촉한 조류들이 다시 감염되는 형태로 전파되며, 특히 철새들에 의해 많이 전파된다. 병원성에 따라 고병원성, 약병원성, 비병원성으로 구분되며, 고병원성 조류 인플루엔자(highly pathogenic avian influenza)는 우리나라에서 법정 제1종 가축전염병으로 분류된다. 닭은 특히 감수성이 커서 감염되면 80% 이상이 호흡곤란으로 폐사한다.

조류 인플루엔자 인체감염증에 감염된 사람은 모두 양계업에 종사하는 등 감염된 닭이나 오리에 노출된 사람들이고, 사람끼리 전파되거나 닭 · 오리 등을 먹어서 감염된 사례는 없다. 조류 인플루엔자 바이러스는 75℃ 이상에서 5분 이상 가열하면 사멸하므로 닭 · 오리 등을 충분히 익혀 먹으면 감염되지 않는다. 조류독감에 감염되면 38℃℃ 이상의 고열이 나면서, 기침 · 인후통 · 호흡곤란 등 감기나 독감과 비슷한 증세가 나타난다.

⑰ 야토병(Tularemia)

야토균(Francisella tularensis) 감염에 의한 인수공통질병이다. 야토균에 감염된 동물과 접촉을 하거나 모기, 진드기 등을 통해 전염된다. 야토균에 감염된 음식물이나 식수, 비말을 통해 발생할 수 있으며, 비말을 통해 감염된 경우에는 장티푸스형이나 폐렴형 야토병 유발이 가능하다. 흡입하거나 진피 내로 주사시 10~50개 정도의 병원체가 필요하고 경구에 의한 질병 발생시 108개 병원체가 필요하다. 사람간 전파된 예는 없다.

장티푸스성 야토병은 주로 에어로졸 상태를 흡입하여 발병하나 피부 내나 소화기를 통한 침입으로도 발생한다. 발열, 전신쇠약, 체중감소는 있으나, 림프선 병증은 없다. 호흡기 증상, 흉골하 불쾌감, 가래 없는 기침이 유발된다.

발열, 오한, 두통, 전신피로, 피부궤양, 통증이 있는 국소 림프선병증이 있고 피부 병변은 대개 손가락이나, 손에 발생한다. 림프절성 야토병은 발열과 압통성 림프선 병증은 있으나 피부궤양이 없다.

눈의 림프절형은 야토병병원체가 에어로졸, 오연된 손, 감염된 조직액이 튀어서 결막에 접촉되면 감염된다. 편측성으로 통증이 있고 농이 있는 결막염과 경부 림프선 병증이 발생한다. 결막부종, 눈 주위 부종, 결막의 소결절이나 궤양이 일부 나타나기도 한다.

⑱ 큐열(Q열)

리케차성폐렴 또는 발칸감기라고도 하며 리케차인 Q열병원체(Coxiella burnetii)에 의해 유발되는 급성 비전염성의 전신감염증이다.

큐열은 1935년 오스트레일리아 퀸즐랜드의 도살장과 목장의 인부와 낙농업자에게 처음 나타났으며 그 후 양목장 인부에게도 나타났으며 그 후 세계 도처에 나타났다.

Q열의 잠복기는 2~4주로 평균 18~21일가량이다. 점차적으로 발병하기도 하나 대개는 갑자기 시작되고, 발열, 오한, 두통, 근육통, 식욕상실, 지남력상실, 발한 등의 증상이 나타난다. Q열은 대체로 가벼운 질병으로 사망률은 1% 이하인 것으로 보고 있다.

⑲ 신종감염병 증후군

급성출혈열 증상, 급성호흡기증상, 급성설사증상, 급성황달증상 또는 급성신경증상을 나타내는 신종감염병증후군

(5) 제5군 감염병(기생충질환-10종)

① 회충 ② 편충 ③ 요충
④ 간흡충 ⑤ 폐흡충 ⑥ 장흡충류
⑦ 조충류 ⑧ 이질아메바 ⑨ 말라리아원충
⑩ 여릿니

(6) 지정감염병(11종)

① A형 간염(Infectious hepatitis)

예전에는 흔히 황달이라고만 불리던 감염병으로 RNA 또는 DNA 바이러스가 간세포에 침입하여 염증을 일으킨다. 간염의 종류에는 급성인 A형(infectious hepatitis)과 만성의 B형(serum hepatitis), 그리고 급성과 만성 모두의 경과를 보이는 C형(Non-A, Non-B hepatitis)이 있는데 최근에는 D형(염증성간질환)도 발견되었다.

이중 A형은 주로 어린 연령층에서 급성간염을 일으키나 대부분이 쉽게 회복되는 반면 B형 간염은 치료가 잘 안되고 만성간염으로의 이환율이 높아 말기에는 간경변이나 간암으로 되기 때문에 치사율이 매우 높다.

전파경로는 A형 간염 바이러스에 오염된 음식물에 의해 전파되며, 환자의 대변을 통한 경구감염, 주사기를 통한 감염(습관성 약물 중독자), 혈액제제나 수혈을 통해 전파된다. 환자를 통해 가족 또는 친척에게 전파되거나 인구밀도가 높은 군인, 고아원, 탁아소에서 집단 발생하기도 한다. 전염기간은 증상발현 2주 전부터 바이러스 배출이 가장 왕성한 황달발생 후 2주까지이다.

잠복기는 15~45일이며 발열, 식욕감퇴, 구역, 구토, 쇠약감, 복통, 설사 등 다른 바이러스 간염과 유사하다. 소아에서는 거의가 증상이 없는 불현성 감염(6세 이하에서 약 50%가 무증상)을 보이나, 연령이 높아질수록 증상이 심해진다.

② C형 간염(Non-A, Non-B hepatitis)

수혈이 주요 원인이며, C형 간염은 만성화 경향이 B형 간염보다 높아 결국 만성간염, 간경변, 간암으로 이행된다. 건강한 성인공혈자에서 C형 간염항체 양성율은 약 1%이다.

전파경로는 비경구적 감염으로써, 주사기 공동사용, 수혈, 혈액투석, 성접촉, 모자간 수직 감염 등의 양상을 보인다.

③ 반코마이신 내성 황색포도상구균(Vancomycin Resistant Staphylococcus Aureus, VRSA)감염증

황색포도상구균은 반코마이신으로만 치료할 수 있다. 그러나 반코마이신에 내성이 생기는데 이 황색포도상구균을 VRSA 또는 슈퍼박테리아라고 한다. 현재 10균주가 보고되었고, 우리나라에서는 1999년에 1균주가 보고된 바 있다.

전파경로는 대부분 손을 매개로 한 접촉감염 혹은 자기감염 등으로 전파한다.

감염부위에 따라 균혈증, 심내막염, 화농성 관절염, 폐렴, 골수염, 피부감염, 농가진, 장염 등 다양한 임상증상을 보인다.

현재 사용하고 있는 어떤 항생제로도 효과가 없기 때문에 결국 패혈증을 유발하며 사망에 이를 수도 있다.

예방을 위해서는 주요 원인인 항생제 남용을 삼가야 한다.

④ 샤가스병(Chagas' disease)

아메리카 트리파노소마증이라고도 한다. 편모충의 원충인 *Tripanosoma cruzi* 감염에 의해 발생하는 원충성 질환으로 인수공통 감염증이다.

주로 흡혈 빈대에 물려서 감염되나 드물게는 감염자의 혈액을 수혈하거나 산모를 통해 선천적으로 감염되기도 한다.

균이 침입한 지 1주일 후에 림프절이 붓는 등의 국소반응이 나타나고 몇 주 동안 열이 나고 심하게 쇠약해진다. 이후에는 만성적 경과를 밟는데 주로 심장증후군, 특히 부정맥이 많이 나타나고 때로는 심장근육 속에 기생충이 자라고 염증이 생겨서 심부전이 올 수도 있다. 이 질환은 가볍게 앓을 수도 있지만 특히 어린이는 사망을 초래하기도 한다.

⑤ 광동주혈선충증(Angiostrongyliasis)

Angiostrongylus cantonensis 감염에 의해 발생하는 원충성 질환으로 동남아시아를 비롯한 남태평양의 섬 등 환태평양 지역 일대에 분포하며, 사모아에서 달팽이를 날로 먹고 감염된 국내 선원 15명중 1명이 사망한 예가 있으나 국내에서 토착적으로 발생하지는 않았다.

감염 경로는 사람이나 쥐가 중간숙주(육산, 담수산 패류 등 약 56종의 연체동물)나 운반숙주(새우, 게, 개구리, 물고기 등)를 섭취하였을 때 감염되며, 때로는 유충에 오염된 채소나 물에서도 감염된다.

잠복기는 1~30일이며, 증상으로는 수막염 증상(발열, 두통, 오심, 구토, 지각이상, 근연축, 사지마비 등)과 안구감염(시력 감퇴, 복시, 눈이 부시거나 안와 후방의 통증)이 나타나며, 합병증으로 정신 박약, 시신경 위축, 사지 불완전마비, 사망에 이르기도 한다.

⑥ 유극악구충증(Gnathostomiasis)

Gnathostoma spinigerum 감염에 의해 발생하는 원충성 질환으로 *Gnathostoma* 속에 20여종이 알려져 있고, 인도에서 일본에 이르는 아시아 대륙과 북미에서 충체가 관찰된다.

유행지의 육식동물에서 비교적 고율로 감염되며, 고양이, 개, 족제비 등이 중요한 보유숙주이다.

감염 경로는 주로 익히지 않은 어육을 섭취하여 제3기 유충에 감염되나, 그 외에 제2중간숙주나 운반숙주를 먹어서도 감염되고, 물을 마실 때 감염된 물벼룩을 삼켜도 감염되며, 조리시 유충이 피부를 뚫고 감염될 수도 있다.

⑦ 사상충증(Filariasis)

사상충증 중 전 세계적으로 가장 널리 분포하는 감염증으로 감염 경로는 모기에 의해서 전파되며 각 지역마다 모기의 종이 다르다.

발열, 오한, 두통, 근육통, 관절통, 식욕부진, 구토 등의 증상이 3~7일간 있다가 저절로 소실된다. 림프관염 및 림프선염이 팔, 다리는 물론 정삭염, 부고환염 등 발증 범위가 넓다. 남자에서는 음경, 음낭이 침범되어 유미뇨(chyluria)가 있을 수 있으며, 여자에서는 유방, 대음순 등에 병변이 나타날 수 있다.

만성의 경우 피부와 팔, 다리가 두꺼워진다.

⑧ 포충증(Hydatidosis)

목축업이 발달한 남부 오스트레일리아, 뉴질랜드, 북부 및 남부 아프리카, 남아메리카, 유럽, 중동, 일본, 필리핀 등에서 목장을 중심으로 목동과 어린이에서 호발된다.

주로 감염동물, 특히 개와의 접촉에 의해 충란이 경구적으로 섭취되어 감염되거나 충란에 오염된 먼지, 채소, 가구 등이 감염원이 된다.

낭종을 형성하는 간(66%), 폐(22%), 신장, 뇌, 근육, 비장, 안구, 심장, 골수 등의 부위에 따라 발열, 황달, 복통, 무력증, 기침, 객혈, 호흡곤란, 흉통 등 다양한 증상이 나타난다. 합병증으로 색전, 농양, 전이, 쇽(anaphylaxis)이 나타나기도 한다.

⑨ 크로이츠펠트-야콥병(Creutzfeldt-Jakob disease)

크로이츠펠트-야콥병은 희귀하고 치명적인 중추신경계 퇴행성 질환으로 1920년대에 독일의 의사 한스 크로이츠펠트(Hans G. Creutzfeldt)와 알폰스 야콥(Alfons M. Jakob)이 처음으로 기술했다.

이 질환은 사람이 걸리는 쿠루(kuru)나 양과 염소가 걸리는 스크래피(scrapie) 같은 다른 신경퇴행성 질환과 비슷하다. 이 3가지 질환은 전염성 해면상뇌질환에 속한다.

해면상뇌질환은 신경 파괴 양상이 두뇌 조직에 구멍이 숭숭 뚫려 해면과 같은 특정한 형태로 나타나기 때문에 그러한 이름이 붙었다. 정신기능과 운동신경 제어가 점차 상실되는 것은 이와 같이 신경이 파괴되기 때문이다.

신경퇴행을 일으키는 병원체는 발병 전에 몸속에서 아무런 증상도 나타내지 않고 몇 년이고 잠복해 있는 슬로우 바이러스(slow virus)로 생각되었다. 그러나 크로이츠펠트-야콥병은 다른 해면상뇌질환과 마찬가지로 바이러스 감염질환이 아니라 프리온(prion)이라는 색다른 병원체에 의해 발병한다.

프리온은 포유류와 조류의 두뇌에서 발견되는 것으로, 정상적으로는 무해한 단백질의 변형체이다. 프리온은 정상 단백질을 자신과 같은 형태로 변형시켜 복제하게 하며, 그들이 신경세포 내에 축적되어 신경퇴행을 초래한다.

심한 우울증과 근육마비 등으로 나타나 말기엔 소 광우병과 같은 증상을 보이며 죽게 된다. 잠복기도 길어 때로는 감염된 지 몇 십년 뒤에 증상이 나타나기도 한다.

식인종이 어느 날 갑자기 경련을 일으키고 사지가 마비돼 숨지는 '쿠루병'이나, 잠을 못 이루며 숨지는 '유전적 치명불면증' 등도 프리온이 일으키는 질병으로 알려져 있다. 이 때문에 이들 병을 통틀어 '프리온 질환' '스펀지 모양 뇌질환'이라고 부른다.

⑩ 웨스트나일바이러스(West Nile Virus)감염증

미국 애틀랜타의 질병통제본부(CDC) 감염병정보국(EIS)에는 온통 시뻘겋게 표시된 상황판 형태의 미국 지도가 걸려 있었다. 1999년 8월 뉴욕시에서 처음 발병한 괴질이 전국 44개 주로 확산됐다는 표시였다. 이 괴질의 정체는 모기가 옮기는 '웨스트 나일 뇌염'으로 1999년부터 2001년까지 총 161명이 감염되고 이 가운데 18명이 사망하였다. 이어 2002년에는 4,156명이 감염되어 284명이 숨짐으로써 미국 전역이 웨스트 나일 바이러스 공포에 휩싸였다. 지금껏 아프리카 지역에서만 발생했으나 변형된 바이러스가 미국에 상륙해 현재 매년 4000~5000명의 웨스트 나일 뇌염 환자가 발생하며, 치사율은 5~15%다.

사람, 조류와 척추동물에서 질병을 일으키며 아프리카, 동유럽, 서아시아, 중동에서 발생하였으나 최근 서반구로 확산되어 1999년 미국 동부지역을 중심으로 한 유행이 처음 발생한 후 미국과 캐나다 전역으로 확산되고 있다.

잠복기는 3~14일이다. 감염환자의 80% 가량이 무증상이며 20% 정도에서 경증의 발열질환(웨스트나일열)이 발생하고 감염자 150~300명 중 1명 정도에서 중증의 중추신경계감염 증상(웨스트나일뇌염)이 나타난다.

임상증상은 발열, 전신쇠약감, 오심, 구토, 두통, 설사, 발진 등이며 경증의 경우 3~6일 정도 증상이 지속된 후 회복되지만 중증감염의 경우 의식수준의 변화, 운동조화불능, 경련 등 신경계 기능이상 증상이 동반된다. 중증감염의 위험인자는 고령으로 80세 이상의 환자는 20세 미만의 환자보다 뇌염 발생 가능성이 약 40배 높다.

중증감염의 경우 신경계의 영구손상으로 인한 후유증이 남을 수 있으며 유사증상(웨스트나일열+웨스트나일뇌염) 환자의 사망률은 5~10% 정도이다.

⑪ 수족구병(Hand, Foot and Mouth Disease, HFMD)

수족구병은 바이러스에 의해 유아나 아동이 흔히 감염되는 전염병이다. 일반적으로 침이나 타액 또는 감염자의 배설물에 의한 직접적인 접촉에 의해 감염이 된다. 초등학교 저학년이나 유치원 이하의 어린 아동이나 유아들이 감염이 되며 여름에서 가을까지 유행한다. 일반적인 잠복기는 3~7일이다.

성인에게는 극히 예외적인 질병이긴 하지만 면역결핍증인 사람들에게는 감염될 확률이 높다.

(7) 기타 감염병(13종)

① 캄필로박터감염증

캄필로박터균(*campylobacter*)은 작은 그람음성간균으로 구부러지거나 S형 모양이며 운동성이 있고 동물과 사람에서 질병을 일으킨다. 각종 동물, 애완동물, 새가 숙주이며 가장 흔한 병원소는 닭이다. 대규모로 발생하는 경우는 가금류를 취급하거나 조리가 불충분한 가금류의 고기를 섭취하기 때문이다. 소량의 균(500개 이하)으로도 사람에서 발병이 가능하다. 조리대가 닭고기에 의해 균에 오염된 후 다른 식품이 교차 오염되어 감염되는 경우도 많다. 다른 보균 동물에서 오염된 식품, 물, 생우유의 섭취로도 증상이 나타난다.

강아지나 고양이 새끼 등 감염된 애완동물과 야생동물 혹은 감염된 아기와의 접촉으로도 전파된다. 잠복기는 3~5일이고, 감염자는 2~7주간 세균을 배출할 수 있다.

주로 장염과 대장염을 일으킨다.

② 대장균감염증

대장균은 *Enterobacteriaceae*과에 속하는 그람음성 간균이다. 항원으로는 O항원이 164종, H항원이 75종, K항원이 103종 있다. 장관에서 감염증을 일으키는 대장균(*E. coli*)은 외부에서 침입된 세균이고 장관내에 상주하고 있는 *E. coli*와는 다르다.

장침습성(enteroinvasive), 장독성(enterotoxigenic), 장병원성(enteropathogenic), 장출혈성(enterohemorrhagic) 등의 4가지 균주에 의해 주로 일어난다.

무증상 감염자의 분변에 오염된 음식, 식수 혹은 개달물에 의해 감염된다. 출산동안에 모성으로부터 아기에게 전파된다. 잠복기는 12-72시간이며, 감염자는 수주간 전염이 가능하다. 영아 특히 미숙아와 영아불량아들이 장병원성 대장균주에 감수성이 높다.

③ 살모넬라증(Salmonellosis)

균에 오염된 우유, 달걀, 고기 등의 동물성 식품이나 감염동물의 분변에 오염된 음식물, 식수를 먹어서 감염된다. 오염된 야채나 과일이 원인이 될 수도 있다.

분변을 통한 경구감염은 증상이 있는 환자에서 일어나기 쉽지만, 무증상 환자에서도 생긴다. 원내 감염, 특히 신생아실 감염의 원인도 되며, 감염은 10^2~10^3개의 균으로 일어난다.

잠복기간은 6~72시간, 보통 12~36시간이다. 급성으로 발열, 두통, 설사, 구역, 구토 등의 위장 증상이 나타난다. 탈수가 일어나고, 유아나 고령자는 중증이 될 수 있으며, 급성 증상은 1~2일만에 사라지나 식욕 부진과 설사는 7일간 계속되기도 한다. 때로는 급성장염으로 시작되어 패혈증이나 농양, 관절염, 담낭염, 심낭염, 폐렴, 농피증, 신우신염 등을 초래하며, 유아나 고령자, 면역억제 환자가 사망하는 일이 있지만 대단히 드물다.

④ 장염비브리오식중독

장염비브리오균(*V. parahemolyticus*)은 그람음성의 운동성이 있는 다형성 단간균이며, 콜레라균과 비슷하다. 호염균으로 바닷물에서 유래되는 인체 감염증의 원인균이며, 위장관염이나 설사증을 일으킨다. 우리나라, 동남아시아, 인도, 아메리카, 유럽에 분포하며, 여행자 설사의 원인균으로도 중요하다.

염분이 높은 바닷물에 존재하며 해수의 온도가 상승하면 활발하게 번식해 주로 여름철에 어패류를 오염시키고, 오염된 어패류를 조리하는 과정에서 교차오염 등으로 사람에게 식중독을 일으킨다. 산발적으로 혹은 집단적으로 발병하며 사람에서 사람으로의 전염은 없다.

장염비브리오에 감염된 음식 섭취 후 6~48시간 내에 설사, 복통, 발열, 두통, 메스꺼움을 동반한 구토증세 및 근육통이 나타난다. 산통성 복통과 물과 같은 설사(수양성 설사)를 하며 가끔은 구역, 구토, 두통 및 발열을 동반한다.

대장염(조직이 침범되는 경우)이 생기면 이질과 비슷하게 변에 혈액과 점액이 나오며, 고열과 백혈구 상승을 초래하는 환자도 있다. 이런 증세는 2~10시간 계속되지만 일반적으로 1~7일정도 경과 후 회복된다. 전신감염증이나 사망은 드물다.

⑤ 포도상구균식중독(Staphylococcus aureus)

그람양성인 직경 1㎛ 내외의 구균으로 포도송이 모양으로 배열되어 있다. 흔한 병원체로 사람들 중 25%는 이균을 보유하고 있다. 편모가 없고, 아포도 형성하지 않으며, 협막도 없다. 발육최적온도는 37℃이며, 비교적 열에 저항성이 높다. 100℃로 30분간 끓여도 파괴되지 않는 내열성 외독소인 장관독소와 효소를 생산하여 숙주체내에서 균이 증식하고 감염증이 확산되는데 중요한 역할을 한다. 아포가 없는 균 중에서 가장 저항이 강하다.

공기 중에서 장기간 생존하며, 6~14주일 정도 건조상태에 두어도 견딘다. 젠션바이올렛, 아크리플라빈, 말라카이드그린, 리바놀 등으로 살균할 수 있으며, 페니실린 등 여러가지 항생물질에 감수성이 있다.

사람, 때로는 소, 개, 닭 등이 보유숙주가 되며, 감염된 손, 눈, 농양, 여드름, 비인두 분비물, 정상피부 등에서 유래하여 발병한다. 가끔은 유두염을 앓는 젖소의 우유나 우유가공품도 감염원이 된다. 포도구균에 오염된 음식이 섭취되기 전에 수 시간 실내온도에 방치되면 균이 증식하여 독소를 내게 된다. 잠복기는 2~4시간이다. 사람과 사람사이의 전파는 되지 않는다.

포도구균에 의한 식중독은 오염된 음식물을 섭취한 후 30분~8시간(대부분 2~4시간) 내에 심한 구역, 구토, 산통성 복통, 발한, 허탈, 쇠약감 등을 동반한 증세를 갑자기 보인다. 사망하는 예는 드물고 보통 1~2일간에 치유되지만 증상이 심한 환자는 입원이 필요하다.

⑥ 여시니아증(Yersiniosis)

여시니아균(*Y. enterocolitica*)은 그람 음성의 타원형 또는 구형의 세균이며, lactose를 분해하지 않고, 30℃ 이하에서 배양하면 편모가 생겨 운동성이 있지만 37℃에서 자라면 운동성이 없다. 저온(5℃)에서도 증식하는 까닭에 겨울철에도 환자가 생길 수 있다는 점이 특이하다.

주로 가축에 존재하며, 사람은 우연히 감염된다. 대변-입 경로의 전파인데, 감염된 사람이나 동물과의 접촉, 대변에 오염된 식수나 약수, 음식물의 섭취로 옮는다. 잠복기는 3~7일이고, 증상이 있는 동안 균을 배출한다. 치료받지 않은 경우 2~3개월간 균을 배출하기도 한다. 청년기와 노령군에서 심하다.

급성 수양성 설사(특히 유아에서), 소결장염, 충수염을 의심케 하는 급성 장간막 림프선염, 열, 두통, 인두염, 식욕부진, 구토, 결정성홍반, 관절염, 홍채염, 표피궤양, 간비농양, 골수염, 패혈증 등 다양한 증상을 나타낸다.

장염이 가장 흔하고 전체의 2/3를 차지하며 발열, 설사, 복통이 1~3주일간 계속되고 대변으로 혈액이나 점액이 나오지만 이보다는 백혈구가 자주 나온다. 장염에 걸리는 사람은 대개는 5세미만의 어린이이고 산발적으로 생긴다.

⑦ 로타-바이러스성 설사증

*Reoviridae*과에 속하는 *Rotavirus*가 병원체이다. 병원소는 사람이며, 동물의 *rotavirus*는 인간에게 병원성을 나타내지 않는다. 전파는 대변에서 입으로 감염되는 것이 주요 전파 경로이다. 호흡기계에도(증식은 불가능하지만) 바이러스는 존재하기 때문에 분비물에 의한 감염도 가능하다.

구토와 발열증상이 나타나고 묽은 설사를 초래해 탈수증을 일으킨다. 특징적 임상증상 때문에 설사-발열-구토(diarrhea-fever-vomiting) 증후군으로 불리기도 한다. 39℃를 넘는 발열이 환자의 30%에서 나타나고, 대변에서 혈액이나 백혈구는 볼 수 없다. 일반적으로 3~9일간 지속되며, 영유아에서는 때로 중증의 탈수가 생겨 사망하기도 한다.

⑧ 유행성 각결막염(Epidemic keratoconjunctivitis)

유행성 눈병 환자와의 직접적인 접촉이나 환자가 사용한 물건(세면도구), 수영장, 목욕탕 등을 통해서 전파될 수 있고, 전염력이 매우 강하다. 잠복기는 5~12일 정도이다.

보통 양쪽 눈에 발병하나 한쪽만 발병하는 수도 있으며, 양쪽 눈에 발병한 경우 대개 먼저 발병한 눈의 증상이 더 심하게 나타난다.

발병초기에는 충혈, 중등도의 동통이 있고 눈물 및 눈곱이 많이 나온다. 각막표면의 손상으로 빛을 보면 눈이 심하게 부신 수명이 나타나기도 하며, 이때의 손상이 각막상피하혼탁(subepitelial opacity)을 남겨 수년간 지속되기도 한다. 대개 3~4주간 지속된다. 어린아이에서는 두통, 오한, 인두통, 설사 등이 동반되기도 한다.

⑨ 급성출혈성 결막염(Acute Hemorrhagic Conjunctivitis)

아폴로눈병이라고도 하는 급성출혈성결막염이다. 감염된 눈의 분비물과 직접 또는 간접 접촉에 의해 주로 전파되며, 분변접촉으로도 전파가 가능하다.

잠복기는 1~2일이다. 주요 증상은 눈이 붓고 이물감, 결막 충혈, 분비물 증가, 결막하 출혈, 발열, 두통 등을 유발한다. 경미한 증상을 일으키는 바이러스로 대개 3~5일이면 증상이 호전되어 회복된다.

⑩ 무균성 수막염(Aseptic meningitis)

무균성 수막염은 뇌와 척수를 둘러싸고 있는 뇌수막에 생긴 염증으로 바이러스성 수막염(viral meningitis)으로도 불린다.

주로 환자의 코나 인두의 분비물, 대변에 의한 직접 접촉, 비말감염을 통하여 전파된다. 급성기 환자의 대변으로 수주에 걸쳐 바이러스가 배설될 수 있다. 바이러스 형에 따라 특이한 방어면역이 형성되지만 바이러스형이 다양하므로 한 가지 형에 감염되어 면역이 형성되었더라도 다른 형에 의한 감염이 가능하며 건강한 성인 연령층이 감염되기도 한다.

초기에는 발열, 두통, 구토(nausea)증상이 생기며 목이 뻣뻣해지는 후두부 경직(neck stiffness) 등 수막자극 증상을 초래하는 열성질환이다. 때로 설사, 발진, 고열, 경련을 동반한다. 대부분 1~2주일 내에 완치되며, 일과성의 마비나 뇌염증상이 일어날 수 있다.

감염 예방을 위해서는 배변 후, 식사 전후 등 손씻기 등 개인위생을 철저히 하고 물을 끓여 먹는 등 식수 및 식품의 위생관리를 철저히 한다.

⑪ 원숭이천연두(Monkeypox)

Monkeypox는 드문 바이러스감염질환으로 1958년에 실험실 원숭이에서 처음 발견되어 Monkeypox로 명명되었다. 혈청학적 검사결과 다람쥐가 중요한 자연숙주 역할을 하며 쥐, 토끼 등에서도 Monkeypox감염이 일어나는 것으로 알려져 있다.

감염된 동물에 물리거나, 감염된 동물의 혈액, 체액, 병변에 직접 접촉으로 감염된다. 사람과 사람간의 전염은 두창보다는 감염력이 약하지만 가능하며, 환자 비말이나 체액에 오염된 물건에 직접 접촉에 의해서 전염된다.

사람에서는 임상증상이 림프선 종대 외에는 두창과 유사하다. 감염 12일정도 후에 발열, 두통, 근육통, 배부통, 림프절 종대, 전신불편함, 탈진 소견을 보인다. 발열이 생긴 후 1~3일에 구진성 발진이 얼굴 등에 생기며 수포, 농포, 가피로 진행된다. 이환기간은 보통 2~4주 정도이다. 아프리카 지역에서 치사율은 10% 정도이다.

⑫ 마이코플라즈마폐렴

Mycoplasma pneumoniae 감염에 의해 발생하는 폐렴으로 폐쇄된 환경에서 비말감염으로 전파된다. 직접 접촉이나 오염된 물건을 통하여도 전염이 되며 전염기간은 20일 이내이고 잠복기는 6일~32일이다.

증상은 두통이나 권태감, 기침 등의 증상이 있다가 기관지염, 폐렴으로 진행이 된다. 객담은 처음에는 적지만 진행되면서 많아진다. 임상증상에 비해 흉부방사선 소견이 심한 것이 특징이다. 수일 내지 1개월 이상 지속하며 대체로 예후는 좋다.

다형성홍반, 발진 등의 피부증상이 있을 수 있으며, 위장염이나 체중감소 등도 있다. 이밖에 귀, 중추신경계 등을 침범하고 용혈성 빈혈이 나타나는 등 전신장기에 이환되기도 한다.

참고문헌

국가기술자격시험 미용사 피부, 대한피부미용전문가협회, 정담미디어, 2007.
미용미학과 미용문화사, 전선정 외, 청구문화사, 2001.
미용학개론, 고경숙 외, 청구문화사, 2010.
미용학개론, 황희순, 청구문화사, 2002.
뷰티디자인 색채학, 이영애 외, 청구문화사, 2000.
전신관리학, 김문주 외, 청구문화사, 2000.
에스테티션을 위한 살롱트리트먼트, 고혜정, 정담미디어, 2005.
에스테틱개론, 강수경, 청구문화사, 2000.
에스테틱스, 김광옥 외, 도서출판 성화, 2003.
임상피부관리학, 김희진 외, 청구문화사, 2005.
피부관리학, 김광옥 외, 청구문화사, 2006.
피부관리학, 김유정, 현문사, 2002.
피부미용기기학, 원윤경 외, 훈민사, 2006.
피부미용사실습, 이덕수 외, 훈민사, 2008.
피부미용학, 김명숙 외, 현문사, 2008.
한국메이크업협회 3급자격문제집
Art of wave, 곽형심 외, 청구문화사, 2001.
Blow Dry and Iron, 정년구 외, 청구문화사, 2005.
C-3 Hair cut, 김영미 외, 청구문화사, 2008.
Faces in Make up, 천지연 외, 청구문화사, 2009.
HAIR concepts & application, 이원경, 청구문화사, 2001.
Hair cut design, 국제미용교육포럼학술위원회, 청구문화사, 2009.
Hair Dressing, 전선정 외, 청구문화사, 2000.
http://blingup.me/page/4/
http://coolnailsart.com/wp-content/gallery/airbrush1/mmjr3close_0.jpg
http://freakdeluxe.co.uk/wah-nails-models/
http://ilovemanicures.info/slides/3D%20nail%20art%20japanese.html
http://imageworldblog.blogspot.com/2011/01/nail-design-nails-art-for-long-nails.html
http://newyorklady.files.wordpress.com/2010/10/37_.jpg
http://www.salondenouveau.com/waxing/
http://www.siquiatra.co.cc/manicure-types.html
http://sots.brookes.ac.uk/~07071602/luxury.php
http://www.alisal.com/spa.html
http://www.flickr.com/photos/42778107@N04/5255206665/
http://www.flickr.com/photos/42778107@N04/sets/72157625764957457/
http://www.ggcs2.com/nail-designs
http://www.hjsourcing.com/
http://www.kaenvancouver.com/nail_awards.html
http://www.pimpmynailz.com/tag/review/
http://www.yidio.com/christmas-carol-water-marbling-nail-tutorial/ id/2475961557
Nail Art Theory & Practical, 송미영 외, 청구문화사, 2008
Professional Nail Care and Design, 이숙연 외, 청구문화사, 2009
Shampoo & Treatment, 전선정 외, 청구문화사, 2000.
TEXTBOOK of Hair Styling & Related Design, 조판래 외, 청구문화사, 2004.
Trichology, 대한미용교육협의회, 청구문화사, 2009.

찾아보기

INDEX

미용개론

2011년 2월 20일 초판발행
2018년 3월 10일 초판2쇄발행

지은이 / 전선정 · 천지연 · 권혁미 · 김정희 · 노선옥
펴낸이 / 이상태
펴낸곳 / 청구문화사
주 소 / (03706) 서울특별시 서대문구 성산로11길 15
전 화 / 02) 332-0541(代) **팩 스** / 02) 337-9577
등 록 / 1990년 11월 2일 제9-247호

가격 30,000원

ISBN 978-89-5616-432-8 93590